建筑工程管理与造价控制

贺树信　韩　璐　戎瑞安　著

吉林科学技术出版社

图书在版编目（CIP）数据

建筑工程管理与造价控制 / 贺树信 , 韩璐 , 戎瑞安
著 . -- 长春 : 吉林科学技术出版社 , 2024. 6. -- ISBN
978-7-5744-1522-5

Ⅰ . TU71; TU723.31

中国国家版本馆 CIP 数据核字第 202457168R 号

建筑工程管理与造价控制

Jianzhu Gongcheng Guanli Yu Zaojia Kongzhi

著	贺树信　韩　璐　戎瑞安
出 版 人	宛　霞
责任编辑	王宁宁
封面设计	刘梦杏
制　　版	刘梦杏
幅面尺寸	185mm × 260mm
开　　本	16
字　　数	355 千字
印　　张	17.75
印　　数	1 ~ 1500 册
版　　次	2024 年 6 月第 1 版
印　　次	2024 年 12 月第 1 次印刷

出　　版	吉林科学技术出版社
发　　行	吉林科学技术出版社
地　　址	长春市南关区福祉大路 5788 号出版大厦 A 座
邮　　编	130118
发行部电话 / 传真	0431-81629529　81629530　81629531
	81629532　81629533　81629534
储运部电话	0431-86059116
编辑部电话	0431-81629510
印　　刷	三河市嵩川印刷有限公司

书　　号	ISBN 978-7-5744-1522-5
定　　价	98.00 元

前 言 *Preface*

随着我国市场经济的飞速发展和城市化进程的日益加快，人们对居住环境的要求不断提高，这在一定程度上提高了施工的难度，并且形成了现代建筑行业的激烈竞争。在我国的建筑工程中还存在很多问题，所以我们应该加强对建筑工程管理的投资和研究。

随着建筑市场经济发展，市场的竞争已经转化为工程质量的竞争。整个建筑施工过程，是通过技术要求及合同精确地定义过程中下一个公司将做的工作，这种施工过程可以使建设者承担的风险降到最低程度。而业主的利益来自选择新的设计队伍、新的承包商及新的材料商。这导致项目管理系统庞大，包括组织指挥系统、技术信息系统、经营管理系统、设备管理系统等，进而导致组织指挥协调难度增大。但是，为了加强建筑工程质量，也要求项目管理系统既精干、高效，又灵活、畅达。

建筑工程造价控制与管理问题因其直接影响到施工企业的经济效益而受到人们的高度重视。工程造价控制与管理是一个动态变化的过程，特别是在市场经济条件下，面对工程投资不确定以及复杂化的状况，要求施工企业在工程施工的每个阶段都要加强对工程造价的控制管理，从而最大限度地改善建设资金利用效率。

在市场经济环境下，施工企业加强工程造价控制与管理具有重要的意义，一方面是施工企业持续发展的要求，另一方面是推动建筑行业发展的要求。工程造价控制与管理是一项庞大的、涉及面广的系统工程，它集技术、经济、管理于一体，并贯穿项目的决策、设计、施工、启用等环节，对建设项目的成败起着关键性作用。所谓建筑工程造价控制，就是在投资决策阶段、设计阶段、建设项目发包阶段和建设项目实施阶段，把工程造价的发生控制在批准的造价限额以内，随时纠正偏差，保证项目管理目标的实现，以求在各个建设项目中能合理使用人力、物力、财力，取得较好的投资效益和社会效益。

本书以建筑工程管理与造价控制为主线，对建筑工程项目管理进行了系统化的论述，包含建筑工程项目管理概论、建筑工程项目质量管理、建筑工程项目成本管理等，基于建设项目，进一步对造价控制深入地分析探讨，多维度地探讨研究建设项目招标投标阶段造价控制与管理、建设项目施工阶段的工程造价管理等内容。本书理论与实践结合，旨在促进造价控制技术发展，提升建筑工程管理水平，兼具理论参考和实际应用价值。

由于作者水平有限，加之时间仓促，书中所涉及的内容难免有疏漏之处，希望各位读者多提宝贵意见，以便作者进一步修改，使之更加完善。

目 录 *Contents*

第一章
建筑工程项目管理概论

第一节　影响建筑工程项目管理的因素

对于建筑项目而言，建筑工程项目管理在整个建筑项目中起着举足轻重的作用。建筑工程项目管理应坚持安全质量第一的原则，以合同管理作为规范化管理的手段，以成本管理作为管理的起点，以经济利益及社会利益作为管理的最终目标，进而全方位地提高建筑项目的施工水平。

建筑工程项目管理是建筑企业进行全方位管理的重中之重。完善建筑工程项目管理工作，能够保障建筑工程项目更加顺利地进行，使企业的经济效益得到最大限度的保障，实现企业效益的增长。

一、工程项目管理的特点

（一）权力与责任分工明确

在进行建筑工程项目管理时，管理任务主要分为权力与责任两部分。将建筑工程项目整体中各个阶段的责任与义务通过规范化合同来进行明确，而且需要在具体的工程项目施工过程中进行严格的监督与管理。为了更好地达到项目管理的目标，在进行相关的建筑工程项目管理工作时，还需要明确相关管理工作人员的权力与责任，使其对于自己的权力与责任有一个清晰的了解，以便更好地进行项目管理工作。

（二）信息的全面性

建筑工程项目管理涉及建筑工程的全过程，所以在进行项目管理时涉及的管理内容复杂而且繁多。因此，必须从全方位的角度去了解整个施工过程，避免信息的遗失和缺漏。

（三）明确质量标准及功能标准

在进行建筑工程项目管理时，需要对建筑工程的质量标准及功能标准进行明确的规定，使得建筑工程项目在规定的标准及范围内及时地完成。

二、工程项目管理的影响因素

（一）工程造价因素

建筑工程的造价管理是建筑工程项目管理中的重要环节。建筑工程的成本管理与控制对整个建筑工程的直接收益具有重要影响。现如今，有些施工企业对施工过程中所需要采购的原材料以及其他的资源没有进行合理的造价控制，使得整个建筑工程的成本投入以及成本的利用效率大大降低，而且会出现资金的利用超出成本范围的情况。这些情况对于建筑工程企业的整体经济效益的影响是巨大的，且目前市场上某些造价管理人员综合技术水平不高，不能有效地控制整个项目的综合成本。

（二）工程进度控制因素

为保证建筑工程项目及时完工，建筑工程进度控制非常重要。但并不是所有的建筑施工企业对工程进度的控制都非常重视，某些企业对于工程进度的控制缺乏科学的管理，使得整个工程项目的正常进度都受到影响，不能够按时完工。建筑工程施工的过程中，需要建筑企业的多个部门进行协同合作，如果各部门之间不能合理及科学地交流及合作，那么将会对整个施工过程的有序性产生一定的影响。另外，一定要加大对施工过程的监管力度，否则项目可能不能按时完成。

（三）工程质量因素

建设施工过程中，某些施工企业为了能节省施工成本，满足自身的利益，未对过程中所需要用到的工程材料进行严格的审核，采用一些质量不达标的材料。这些不合格的建筑工程材料对于建筑工程的质量会产生危害，使得许多建筑工程项目出现返工。除此之外，若对项目中出现的纰漏以及谋私利的现象监管不力，工程质量管理工作就得不到应有的效果。

（四）工程安全管理因素

建设工程中，安全管理有时没有得到足够的重视。许多建筑施工企业的安全管理理念不够充足，工程施工人员的安全意识不足，因而导致项目中出现很多安全隐患，对建筑工程施工项目管理产生了严重影响。

三、提高工程项目管理水平的措施

（一）加强工程成本控制

为确保成本管理工作能够正常及高效地进行，项目管理方需制定严格的规章制度，然后结合具体的施工情况以及企业的情况来对规章制度进行有效的监督及管理。通过对施工费用与预算的对比过程来逐渐地提高对施工成本的利用效率，将建筑施工场地打造成节约环保以及高效的施工场地，增加建筑企业的经济效益。同时，挑选经验丰富的造价管理人员对项目进行造价管理，做好造价管理人员和施工人员的对接工作，实现项目的成本可控。

（二）加强工程进度管理

在具体项目中，项目经理需要根据项目的进展情况进行详细的计划，制订项目进度计划表，压缩可以压缩的工期，并考虑合理的预留时间。这样如果面临突发问题，可以降低项目不能按时完成的风险。同时，保证施工工作人员的自身素质以及工作水平，使之适应社会的发展。在项目进行过程中，业主需要根据合同约定按时支付进度款，以提高施工工作人员的积极性，使项目按时按量地完成。

（三）加强工程质量及安全管理

建筑工程质量是建筑工程项目的重要考察目标之一，保证建筑工程的建筑质量，对建筑企业的品牌效应以及企业未来的发展具有重要的作用。我们要在建筑施工过程当中，通过对建筑工程施工过程的管理以及建筑施工材料等的管理与控制，来达到对建筑工程质量的控制。除此之外，可以通过开展每周一次的安全督查讲座，促进建筑施工过程中的安全管理，使建筑施工能够达到无风险施工。加强建筑工程质量及建筑工程安全管理对于建筑工程项目的管理具有重要作用，而且能够提高建筑工程项目管理的效率及建筑企业的口碑。

（四）实行项目管理责任制度

在进行建筑工程项目管理时，因为建筑工程项目所涉及的细小项目工程非常多，所以在进行管理工作时，一定要落实项目管理责任制和项目成本监管的执行力度，确保其能够在项目管理的过程中起到实际的作用。

对于复杂且时间紧迫的工程项目，可采用强矩阵式的项目管理组织结构，由项目经理一人负责项目的管理工作，企业各职能部门做后台技术支撑，充分高效地利用人力资源。根据不同的项目特征，采取不同的项目管理组织结构。

（五）加强管理人员监督机制

需要加大项目管理工作人员的监管力度，并建立完善的奖惩机制，使项目各部门工作人员能够按照项目管理的规章制度完成各项工作。

（六）加强工程项目的信息管理

通过一些信息管理软件对整个项目流程进行可视化管理。

建立信息共享平台，可以通过信息共享平台进行招投标管理、合同管理、成本控制、设计管理等。根据项目的规模，可选择是否选用BIM对整个项目进行建模，常规的二维设计图纸可以清晰反映项目的平面建设情况，但若对整个建设项目进行BIM建模，应通过碰撞检查对项目进行纵向沟通，确保设计和安装的精准性，减少不必要的返工。

综上所述，项目管理人员可以从质量、进度、成本、安全、信息各方面把控整个建筑工程的项目进程。建筑企业可以制作一套详细的可操作性强的指导手册，以便查阅和自检。

随着建筑市场的不断发展，建筑企业之间的竞争压力越来越大。为了能够在激烈的建筑市场当中占据一席之地，建筑企业需要对自身的各项工作进行仔细的分析及探索。增强建筑项目的项目管理对于建筑企业来说是一项非常重要的工作，能够使其在激烈的竞争环境当中保持自身的竞争优势，使企业能够稳健发展。

第二节　建筑工程项目管理质量控制

质量控制一直是建筑工程项目管理中的一个重要内容，也是保障整个工程施工质量的关键环节之一。为了使质量控制工作能够更好地发挥效用，笔者以发现问题与找出对策为目标，从以下几个部分着手对建筑工程项目管理质量控制进行分析。

当前，在我国建筑工程项目管理质量控制有关部门和相关企业的共同努力下，已经形成了集"事前准备""事中管控""事后检查"于一体的建筑工程项目管理质量控制的理论体系，为建筑工程项目管理质量控制工作的展开提供了可靠的参照标准。那么，这一体系具体包括哪些内容呢？笔者将对此进行简要的概括说明。

一、建筑工程项目管理质量控制的工作体系

通过查阅相关资料并结合实际情况可知，建筑工程项目管理质量控制的理论体系主要包含三个方面的内容。第一，事前准备，即建筑工程项目施工准备阶段的质量管控。该部分主要包括技术准备（如工程项目的设计理念与图纸准备、专业的施工技术准备等）和物质准备（如原材料及其他配件质量把关等）两个层面的质量控制要素。这种事前的、专业的质量控制，能够很好地保证建筑工程项目施工所需技术及物质的及时到位，为后续现场施工作业的顺利进行奠定基础。第二，事中控制，即施工作业阶段的质量控制。施工阶段，需要技术工人先进行技术交底，然后根据工程施工质量的要求对施工作业对象进行实时的测量、计量，从数据上对工程质量进行控制。此外，还需要相关人员对施工的工序进行科学严格的监督与控制。通过建筑工程项目施工期间各项工作的落实，不仅有利于更好地保障工程项目的质量，而且有利于施工进度的正常推进。第三，事后检查，即采用实测法、目测法和实验法，对已完工工程项目进行质量检查，并对工程项目的相关技术文件、工程报告、现场质检记录表进行严格的查阅与核实，一切确认无误后，该项目才能够成功验收。综上所述，建筑工程项目管理质量控制贯穿整个工程项目管理的始终，质量控制的内容多而细致，且环环相扣，缺一不可。

二、建筑工程项目管理质量控制的常见问题

（一）市场大环境问题

当前，建筑工程行业基层施工作业人员能力素养水平参差不齐是影响建筑工程项目管理质量控制出现问题的一个重要原因。基层施工作业群体数目庞大且分散，本身就存在管理难的问题。加之缺少与专业质量控制人员面对面、一对一的有效沟通机会，且培训成本大，施工企业不愿担负培训费用，因此，无法很好地通过组织学习来帮助其提升自我。这种市场大环境中存在的现实问题，是质量控制人员根本无法凭借一己之力来改变的。

（二）单位协同性问题

质量控制工作有时是需要几个不同的部门通过分工协作来完成的。在建筑工程行业，许多项目都是外包的，而外包单位的部分具体施工作业环节，质量控制人员无法很好地参与进去，因此质量控制工作存在一定难度。一旦其他协作部门中间工作未能良好衔接或某个部门履职不到位，便会出现工程质量问题。

（三）责任人意识不强

随着我国教育条件的不断改善，国民的受教育水平也不断提高，这为建筑工程项目管理质量控制领域培养了许多专业的高素质人才。从总体上来看，大多数质量控制人员无论在专业能力上，还是在责任意识上，都是比较强的。尽管如此，个别人员责任意识弱、不能严守岗位职责的不良现象仍然存在，致使建筑工程项目仍存在质量隐患。

三、建筑工程项目管理质量控制的策略分析

（一）借助市场环境优势，鼓励施工人员提升自我

市场大环境给建筑工程项目管理质量控制带来的不利影响在短时间内是无法完全规避的，因此，我们要借助市场本身的优势，尽可能扬长避短。优胜劣汰是市场运行的自然法则，要想拿到高水平的薪资，就必须要有相应水平的实力，且市场中竞争者众多，若止步不前，终将被市场所淘汰。基于此，建筑工程项目管理质量控制部门可以适度提高对施工队伍及个人专业素养的要求，设置相应的门槛，但也要匹配相应的薪资，从而鼓励施工人员为适应工程要求而进行自主的学习与技能提升。这样，既可以解决施工人员培训问题，也可以为建筑工程项目质量控制提供便利。

（二）明确划分责任范围，推进质量控制责任落实

在多部门共同负责建筑工程项目管理质量控制工作的情况下，可以尝试从以下几点着手。首先，各部门至少要派一人参与关于建筑工程项目质量标准的研讨会议，明确项目质量控制的总体目标及其他要求。其次，要对各部门的质量控制职责范围进行明确的划分，并形成书面文件，为相关质量控制工作的展开与后续可能出现的责任问题的解决提供统一的参照依据。最后，可以根据建筑工程项目管理质量控制体系，将每个环节的质量控制责任落实到具体负责人，通过明确划分责任范围来推进质量控制责任的落实。

（三）优化奖励惩处机制，加强质量控制人员管理

建筑工程项目管理质量控制是一项复杂、艰辛的工作，因此，对于质量控制中付出多、贡献多的人员要给予相应的奖励与支持，以表达对质量控制人员工作的认可，使其能够更好地坚守职责，鼓励其将质量控制的成功经验传授下去，为质量控制效果的进一步提升做好铺垫。对于质量控制中个别工作态度较差、责任意识薄弱的人员，要及时指出其不足，并给予纠正机会和相应的惩处，以纠正建筑工程项目管理质量控制的工作风气，为工程质量创造良好的环境。

现阶段，虽然我国已经形成了比较完整的建筑工程项目管理质量控制体系，但由于受到建筑工程管理项目要素内容多样、作业工序复杂、涉及人员广泛等现实条件的影响，该体系的落实往往存在一定的难度，使得建筑工程项目管理质量控制存在许多的问题，这给整个建筑工程项目的高效进行造成了阻碍。基于此，笔者从市场环境、部门协调、人员奖惩三个方面提出了关于清除上述阻碍的建议。希望通过更多同业质量控制人员的不断交流与探究，可以让建筑工程项目管理质量控制更加高效，可以让工程项目质量得到保证。

第三节　建筑工程项目管理目标控制

建筑工程项目管理计划方案，对项目管理目标控制理论的科学合理应用至关重要。当前，我国建筑工程项目管理方面存在相应的不足与问题，对建筑整体质量产生不利影响，同时对建设与施工企业的经济效益产生影响。因此，本节通过对建筑工程项目管理目标控制作出分析研究，旨在推动项目管理应用整体水平稳健发展。

随着国家综合实力以及人们生活质量的快速提升，社会发展对建筑行业领域有了更为严格的标准，特别是关于建筑工程项目管理目标控制方面。现阶段，我国建筑企业关于项目管理体制以及具体运转阶段依然存在相应的不足和问题，对建筑整体质量以及企业社会与经济效益产生相应的负面影响。若想使存在的不足和问题得到有效解决，企业务必重视对目标控制理论的科学合理运用，对项目具体实施动态作出实时客观反映，切实提高工作效率。

一、建筑工程项目管理内涵

针对建筑工程项目管理，其同企业项目管理存在十分显著的区别和差异。第一，建筑工程项目大部分均不完备，合同链层次相对较为烦琐复杂，同时项目管理大部分均为委托代理。第二，同企业管理进行对比，建筑工程项目管理相对更加烦琐复杂，因为建筑工程存在相应的施工难度，参与管理部门类型不但较多而且十分繁杂，实施管理阶段有着相应的不稳定性，大部分机构对于项目仅为一次性参与，致使工程项目管理难度明显增加。第三，因为建筑项目存在复杂性及前瞻性的特点，促使项目管理具备相应的创造性，管理阶段需结合不同部门与学科的技术，使项目管理更加具有挑战性。

二、项目管理目标控制内容分析

（一）进度控制

工程项目开展之前，应提前制订科学系统的工作计划，对进度作出有效控制。进度规划需要体现出经济、科学、高效，通过施工阶段对方案作出严格的实时监测，以此实现科学系统规划。进度控制并非一成不变，因为施工计划实施阶段会受到各类不稳定因素的影响，以至于出现搁置的情况。所以，管理部门应对各个施工部门之间作出有效协调，工程项目务必基于具体情况作出科学合理调整，方可确保工程如期完成。

（二）成本规划

项目施工建设之前，规划部门需要对项目综合预期成本予以科学分析与控制，涵盖进度、工期、材料与设备等施工准备工作。在具体施工建设阶段，因为现场区域存在材料使用与安全问题等不可控因素的影响，致使项目周期相应增加，具体运作所需成本势必同预期存在相应的偏差。除此之外，在成本控制工作方面，在施工阶段同样会产生相应的变化，因此需重视对成本工作的科学系统控制。首先，应该对项目可行性作出科学的深入分析研究；其次，应该完成基础设计及构想；最后，应该对产品施工图纸进行准确计算与科学设计。

（三）安全性、质量提升

工程项目施工存在的安全问题，对工程项目的顺利开展有着十分关键的影响与作用。因为项目建设周期相对较长、施工难度相对较大、技术相对较为复杂等众多因素的影响，导致建筑工程存在的风险性随之增加。基于此，工程项目施工建设阶段，务必重视确保良好的安全性，项目负责单位务必重视对施工人员采取必要的安全教育培训，定期组织全体人员开展相应的安全注意事项学习以及模拟演练，还需重视对脚手架施工与混凝土施工等方面的重点安全检查，在确保人员人身安全的同时，提高施工整体质量。此外，对施工材料同样应采取严格的质量管理及科学检测，按照施工材料与设备方面的有关规范，对材料质量标准作出科学严格的控制，避免由于施工材料质量方面的问题对项目整体质量产生不利影响。

三、项目管理目标控制实施策略分析

（一）提高项目经理管理力度

建筑工程项目管理目标控制阶段，有关部门需对项目经理的关键作用予以充分明确，对项目经理具备的领导地位做出有效落实，对项目目标系统的关键影响与作用加以充分明确，并以此作为设置岗位职能的关键依据。比如，城市综合体工程项目施工建设阶段，应通过项目经理指导全体人员开展施工建设工作，同时通过项目经理对总体目标同各个部门设计目标作出充分协同。基于工程项目的具体情况，对个人目标作出明确区分，并按照项目经理对项目作出的分析判断，对建设中的各种应用进行有效落实。在招标之前，对项目可行性作出科学系统的深入分析研究，同时完成项目基础的科学设计与合理构想。

（二）确定落实项目管理目标

规划项目成本需对项目可行性作出科学系统的深入分析研究，同时严格基于具体情况作出成本控制计算。工程开始进行招标直至施工建设，各个关键节点均需在正式开始施工建设之前，制订科学系统的项目总体计划图。通常而言，招标工作完成之后，施工企业需根据相应的施工计划，对项目施工建设阶段各个节点的施工时间作出相应的判断预测，并对施工阶段各个工序节点进行严格有效落实。施工阶段，加强对进度的严格监督管理，进度中各环节均需有效落实工作具体完成情况。若某阶段由于不可控因素产生工期拖延的情况，应向项目经理进行汇报。同时，管理部门与建设单位之间要有效协调，对进度延长时间作出推算，并对额外产生的成本作出计算。在下一阶段施工中，应保证在不对质量产生影响的基础上，合理加快施工进度，保证工程可以如期交付。施工建设阶段，项目经理需要重点关注施工进展情况，对项目管理目标作出明确的分析，使具体工作加以有效落实。

（三）科学制定项目管理流程

科学制定项目管理流程，对项目管理目标控制实施有着十分重要的影响。首先，以目标管理过程控制原理为基础，在工程规划阶段，管理部门应事先制订管理制度、成本调控等相应的目标计划，加强工期管理及成本管控，并对目标控制以及实现的规划加以有效落实。建筑企业对计划进行执行阶段，项目目标突发性和施工环境不稳定因素势必会对其产生相应的影响。工程竣工之后，此类因素还可能对项目目标和竣工产生相应的影响。所以，针对项目施工建设产生的问题，有关部门务必及时快速予以响应，配合建筑与施工企业对工程项目作出科学系统的分析研究，对进度进行全面核查与客观评价，对核查的具体问题作出适当调整与有效解决，尽可能降低不稳定因素对工程可靠性产生的不利影响，降低对工程目标产生的负面影响。除此之外，建筑企业同样需对有关部门开展的审核工作予以积极配合，构建科学合理的奖惩机制，对实用可行的项目管理目标控制计划方案予以一定的奖励。同时，构建系统的管理责任制度，对施工建设阶段产生的问题作出严格管理。

综上所述，近些年，随着建筑行业的稳定良好发展，关于建筑工程项目管理目标控制的分析研究逐渐获得众多行业管理人员的广泛学习与充分认可。针对项目管理，如何加强对成本、项目及工期等的控制，属于存在较强系统性的课题，希望通过本节的分析可以引起有关人员的关注，促使项目管理应用整体水平得以切实提升，推动建筑工程项目的稳健发展。

第四节　建筑工程项目管理的风险及对策

对于建筑工程的建设来说，项目管理是其中极为重要并且不可或缺的部分，在进行项目管理的过程当中不可避免地会遇到一些风险问题，如何来应对这些风险便成为一个很重要的问题，对项目管理风险的解决将会直接关系建筑工程项目的运行效果和整体的施工质量。风险所包含的内容是很多的，比如说建筑工程的技术风险、安全风险和进度风险等，这些部分都是和建筑工程项目息息相关的。因此，采取积极的对策来化解风险，也是极为必要的。

一、建筑工程项目管理的风险

（一）项目管理的风险包含哪些方面

为了保证建筑工程可以高质量地完成，在实际的施工过程当中需要对建筑工程进行项目管理，建筑工程项目具体的施工阶段不可避免地会面临很多不确定的因素，这些因素的不确定性也就是我们常说的建筑工程项目管理风险。就拿地基施工来说，如果在建筑工程的具体施工过程当中没有进行准确的测量，地基的夯实方面不合格，地基承载力不符合相关的设计要求，类似这些状况都是建筑工程项目管理当中的风险，这些风险的存在会直接导致施工质量的不合格，并且还可能诱发一些相关的安全事故，导致人们的生命财产安全受到威胁，产生的问题也是不容小觑的。

（二）项目管理风险的特点

就建筑工程本身的性质来说，就存在诸多风险因素，比如工程建设的时间比较长、工程投资的规模比较大等。而就建筑工程项目管理的风险来说，它的特点也是比较显著的。首先，项目管理当中的诸多风险因素本身就是客观存在的，并且很多的风险问题还存在不可规避性，比如暴雨、暴雪等恶劣天气因素，因此需要在建筑过程当中加强防御，尽可能地减少损失。因为这样的客观性，所以项目管理的风险同时还有不确定性。除了天气因素之外，施工环境的不同也会导致项目管理风险。因此，在进行项目管理的时候需要借助相关的经验，提前进行相关防护，利用先进的科技手段对可能会造成损失的风险进行预估，提前采取措施来减少风险造成的损失。

二、针对风险的相关对策探讨

（一）对于预测和决策过程中的风险管理予以加强

在建筑工程正式投入施工之前要经过一个投标决策的阶段，在这个阶段，企业就要对可能出现的风险问题加以调查预测。每个建筑地的自然地理环境存在差异，所以要对当地的相关文件进行研究调查，主要包括当地的气候、地形、水文及民俗等，然后在这个基础上对有关的风险因素加以分类，对那些影响范围比较大并且损失也较大的风险因素加以研究，然后依据相关的工程经验来制定相应的防范措施，提出适合的风险对策。

（二）对于企业的内部管理要相应加强

在对建筑工程进行项目管理的过程当中，有很多的风险因素是可以被适时地加以规避和化解的。对于不同类型的建筑工程，企业需要选派不同的管理人员。比如对于那些比较复杂的工程和风险比较大的项目来说，要选派工作经验较为丰富且专业技术水平比较强的人员，这样对于施工过程当中的各项工作都可以进行有效的管理，加强各个职能部门对于工程项目本身的管理和支持，对相关的资源也可以实现更加优化合理的配置，这样一来就在一定程度上减少了项目管理风险的出现。

（三）对待风险要科学看待、有效规避

在对建筑工程进行项目管理的时候，很多风险本身就是客观存在的，经过不断的实践也对其中的规律性有所掌握，所以要以科学的态度来看待这些风险问题，从客观规律出发来进行有效的预防，尽可能地达到规避风险的目的。这样一来，即使是那些不可控的风险因素，也可以将其损失程度降到最低。而在对这些风险问题加以规避的过程中，也要合理地进行法律手段的应用，进而对自身的利益加强保护，以减少不必要的损失。

（四）采取适合的方式来进行风险的分散转移

对于建筑工程的项目管理来说，其中的风险是大量存在的，但是如果可以将这些风险加以合理地分散转移，那么就可以在一定程度上降低风险所带来的损失。在进行这项工作的时候，需要采取正确的方式，如联合承包、工程保险等方式，通过这些方式来实现风险的有效分散。

综上所述，近年来随着我国城市化进程的不断深化，建筑工程的建设也取得了快速的发展，而想要确保建筑项目的顺利进行，对于建筑工程进行项目管理是很必要的，这对于建筑工程的经济效益和施工质量等方面都会在一定程度上受到影响，也关系人身安全等，所以需要对其加强重视。不可否认的是，在当前的建筑工程项目施工当中仍旧存在一些风险，如果不能将这些风险及时解决的话，将会产生一定的质量和经济损失，因此必须正确地采取回避、转移等措施，有效地降低风险发生的概率。

第五节 基于BIM技术下的建筑工程项目管理

在现代建筑领域，BIM技术作为一种管理方式被得到广泛的应用。这一管理方式主要依托于信息技术，对工程项目的建设过程进行系统性的管理，改变了传统的管理理念及管理方式，并将数据共享理念有效地融入进去，提高了整个流程的管理水平。

在我国社会经济的发展过程中，离不开建筑行业的发展，建筑工程是促进我国国民经济增长的重要基础。而在建筑工程项目的建设过程中，工程项目管理一直是保障工程建设质量的重要环节。长期实践证明，利用BIM技术能够有效完成建筑工程项目管理中的各项工作。

一、实行全流程管理，打破信息孤岛

在项目决策阶段使用BIM技术，需要对工程项目的可行性进行深入的分析，包括工程建设中所需的各项费用及费用的使用情况，以确保能够作出正确的决策。而在项目设计阶段，主要工作任务是利用BIM技术设计三维图形，对建筑工程中涉及的设备、电气及结构等方面进行深入的分析，并处理好各个部位之间的联系。在招标投标阶段，利用BIM技术能够直接统计出建筑工程的实际工程量，并根据清单上的信息，制定工程招标文件。在施工过程中，利用BIM技术，能够对施工进度进行有效的管理，并通过建立的4D模型，完成对每一施工阶段工程造价情况的统计。在建筑工程项目运营的过程中，利用BIM技术，能够对其各项运营环节进行数字化、自动化的管理。在工程的拆除阶段，利用BIM技术，能够对拆除方案进行深入的分析，并对爆炸点位置的合理性进行研究，判断爆炸是否会对周围的建筑产生不利的影响，保证相关工作的安全性。

（一）实现数据共享

在建筑工程项目的管理过程中，利用BIM技术，能够对建筑工程项目相关的各个方面的数据进行分析，并在此基础上构建数字化的建筑模型。这种数字化的建筑模型具有可视化、协调性、模拟性及可调节性等方面的特点。总之，在采用BIM技术进行建筑工程项目管理的过程中，能够更有效地进行多方协作，实现数据信息的共享，提高建筑工程项目管理的整体效率及建设质量。

（二）建立5D模型及事先模拟分析

在建筑工程的建设过程中，利用BIM技术，能够建立5D的建筑模型，就是在传统3D模型的基础上，对时间、费用这两项因素进行有效的融合。也就是说，在利用BIM技术对建筑工程项目进行管理的过程中，能够分析出工程建设过程中不同时间的费用需求情况，并以此为依据进行费用的筹集工作及使用工作，提高资金费用的利用率，为企业带来更多的经济效益。而事先模拟分析，则主要是指在利用BIM技术的过程中，通过对施工过程中的设计、造价、施工等环节的实际情况进行模拟，避免各个施工环节中的资源浪费情况，从而达到节约成本及提高施工效率的目的。

二、基于BIM技术下的建筑工程项目管理现状

现阶段，在利用BIM技术对建筑工程项目进行管理的过程中，主要存在硬件及软件系统不完善、技术应用标准不统一及管理方式不标准等方面的问题。BIM技术在应用过程中，会受到技术软件上的制约。因此，在建筑工程设计阶段运用BIM技术的过程中，软件设计方案难以满足专业要求。换言之，BIM技术的应用水平与运维平台及相关软件的使用性能方面有着密切的联系。而由于软件系统不完善，导致在传输数据过程中出现一些问题，影响了BIM技术的正常使用，对建筑工程项目管理工作造成了不良的影响。

三、加强BIM项目管理的相关措施

（一）应加强政府部门的主导

BIM不仅是一种技术手段，更是一种先进的管理理念，对建筑领域、管理领域等都具有非常重要的作用。因此，我国政府部门应加大对BIM技术研究工作的支持力度，从政策、资金等众多方面为其发展创造良好的环境。在这一过程中，BIM技术的研究人员应建立标准化的管理流程，加大主流软件的研究力度。

（二）BIM技术应多与高新技术融合

近几年，新技术不断被研发出来，云技术、互联网、通信技术等先进的科学技术出现在各领域，在推动各个行业信息化、自动化、智能化发展的同时，也改变了传统的管理思维。可以说，这些新技术的应用也为BIM技术的应用提供了更好的发展途径。实践证明，将BIM技术与传感技术、感知技术、云计算技术等先进技术进行有效的结合，能够促进技术的发展，使各领域的管理效率不断提高。

（三）建筑信息模型将进一步完善

我国相关部门正逐步统一各项技术的应用标准，为建筑信息模型的进一步完善奠定了良好的基础。实际上，在利用BIM技术的过程中，由于各个阶段建筑模型设计标准的不统一，给建筑模型的有效构建造成了一定的阻碍。而将各阶段的设计标准进行统一，能够将各个环节的设计理念有效地结合在一起，在避免信息孤岛现象的同时，也能够提高管理效率。

第二章
建筑工程项目进度管理

第一节　建筑工程项目进度管理概述

一、建筑工程项目进度管理的概念

建筑工程项目进度控制与成本控制、质量控制一样，是项目施工中的重点控制内容之一。它是保证施工项目按期完成，合理安排资源供应，节约工程成本的重要措施。

建筑工程项目进度管理，即在经确认的进度计划的基础上实施工程各项具体工作，在一定控制期内检查实际进度完成情况，并将其与进度计划相比较，若出现偏差，便分析产生的原因和对工期的影响程度，找出必要的调整措施，修改原计划，如此循环，直至工程项目竣工验收。施工项目进度控制的总目标是确保施工项目的既定目标工期的实现，或者在保证施工质量和不因此而增加施工实际成本的前提下，适当缩短施工工期。

二、影响建筑工程项目进度的因素

由于建筑工程项目自身的特点，尤其是较大和复杂的工程项目，工期较长，影响进度的因素较多。编制计划和执行控制施工进度计划时必须充分认识到这些因素，才能克服其影响，使施工进度尽可能按计划进行。当出现偏差时，应考虑有关影响因素，分析产生的原因。

（一）有关单位的影响

建筑工程项目的主要施工单位对施工进度起决定性作用，但建设单位与业主，设计单位，银行信贷部门，材料设备供应部门，运输部门，水、电供应部门及政府有关主管部门都可能给施工某些方面造成困难而影响施工进度。其中，设计单位的图纸设计不及时和有错误以及有关部门或业主对设计方案的变动是经常发生的和影响最大的因素。材料和设备不能按期供应，或质量、规格不符合要求，都将使施工停顿。资金不能保证也会使施工进度中断或速度减慢等。

（二）施工条件的变化

工程地质条件和水文地质条件与勘察设计不符，如地质断层、溶洞、地下障碍物、软弱地基以及暴雨、高温和洪水等都会对施工进度产生影响，造成临时停工或破坏。

（三）技术失误

施工单位采用技术措施不当，施工中发生技术事故；应用新技术、新材料、新结构缺乏经验，不能保证质量等都会影响施工进度。

（四）施工组织管理不力

流水施工组织不合理、劳动力和施工机械调配不当、施工平面布置不合理等将影响施工进度计划的执行。

（五）意外事件及不可抗力因素

施工中如果出现意外事件，如战争、严重自然灾害、火灾、重大工程事故、工人罢工等，都会影响施工进度计划。

三、建筑工程项目进度控制的原理

（一）动态控制原理

建筑工程项目进度控制是一个不断进行的动态控制，也是一个循环进行的过程。它是从项目施工开始，实际进度就出现了运动的轨迹，也就是计划进入执行的动态。实际进度按照计划进度进行时，两者相吻合。当实际进度与计划进度不一致时，便产生超前或落后的偏差。应分析偏差产生的原因，采取相应的措施，调整原来的计划，使两者在新的起点上重合，继续按期进行施工活动，并且尽量发挥组织管理的作用，使实际工作按计划进行。但在新的干扰因素的作用下，又会产生新的偏差。施工进度计划控制就是采用这种动态循环的控制方法。

（二）系统原理

建筑工程项目计划系统。为了对项目实行进度计划控制，首先必须编制各种进度计划。其中，有建筑工程项目总进度计划、单位工程进度计划、分部分项工程进度计划、季度和月（旬）作业计划，这些计划组成一个进度计划系统。在执行计划时，从月（旬）作业计划开始实施，逐级按目标控制，从而达到对建筑工程项目进行整体进度控制的目标。施工组织各级负责人，由项目经理、施工队长、班组长及其所属全体成员组成了建筑工程项目实施的完整组织系统。该组织系统为了保证施工项目进度，还有一个项目进度的检查控制系统。不同层次人员负有不同进度控制职责，分工协作，形成一个纵、横连接的建筑工程项目控制组织系统。实施是计划控制的落实，控制是保证计划按期实施。

（三）信息反馈原理

信息反馈是建筑工程项目进度控制的主要环节，施工的实际进度通过信息反馈给基层施工项目进度控制的工作人员，在分工的职责范围内，经过对其加工，再将信息逐级向上反馈，直到主控制室，主控制室整理统计各方面的信息，经比较分析做出决策，调整进度计划，仍使其符合预定工期目标。若不应用信息反馈原理不断地进行信息反馈，则无法进行计划控制。施工项目进度控制的过程就是信息反馈的过程。

（四）弹性原理

建筑工程项目进度计划工期长、影响进度的因素多，其中，有的已被人们掌握，根据统计经验估算出影响的程度和出现的可能性，并在确定进度目标时，进行实现目标的风险分析。计划编制者具备了这些知识和实践经验之后，编制建筑工程项目进度计划时就会留有余地，使建筑工程项目进度计划具有弹性。在进行进度控制时，便可以利用这些弹性，缩短有关工作的时间，或者改变它们之间的搭接关系，使在检查之前拖延的工期，通过缩短剩余计划工期的方法，仍然能达到预期的计划目标。这就是建筑工程项目进度控制中对弹性原理的应用。

（五）封闭循环原理

项目的进度计划控制的全过程是计划、实施、检查、比较分析、确定调整措施、再计划。从编制项目施工进度计划开始，经过实施过程中的跟踪检查，收集有关实际进度的信息，比较和分析实际进度与施工计划进度之间的偏差，找出产生原因和解决办法，确定调整措施，再修改原进度计划，形成一个封闭的循环系统。

（六）网络计划技术原理

在建筑工程项目进度的控制中，利用网络计划技术原理编制进度计划，根据收集的实际进度信息，比较和分析进度计划，又利用网络计划的工期优化、工期与成本优化和资源优化的理论调整计划。网络计划技术原理是建筑工程项目进度控制的完整的计划管理和分析计算理论基础。

四、建筑工程项目进度控制的措施

建筑工程项目进度控制采取的主要措施有组织措施、管理措施、经济措施、技术措施等。

（一）组织措施

组织是目标能否实现的决定性因素，为实现项目的进度目标，应充分重视健全项目管理的组织体系。进度控制的组织措施如下：

（1）建立进度控制目标体系，明确工程现场监理机构进度控制人员及其职责分工。

（2）建立工程进度报告制度及进度信息沟通网络。

（3）建立进度计划审核制度和进度计划实施中的检查分析制度。

（4）建立进度协调会议制度，包括协调会议举行的时间、地点、参加人员等。

（5）建立图纸审查、工程变更和设计变更管理制度。

（二）管理措施

工程项目进度控制的管理措施涉及管理的思想、管理的方法、管理的手段、承发包模式、合同管理和风险管理等方面。进度控制的管理措施如下。

（1）用工程网络计划方法编制进度计划。

（2）承发包模式（直接影响工程实施的组织和协调）、合同结构、物资采购模式选择。

（3）分析影响进度的风险，采取风险管理措施。

（4）重视信息技术在进度控制中的应用。

（三）经济措施

经济措施是指为实现进度计划的资金保证措施及可能的奖惩措施。进度控制的经济措施如下。

（1）资金需求计划。

（2）资金供应条件（也是工程融资的重要依据，包括资金总供应量、资金来源、资金供应的时间）。

　　（3）经济激励措施。

　　（4）考虑加快工程进度所需资金。

　　（5）对工程延误收取误期损失赔偿金。

（四）技术措施

　　技术措施是指切实可行的施工部署及施工方案等。工程项目进度控制的技术措施涉及对实现进度目标有利的设计技术和施工技术的选用。进度控制的技术措施如下。

　　（1）对设计技术与工程进度关系做分析比较。

　　（2）有无改变施工技术、施工方法和施工机械的可能性。

　　（3）审查承包商提交的进度计划，使承包商能在合理的状态下施工。

　　（4）编制进度控制工作细则，指导监理人员实施进度控制。

　　（5）采用网络计划技术及其他科学适用的计划方法，并结合计算机的应用，对建筑工程进度实施动态控制。

五、建筑工程项目进度控制的目的及任务

　　进度控制的目的是通过控制以实现工程的进度目标。在工程施工实践中，必须树立和坚持一个最基本的工程管理原则，即在确保工程质量的前提下，控制工程的进度。

　　项目各参与方进度控制的目的和时间范围各不相同，具体如下：

　　第一，业主方进度控制的任务是控制整个项目实施阶段的进度，包括控制设计准备阶段的工作进度、设计工作进度、施工进度、物资采购工作进度，以及项目动工前准备阶段的工作进度。

　　第二，设计方进度控制的任务是依据设计任务委托合同对设计工作进度的要求控制设计工作进度，这是设计方履行合同的义务。另外，设计方应尽可能使设计工作的进度与招标、施工和物资采购等工作进度相协调。在国际上，设计进度计划主要是各设计阶段的设计图纸（包括有关的说明）的出图计划，在出图计划中标明每张图纸的出图日期。

　　第三，施工方进度控制的任务是依据施工任务委托合同对施工进度的要求控制施工进度，这是施工方履行合同的义务，在进度计划编制方面，施工方应视项目的特点和施工进度控制的需要，编制针对不同的控制性、指导性和实施性施工的进度计划，以及按不同计划周期（年度、季度、月度和旬）的施工计划等控制施工进度。

　　第四，供货方进度控制的任务是依据供货合同对供货的要求控制供货进度，这是供货方履行合同的义务。供货进度计划应包括供货的所有环节，如采购、加工制造、运输等。

第二节　建筑工程项目进度计划的编制

一、建筑工程项目进度计划的分类

（一）按项目范围（编制对象）划分

1.施工总进度计划

施工总进度计划是以整个建设项目为对象来编制的，它确定各单项工程的施工顺序和开、竣工时间以及相互的衔接关系。施工总进度计划属于概略的控制性进度计划，综合平衡各施工阶段工程的工程量和投资分配。其内容如下：

（1）编制说明，包括编制依据、编制步骤和内容。

（2）进度总计划表，可以采用横道图或网络图形式。

（3）分期分批施工工程的开、竣工日期，工期一览表。

（4）资源供应平衡表，即为满足进度控制而需要的资源供应计划。

2.单位工程施工进度计划

单位工程施工进度计划是对单位工程中的各分部分项工程的计划安排，并以此为依据确定施工作业所必需的劳动力和各种技术物资供应计划。其内容如下：

（1）编制说明，包括编制依据、编制步骤和内容。

（2）单位工程进度计划表。

（3）单位工程施工进度计划的风险分析及控制措施，包括不可预见的因素，如不可抗力、工程变更等原因致使计划无法按时完成而采取的措施。

3.分部分项工程进度计划

分部分项工程进度计划是针对项目中某一部分或某一专业工种的计划安排。

（二）按项目参与方划分

按照项目参与方划分，建筑工程项目进度计划可分为业主方进度计划、设计方进度计划、施工方进度计划、供货方进度计划、建设项目总承包方进度计划。

（三）按时间划分

按照时间划分，建筑工程项目进度计划可分为年度进度计划、季度进度计划及月、旬作业计划。

（四）按计划表达形式划分

按照计划表达形式划分，建筑工程项目进度计划可分为文字说明计划、图表形式计划（横道图、网络图）。

二、建筑工程项目进度计划的编制步骤

建筑工程项目进度计划系统是由多个相互关联的进度计划组成的系统，它是项目进度控制的依据，由于各种进度计划编制所需要的必要资料是在项目进展过程中逐步形成的，所以，项目进度计划系统的建立和完善也有一个过程，也是逐步形成的。根据项目进度计划不同的需要和不同的用途，各参与方可以构建多个不同的建筑工程项目进度计划系统，其内容如下：

第一，不同计划深度的进度计划组成的计划系统（施工总进度计划、单位工程施工进度计划）。

第二，不同计划功能的进度计划组成的计划系统（控制性、指导性、实施性进度计划）。

第三，不同项目参与方的进度计划组成的计划系统（业主方、设计方、施工方、供货方进度计划）。

第四，不同计划周期的进度计划组成的计划系统（年度进度计划，季度进度计划，月、旬作业计划）。

（一）施工总进度计划的编制步骤

1.收集编制依据

（1）工程项目承包合同及招标投标书（工程项目承包合同中的施工组织设计、合同工期、开竣工日期及有关工期提前或延误调整的约定、工程材料、设备的订货、供货合同等）。

（2）工程项目全部设计施工图纸及变更洽商（建设项目的扩大初步设计、技术设计、施工图设计、设计说明书、建筑总平面图及变更洽商等）。

（3）工程项目所在地区位置的自然条件和技术经济条件（施工地质、环境、交通、水电条件等，建筑施工企业的人力、设备、技术和管理水平等）。

（4）施工部署及主要工程施工方案（施工顺序、流水段划分等）。

（5）工程项目需要的主要资源（劳动力状况、机具设备能力、物资供应来源条件等）。

（6）建设方及上级主管部门对施工的要求。

（7）现行规范、规程及有关技术规定（国家现行的施工及验收规范、操作规程、技术规定和技术经济指标）。

（8）其他资料（如类似工程的进度计划等）。

2.确定进度控制目标

根据施工合同确定单位工程的先后施工顺序，确定作为进度控制目标的工期。

3.计算工程量

根据批准的工程项目一览表，按单位工程量分别计算各主要项目的实物工程量。工程量的计算可以按照初步设计图纸和有关定额手册或资料进行。

4.确定各单位工程施工工期

各单位工程的施工期限应根据合同工期确定，影响单位工程施工工期的因素很多，比如建筑类型、结构特征和工程规模，施工方法、施工技术和施工管理水平，劳动力和材料供应情况，以及施工现场的地形、地质条件等。各单位工程的工期应根据现场具体条件，综合考虑上述影响因素后予以确定。

5.确定各单位工程搭接关系

（1）同一时期施工的项目不宜过多，以避免人力、物力过于分散。

（2）尽量做到均衡施工，以使劳动力、施工机械和主要材料的供应在整个工期范围内达到均衡。

（3）尽量提前建设可供工程施工使用的永久性工程，以节省临时施工费用。

（4）对于某些技术复杂、施工工期较长、施工困难较多的工程，应安排提前施工，以利于整个工程项目按期交付使用。

（5）施工顺序必须与主要生产系统投入生产的先后次序相吻合，同时还要安排好配套工程的施工时间，以保证建成的工程能迅速投入生产或交付使用。

（6）应注意季节对施工顺序的影响，使施工季节不影响工程工期，不影响工程质量。

（7）注意主要工种和主要施工机械能连续施工。

6.编制施工总进度计划

首先，根据各施工项目的工期与搭接时间，以工程量大、工期长的单位工程为主导，编制初步施工总进度计划；其次，按照流水施工与综合平衡的要求，检查总工期是否符合要求，资源使用是否均衡且供应是否能得到满足，调整进度计划；最后，编制正式的施工总进度计划。

（二）单位工程施工进度计划的编制步骤

单位工程施工进度计划是施工单位在既定施工方案的基础上，根据规定的工期和各种资源供应条件，对单位工程中的各分部分项工程的施工顺序、施工起止时间及衔接关系进行合理安排。

1.确定对单位工程施工进度计划的要求

研究施工图、施工组织设计、施工总进度计划，调查施工条件，以确定对单位工程施工进度计划的要求。

2.划分施工过程

任何项目都是由许多施工过程所组成的，施工过程是施工进度计划的基本组成单元。在编制单位工程施工进度计划时，应按照图纸和施工顺序将拟建工程的各个施工过程列出，并结合施工方法、施工条件、劳动组织等因素，加以适当调整。施工过程划分应考虑以下因素：

（1）施工进度计划的性质和作用。一般来说，对规模大、工程复杂、工期长的建筑工程，编制控制性施工进度计划，施工过程划分可粗一些，综合性可大一些，一般可按分部工程划分施工过程。如开工前准备、打桩工程、基础工程、主体结构工程等。对中小型建筑工程以及工期不长的工程，编制实施性计划，其施工过程划分可细一些、具体一些，要求把每个分部工程所包括的主要分项工程一一列出，起到指导施工的作用。

（2）施工方案及工程结构。不同的结构体系，其施工过程划分及其内容各不相同。

（3）结构性质及劳动组织。施工过程的划分与施工班组的组织形式有关。如玻璃与油漆的施工，如果是单一工种组成的施工班组，可以划分为玻璃、油漆两个施工过程；为了组织流水施工的方便或需要，也可合并成一个施工过程，这时施工班组是由多工种混合的混合班组。

（4）对施工过程进行适当合并，达到简明清晰。将一些次要的、穿插性的施工过程合并到主要施工过程中去，将一些虽然重要但工程量不大的施工过程与相邻的施工过程合并，同一时期由同一工种施工的施工项目也可以合并在一起，将一些关系比较密切、不容易分出先后的施工过程进行合并。

（5）设备安装应单独列项。民用建筑的水、暖、煤、卫、电等房屋设备安装是建筑工程的重要组成部分，应单独列项；工业厂房的各种机电等设备安装也要单独列项。

（6）明确施工过程对施工进度的影响程度。有些施工过程直接在拟建工程上进行作业，占用时间、资源，对工程的完成与否起着决定性的作用。它在条件允许的情况下，可以缩短或延长工期。这类施工过程必须列入施工进度计划，如砌筑、安装、混凝土的养护等。另外，有些施工过程不占用拟建工程的工作面，虽需要一定的时间和消耗一定的资源，但不占用工期，所以不列入施工进度计划，如构件制作和运输等。

3.编排合理的施工顺序

施工顺序一般按照所选的施工方法和施工机械的要求来确定。设计施工顺序时，必须根据工程的特点、技术上和组织上的要求以及施工方案等进行研究。

4.计算各施工过程的工程量

施工过程确定之后，应根据施工图纸、有关工程量计算规则及相应的施工方法，分别计算出各个施工过程的工程量。

5.确定劳动量和机械需要量及持续时间

根据计算的工程量和实际的施工定额水平，即可进行劳动量和机械台班量的计算。

（1）劳动量的计算。劳动量也叫劳动工日数，凡是以手工操作为主的施工过程，其劳动量均可按下式计算：

$$P_i=Q_i/S_i \qquad\qquad (2-1)$$

或者

$$P_i=Q_iH_i \qquad\qquad (2-2)$$

式中，P_i：某施工过程所需劳动量（工日）。Q_i：该施工过程的工程量（m^2、m、t等）。S_i：该施工过程采用的产量定额（m^2/工日、m/工日、t/工日等）。H_i：该施工过程采用的时间定额（工日/m^2、工日/m、工日/t等）。

（2）机械台班量的计算。凡是以机械为主的施工过程，可采用下式计算其所需的机械台班数。

$$S_{机械}=Q_{机械}/H_{机械} \qquad\qquad (2-3)$$

或者

$$P_{机械}=Q_{机械}H_{机械} \qquad\qquad (2-4)$$

式中，$P_{机械}$：某施工过程需要的机械台班数。$Q_{机械}$：机械完成的工程量。$S_{机械}$：机械的产量定额，（m^3/台班、t/台班）等；$H_{机械}$：机械的时间定额（台班/m^3、台班/t）等。

在实际计算中，$S_{机械}$或$H_{机械}$的采用应根据机械的实际情况、施工条件等因素考虑确定，以便准确地计算所需的机械台班数。

（3）持续时间：施工项目工作持续时间的计算方法一般有经验估计法、定额计算法和倒排计划法。

①经验估计法：根据过去的经验进行估计，一般适用于采用新工艺、新技术、新结

构、新材料等的工程。先估计出完成该施工项目的最乐观时间（A）、最悲观时间（B）和最可能时间（C）三种施工时间，然后按下式确定该施工项目的工作持续时间。

$$T=A+4V+B/6 \tag{2-5}$$

②定额计算法：根据施工项目需要的劳动量或机械台班量，以及配备的劳动人数或机械台数，来确定其工作持续时间。

$$T_i=P_i/（R_i \times b） \tag{2-6}$$

式中，T_i：以某手工操作为主的施工项目持续时间（天）。P_i：该施工项目所需的劳动量（工日）。R_i：该施工项目所配备的施工班组人数（人）或机械配备台数（台）。b：每天采用的工作班制（1～3班制）。

在应用上述公式时，必须先确定R_i、b的数值。

在确定施工班组人数时，应考虑最小劳动组合人数、最小工作面和可能安排的施工人数等因素。其中，最小劳动组合即某一施工过程进行正常施工所必需的最低限度的班组人数及其合理组合，最小工作面即施工班组为保证安全生产和有效的操作所必需的工作面。可能安排的人数即施工单位所能配备的人数。

一般情况下，当工期允许、劳动力和机械周转使用不紧迫、施工工艺上无连续施工要求时，可采用一班制施工。当组织流水施工时，为了给第二天连续施工创造条件，某些施工准备工作或施工过程可考虑在夜班进行，即采用二班制施工。当工期较紧或为了提高施工机械的使用率及加快机械的周转使用，或工艺上要求连续施工时，某些施工项目可考虑二班制甚至三班制施工。

③倒排计划法：倒排计划法是根据流水施工方式及总工期要求，先确定施工时间和工作班制，再确定施工班组人数或机械台数。

根据$T_i=P_i/（R_i \times b）$，如果计算得出的施工人数或机械台数对施工项目来说过多或过少了，应根据施工现场条件、施工工作面大小、最小劳动组合、可能得到的人数和机械等因素合理确定。如果工期太紧，施工时间不能延长，则可考虑组织多班组、多班制的施工。

6.编排施工进度计划

编制施工进度计划可使用网络计划图，也可使用横道计划图。

施工进度计划初步方案编制后，应检查各施工过程之间的施工顺序是否合理、工期是否满足要求、劳动力等资源需求量是否均衡，然后再进行调整，正式形成施工进度计划。

7.编制劳动力和物资计划

有了施工进度计划后，还需要编制劳动力和物资需要量计划，附于施工进度计划之后。

三、建筑工程进度计划的表示方法

建筑工程进度计划的表示方法有多种，常用的有横道图和网络图两类。

（一）横道图

横道图进度计划法（简称"横道计划"）是传统的进度计划方法，横道图是按时间坐标绘出的，横向线条表示工程各工序的施工起止时间，整个计划由一系列横道线组成。横道图计划表中的进度线（横道）与时间坐标相对应，形象简单易懂，在相对简单、短期的项目中，横道图得到了最广泛的运用。

横道图进度计划法的优点是：比较容易编辑，简单、明了、直观、易懂；结合时间坐标，各项工作的起止时间、作业时间、工作进度、总工期都能一目了然；流水情况表示得很清楚。

但是，作为一种计划管理的工具，横道图有其不足之处。首先，横道图不容易看出工作之间的相互依赖、相互制约的关系；其次，横道图反映不出哪些工作决定了总工期，更看不出各工作分别有无伸缩余地（即机动时间），有多大的伸缩余地；再次，由于它不是一个数学模型，不能实现定量分析，无法分析工作之间相互制约的数量关系；最后，横道图不能在执行情况偏离原定计划时，迅速而简单地进行调整和控制，更无法实行多方案的优选。

横道图的编制程序如下：

（1）将构成整个工程的全部分项工程纵向排列填入表中。

（2）横轴表示可能利用的工期。

（3）分别计算所有分项工程施工所需要的时间。

（4）如果在工期内能完成整个工程，则将第（3）项所计算出来的各分项工程所需工期安排在图表上，编排出日程表。这个日程的分配是为了在预定的工期内完成整个工程，对各分项工程的所需时间和施工日期进行试算分配。

（二）网络图

与横道图相反，网络图计划方法（简称"网络计划"）能明确地反映出工程各组成工序之间的相互制约和相互依赖关系，可以用它进行时间分析，确定出哪些工序是影响工期的关键工序，以便施工管理人员集中精力抓施工中的主要矛盾，减少盲目性。而且它是一个定义明确的数学模型，可以建立各种调整优化方法，也可利用电子计算机进行分析计算。

在实际施工过程中，应注意横道计划和网络计划的结合使用。即在应用电子计算机编制施工进度计划时，先用网络方法进行时间分析，确定关键工序，进行调整优化，然后输出相应的横道计划用于指导现场施工。

1.网络计划的编制程序

在项目施工中用来指导施工、控制进度的施工进度网络计划，就是经过适当优化的施工网络。其编制程序如下。

（1）调查研究：就是了解和分析工程任务的构成和施工的客观条件，掌握编制进度计划所需的各种资料，特别要对施工图进行透彻研究，并尽可能对施工中可能发生的问题作出预测，考虑解决问题的对策等。

（2）确定方案：主要是指确定项目施工总体部署，划分施工阶段，制定施工方法，明确工艺流程，决定施工顺序等。这些一般都是施工组织设计中施工方案说明中的内容，且施工方案说明一般应在施工进度计划之前完成，故可直接从有关文件中获得。

（3）划分工序：根据工程内容和施工方案，将工程任务划分为若干道工序。一个项目划分为多少道工序，由项目的规模和复杂程度，以及计划管理的需要来决定，只要能满足工作需要就可以，不必过细。大体上要求每一道工序都有明确的任务内容，有一定的实物工程量和形象进度目标，能够满足指导施工作业的需要，完成与否有明确的判别标志。

（4）估算时间：即估算完成每道工序所需要的工作时间，也就是每项工作的延续时间，这是对计划进行定量分析的基础。

（5）编制工序表：将项目的所有工序，依次列成表格，编排序号，以便于查对是否遗漏或重复，并分析相互之间的逻辑制约关系。

（6）画网络图：根据工序表画出网络图。工序表中所列出的工序逻辑关系，既包括工艺逻辑，也包含由施工组织方法决定的组织逻辑。

（7）画时标网络图：给上面的网络图加上时间横坐标，这时的网络图就叫作时标网络图。在时标网络图中，表示工序的箭线长度受时间坐标的限制，一道工序的箭线长度在时间坐标轴上的水平投影长度就是该工序延续时间的长短；工序的时差用波形线表示；虚工序延续时间为零，因而虚箭线在时间坐标轴上的投影长度也为零；虚工序的时差也用波形线表示。这种时标网络可以按工序的最早开工时间来画，也可以按工序的最迟开工时间来画，在实际应用中多是前者。

（8）画资源曲线：根据时标网络图，可画出施工主要资源的计划用量曲线。

（9）可行性判断：主要是判别资源的计划用量是否超过实际可能的投入量。如果超过了，这个计划是不可行的，要进行调整，目的是要将施工高峰错开，削减资源用量高峰，或者改变施工方法，减少资源用量。这时就要增加或改变某些组织逻辑关系，重新绘制时间坐标网络图；如果资源计划用量不超过实际拥有量，那么这个计划是可行的。

（10）优化程度判别：可行的计划不一定是最优的计划。计划的优化是提高经济效益的关键步骤。所以，要判别计划是否最优，如果不是，就要进一步优化。如果计划的优化程度已经可以令人满意（往往不一定是最优），即可得到用来指导施工、控制进度的施工网络图。

大多数的工序都有确定的实物工程量，可按工序的工程量，并根据投入资源的多少及该工序的定额计算出作业时间。若该工序无定额可查，则可组织有关管理干部、技术人员、操作工人等，根据有关条件和经验，对完成该工序所需时间进行估计。

网络计划技术作为现代管理的方法，与传统的计划管理方法相比较，具有明显优点，主要表现为以下几个方面。

（1）利用网络图模型，明确表达各项工作的逻辑关系，即全面而明确地反映出各项工作之间的相互依赖、相互制约的关系。

（2）通过网络图时间参数计算，确定关键工作和关键线路，便于在施工中集中力量抓住主要矛盾，确保竣工工期，避免盲目施工。

（3）显示了机动时间，能从网络计划中预见其对后续工作及总工期的影响程度，便于采取措施，进行资源合理分配。

（4）能够利用计算机绘图、计算和跟踪管理，方便网络计划的调整与控制。

（5）便于优化和调整，加强管理，取得好、快、省的全面效果。

编制工程网络计划应符合现行国家标准《网络计划技术》（GB/T13400.1-3）以及行业标准《工程网络计划技术规程》（JGJ/T121—2015）的规定。我国《工程网络计划技术规程》（JGJ/T121—2015）中推荐的常用的工程网络计划类型如下：

（1）双代号网络计划。

（2）单代号网络计划。

（3）双代号时标网络计划。

（4）单代号搭接网络计划。

下面以双代号网络图为例说明利用网络图表示进度计划的方法。

2.双代号网络图的组成

双代号网络图由箭线、节点和线路组成，用来表示工作流程的有向、有序网状图形。

一个网络图表示一项计划任务。双代号网络图用两个圆圈和一个箭杆表示一道工序，工序内容写在箭杆上面，作业时间写在箭杆下面，箭尾表示工序的开始，箭头表示结束，圆圈表示先后两道工序之间的连接，在网络图中叫作节点，节点可以填入工序开始和结束时间，也可以表示代号。

（1）箭线：一条箭线表示一项工作，如砌墙、抹灰等。工作所包括的范围可大可小，既可以是一道工序，也可以是一个分项工程或一个分部工程，甚至可以是一个单位工程。在无时标的网络图中，箭线的长短并不反映该工作占用时间的长短。箭线的方向表示工作进行的方向和前进的路线，箭线的尾端表示该项工作的开始，箭头端则表示该项工作的结束。箭线可以画成直线、斜线或折线。虚箭线可以起到联系和断路的作用。指向某个节点的箭线称为该节点的内向箭线；从某节点引出的箭线称为该节点的外向箭线。

（2）节点：节点代表一项工作的开始或结束。除起点节点和终点节点外，任何中间节点既是前面工作的结束节点，也是后面工作的开始节点。节点是前后两项工作的交接点，它既不消耗时间，也不消耗资源。在双代号网络图中，一项工作可以用其箭线两端节点内的号码来表示。对于一项工作来说，其箭头节点的编号应大于箭尾节点的编号，即顺着箭线方向由小到大。

（3）线路：在网络图中，从起点节点开始，沿箭头方向顺序通过一系列箭线与节点，最后到达终点节点的通路称为线路。

线路上所有工作的持续时间总和称为该线路的总持续时间。总持续时间最长的线路称为关键线路，关键线路的长度就是网络计划的总工期，关键线路上的工作称为关键工作。关键工作的实际进度是建筑工程进度控制工作中的重点。在网络计划中，关键线路可能不止一条。而且在网络计划执行的过程中，关键线路还会发生转移。

3.双代号网络图绘制的基本原则

网络图的绘制是网络计划方法应用的关键，要正确绘制网络图，必须正确反映各项工作之间的逻辑关系，遵守绘图的基本规则。各工作间的逻辑关系，既包括客观上的由工艺所决定的工作上的先后顺序关系，也包括施工组织所要求的工作之间相互制约、相互依赖的关系。逻辑关系表达得是否正确，是网络图能否反映工程实际情况的关键，而且逻辑关系搞错，图中各项工作参数的计算以及关键线路和工程工期都将随之发生错误。

（1）逻辑关系：逻辑关系是指项目中所含工作之间的先后顺序关系，就是要确定各项工作之间的顺序关系，具体包括工艺关系和组织关系。

①工艺关系：生产性工作之间由工艺过程决定的、非生产性工作之间由工作程序决定的先后顺序关系称为工艺关系。

②组织关系：工作之间由于组织安排需要或资源（劳动力、原材料、施工机具等）调配需要而规定的先后顺序关系称为组织关系。

在绘制网络图时，应特别注意虚箭线的使用。在某些情况下，必须借助虚箭线才能正确表达工作之间的逻辑关系。

（2）绘图规则。

①网络图中严禁出现从一个节点出发，顺箭头方向又回到原出发点的循环回路。如果出现循环回路，会造成逻辑关系混乱，使工作无法按顺序进行。当然，此时节点编号也发生错误。网络图中的箭线（包括虚箭线，以下同）应保持自左向右的方向，不应出现箭头

指向左方的水平箭线和箭头偏向左方的斜向箭线。若遵循该规则绘制网络图，就不会出现循环回路。

②网络图中严禁出现双向箭头和无箭头的连线。因为工作进行的方向不明确，不能达到网络图有向的要求。

③网络图中严禁出现没有箭尾节点的箭线和没有箭头节点的箭线。

④严禁在箭线上引入或引出箭线。

⑤应尽量避免网络图中工作箭线的交叉。当交叉不可避免时，可以采用过桥法处理。

⑥网络图中应只有一个起点节点和一个终点节点。

⑦当网络图的起点节点有多条箭线引出（外向箭线）或终点节点有多条箭线引入（内向箭线）时，为使图形简洁，可用母线法绘图。

⑧对平行搭接进行的工作，在双代号网络图中，应分段表达。

⑨网络图应条理清楚，布局合理。在正式绘图之前，应先绘出草图，然后再做调整，在调整过程中要做到突出重点，即尽量把关键线路安排在中心醒目的位置（如何找出关键线路，见后面的有关内容），把联系紧密的工作尽量安排在一起，使整个网络条理清楚，布局合理。

（3）绘图步骤。

①当已知每一项工作的紧前工作时，可按下述步骤绘制双代号网络图。

第一，绘制没有紧前工作的工作箭线，使它们具有相同的开始节点。

第二，从左至右依次绘制其他工作箭线。

②绘图应按下列原则进行：

第一，当所要绘制的工作只有一项紧前工作时，则将该工作箭线直接画在其紧前工作箭线之后即可。

第二，当所要绘制的工作有多项紧前工作时，应按不同情况分别予以考虑。

对于所要绘制的工作，若在其紧前工作之中存在一项只作为该工作紧前工作的工作，则应将该工作箭线直接画在其紧前工作箭线之后，然后用虚箭线将其他紧前工作的箭头节点与该工作箭线的箭尾节点分别相连。

对于所要绘制的工作，若在其紧前工作之中存在多项作为该工作紧前工作的工作，应先将这些紧前工作的箭头节点合并，再从合并的阶段后画出该工作箭线，最后，用虚箭线将其他紧前工作的箭头节点与该工作箭线的箭尾节点分别相连。

对于所要绘制的工作，若不存在上述两种情况时，应判断该工作的所有紧前工作是否都同时作为其他工作的紧前工作。如果上述条件成立，应先将这些紧前工作箭线的箭头节点合并后，再从合并的节点开始画出该工作箭线。

对于所要绘制的工作，若不存在前述情况时，应将该工作箭线单独画在其紧前工作箭线之后的中部，然后用虚箭线将其紧前工作箭线的箭头节点与该工作箭线的箭尾节点分别相连。

当各项工作箭线都绘制出来之后，应合并那些没有紧后工作之工作箭线的箭头节点，以保证网络图只有一个终点节点。

当确认所绘制的网络图正确后，即可进行节点编号。

当已知每一项工作的紧后工作时，绘制方法类似，只是其绘图的顺序由上述的从左向右改为从右向左。

4.双代号网络图时间参数的概念

时间参数是指网络计划、工作及节点所具有的各种时间值。网络计划的时间参数是确定工程计划工期，关键线路、关键工作的基础，也是判定非关键工作机动时间和进行优化、计划管理的依据。

时间参数计算应在各项工作的持续时间确定之后进行。双代号网络计划的主要时间参数如下所述。

（1）工作持续时间和工期。工作持续时间是指一项工作从开始到完成的时间。在双代号网络计划中，工作持续时间用 D_{i-j} 表示。

工期泛指完成一项任务所需要的时间。在网络计划中，工期一般有以下三种。

①计算工期。计算工期是指根据网络计划时间参数计算而得到的工期，用 T_c 表示。

②要求工期。要求工期是任务委托人所提出的指令性工期，用 T_r 表示。

③计划工期。计划工期是指根据要求工期和计算工期所确定的作为实施目标的工期，用 T_p 表示。

当已规定了要求工期时，计划工期不应超过要求工期，即

$$T_P \leqslant T_r \tag{2-7}$$

当未规定要求工期时，可令计划工期等于计算工期，即

$$T_P = T_c \tag{2-8}$$

（2）工作的六个时间参数。除工作持续时间外，网络计划中工作的六个时间参数分别是：最早开始时间、最早完成时间、最迟完成时间、最迟开始时间、总时差和自由时差。

①最早开始时间（ ES_{i-j} ）和最早完成时间（ EF_{i-j} ）。工作的最早开始时间是指在其所有紧前工作全部完成后，本工作有可能开始的最早时刻。工作的最早完成时间是指在其所有紧前工作全部完成后，本工作有可能完成的最早时刻。工作的最早完成时间等于本工作

的最早开始时间与其持续时间之和。

在双代号网络计划中，工作i-j的最早开始时间和最早完成时间分别用ES_{i-j}和EF_{i-j}表示。

②最迟完成时间（LF_{i-j}）和最迟开始时间（LS_{i-j}）。工作的最迟完成时间是指在不影响整个任务按期完成的前提下，本工作必须完成的最迟时刻。工作的最迟开始时间是指在不影响整个任务按期完成的前提下，本工作必须开始的最迟时刻。工作的最迟开始时间等于本工作的最迟完成时间与其持续时间之差。

在双代号网络计划中，工作i-j的最迟完成时间和最迟开始时间分别用LF_{i-j}和LS_{i-j}表示。

③总时差（TF_{i-j}）和自由时差（FF_{i-j}）。工作的总时差是指在不影响总工期的前提下，本工作可以利用的机动时间。在双代号网络计划中，工作i-j的总时差用TF_{i-j}表示。工作的自由时差是指在不影响其紧后工作最早开始时间的前提下，本工作可以利用的机动时间。在双代号网络计划中，工作i-j的自由时差用FF_{i-j}表示。

从总时差和自由时差的定义可知，对于同一项工作而言，自由时差不会超过总时差。当工作的总时差为零时，其自由时差必然为零。

在网络计划的执行过程中，工作的自由时差是该工作可以自由使用的时间。但是，如果利用某项工作的总时差，则有可能使该工作后续工作的总时差减小。

（3）节点最早时间和最迟时间。

①节点最早时间（ET_i）。节点最早时间是指在双代号网络计划中，以该节点为开始节点的各项工作的最早开始时间。节点i的最早时间用ET_i表示。

②节点最迟时间（LT_j）。节点最迟时间是指在双代号网络计划中，以该节点为完成节点的各项工作的最迟完成时间。节点j的最迟时间用LT_j表示。

5.双代号网络图时间参数的计算

双代号网络计划时间参数的计算有"按工作计算法"和"按节点计算法"两种，下面分别说明。

（1）按工作计算法计算时间参数。工作计算法是指以网络计划中的工作为对象，直接计算各项工作的时间参数。为了简化计算，网络计划时间参数中的开始时间和完成时间都应以时间单位的终了时刻为标准。如第4天开始即是指第4天终了（下班）时刻开始，实际上是第5天上班时刻才开始；第6天完成即是指第6天终了（下班）时刻完成。

下面是按工作计算法计算时间参数的过程。计算程序如下。

①计算工作的最早开始时间和最早完成时间。工作的最早开始时间是指其所有紧前工作全部完成后，本工作最早可能的开始时刻。工作的最早开始时间以ES_{i-j}表示。规定：工作的最早开始时间应从网络计划的起点节点开始，顺着箭线方向自左向右依次逐项计算，

直到终点节点为止。必须先计算其紧前工作，然后再计算本工作。

a.网络计划起点节点为开始节点的工作，当未规定其最早开始时间时，其最早开始时间为零。

b.工作的最早完成时间可利用下式进行计算。

$$EF_{i-j}=ES_{i-j}+D_{i-j} \tag{2-9}$$

c.其他工作的最早开始时间应等于其紧前工作最早完成时间的最大值。

d.网络计划的计算工期应等于以网络计划终点节点为完成节点的工作的最早完成时间的最大值。

②确定网络计划的计划工期。网络计划的计划工期应按式（2-7）或式（2-8）确定。

③计算工作的最迟完成时间和最迟开始时间。工作最迟完成时间和最迟开始时间的计算应从网络计划的终点节点开始，逆着箭线方向依次进行。其计算步骤如下：

a.以网络计划终点节点为完成节点的工作，其最迟完成时间等于网络计划的计划工期。

$$LS_{i-j}=T_P \tag{2-10}$$

b.工作的最迟开始时间可利用下式进行计算。

$$LS_{i-j}=LF_{i-j}+D_{i-j} \tag{2-11}$$

c.其他工作的最迟完成时间应等于其紧后工作最迟开始时间的最小值。

d.计算工作的总时差。工作的总时差等于该工作最迟完成时间与最早完成时间之差，或该工作最迟开始时间与最早开始时间之差。

④计算工作的自由时差。工作自由时差的计算应按两种情况分别考虑。

a.对于有紧后工作的工作，其自由时差等于本工作之紧后工作最早开始时间减本工作最早完成时间所得之差的最小值。

b.对于无紧后工作的工作，也就是以网络计划终点节点为完成节点的工作，其自由时差等于计划工期与本工作最早完成时间之差。

需要指出的是，对于网络计划中以终点节点为完成节点的工作，其自由时差与总时差相等。此外，由于工作的自由时差是其总时差的构成部分，所以，当工作的总时差为零时，其自由时差必然为零，可不必进行专门计算。

⑤确定关键工作和关键线路。在网络计划中，总时差最小的工作为关键工作。当网络计划的计划工期等于计算工期时，总时差为零的工作就是关键工作。

找出关键工作之后，将这些关键工作首尾相连，便构成从起点节点到终点节点的通路，位于该通路上各项工作的持续时间总和最大，这条通路就是关键线路。在关键线路上可能有虚工作存在。

关键线路一般用粗箭线或双线箭线标出，也可以用彩色箭线标出。关键线路上各项工作的持续时间总和应等于网络计划的计算工期，这一特点也是判别关键线路是否正确的准则。

在上述计算过程中，是将每项工作的六个时间参数均标注在图中，故称为六时标注法。为使网络计划的图面更加简洁，在双代号网络计划中，除各项工作的持续时间以外，通常只需标注两个最基本的时间参数——各项工作的最早开始时间和最迟开始时间，而工作的其他四个时间参数（最早完成时间、最迟完成时间、总时差和自由时差）均可根据工作的最早开始时间、最迟开始时间及持续时间导出，这种方法称为二时标注法。

（2）按节点计算法计算时间参数。所谓按节点计算法，就是先计算网络计划中各个节点的最早时间和最迟时间，然后再据此计算各项工作的时间参数和网络计划的计算工期。

下面是按节点计算法计算时间参数的过程。

①计算节点的最早时间。节点最早时间的计算应从网络计划的起点节点开始，顺着箭线方向依次进行。其计算步骤如下：

a.网络计划起点节点，如未规定最早时间时，其值等于零。

b.其他节点的最早时间应按下式进行计算。

$$EF_j = \max\left\{ES_i + D_{i-j}\right\} \tag{2-12}$$

c.网络计划的计算工期等于网络计划终点节点的最早时间，即

$$T_c = ET_u \tag{2-13}$$

式中，ET_u：网络计划终点节点n的最早时间。

②确定网络计划的计划工期。网络计划的计划工期应按式（2-7）或式（2-8）确定。计划工期应标注在终点节点的右上方。

③计算节点的最迟时间。节点最迟时间的计算应从网络计划的终点节点开始，逆着箭线方向依次进行。其计算步骤如下：

a.网络计划终点节点的最迟时间等于网络计划的计划工期，即

$$LT_u = T_p \tag{2-14}$$

b.其他节点的最迟时间应按下式进行计算。

$$LT_i = \min\left\{LT_j + D_{i-j}\right\} \tag{2-15}$$

④根据节点的最早时间和最迟时间判定工作的六个时间参数。

a.工作的最早开始时间等于该工作开始节点的最早时间。

b.工作的最早完成时间等于该工作开始节点的最早时间与其持续时间之和。

c.工作的最迟完成时间等于该工作完成节点的最迟时间，即

$$LF_{i-j} = LT_j \qquad\qquad (2-16)$$

d.工作的最迟开始时间等于该工作完成节点的最迟时间与其持续时间之差，即

$$LS_{i-j} = LT_j - D_{i-j} \qquad\qquad (2-17)$$

e.工作的总时差可按下式进行计算。

$$TF_{i-j} = LF_{i-j} - EF_{i-j} = LT_{i-j} - (ET_i + D_{i-j}) = LT_{i-j} - ET_i - D_{i-j} \qquad (2-18)$$

由式（2-18）可知，工作的总时差等于该工作完成节点的最迟时间减去该工作开始节点的最早时间所得差值再减其持续时间。

f.工作的自由时差等于该工作完成节点的最早时间减去该工作开始节点的最早时间所得差值再减去其持续时间。

需要特别注意的是，如果本工作与其各紧后工作之间存在虚工作时，其中的ET_j应为本工作紧后工作开始节点的最早时间，而不是本工作完成节点的最早时间。

⑤确定关键线路和关键工作。在双代号网络计划中，关键线路上的节点称为关键节点。关键工作两端的节点必为关键节点，但两端为关键节点的工作不一定是关键工作。关键节点的最迟时间与最早时间的差值最小。特别是当网络计划的计划工期等于计算工期时，关键节点的最早时间与最迟时间必然相等。关键节点必然处在关键线路上，但由关键节点组成的线路不一定是关键线路。

当利用关键节点判别关键线路和关键工作时，还要满足下列判别式。

$$ET_i + D_{i-j} = ET_j \qquad\qquad (2-19)$$

或

$$LT_i + D_{i-j} = LT_j \qquad\qquad (2-20)$$

如果两个关键节点之间的工作符合上述判别式，则该工作必然为关键工作，它应该在关键线路上。否则，该工作就不是关键工作，关键线路也就不会从此处通过。

⑥关键节点的特性。在双代号网络计划中，当计划工期等于计算工期时，关键节点具有一些特性。掌握好这些特性，有助于确定工作的时间参数。

a.开始节点和完成节点均为关键节点的工作，不一定是关键工作。

b.以关键节点为完成节点的工作，其总时差和自由时差必然相等。

　　c.当两个关键节点间有多项工作，且工作间的非关键节点无其他内向箭线和外向箭线时，则两个关键节点间各项工作的总时差均相等。在这些工作中，除以关键节点为完成的节点的工作自由时差等于总时差外，其余工作的自由时差均为零。

　　d.当两个关键节点间有多项工作，且工作间的非关键节点有外向箭线而无其他内向箭线时，则两个关键节点间各项工作的总时差不一定相等。在这些工作中，除以关键节点为完成节点的工作自由时差等于总时差外，其余工作的自由时差均为零。

　　（3）标号法。标号法是一种快速寻求网络计算工期和关键线路的方法。它利用按节点计算法的基本原理，对网络计划中的每一个节点进行标号，然后利用标号值确定网络计划的计算工期和关键线路。

　　下面是标号法的计算过程。

　　①网络计划起点节点的标号值为零。

　　②其他节点的标号值应根据下式按节点编号从小到大的顺序逐个进行计算。

$$b_j = \max\left\{b_i + D_{i-j}\right\} \qquad （2-21）$$

　　当计算出节点的标号值后，应该用其标号值及其源节点对该节点进行双标号。所谓源节点，就是用来确定本节点标号值的节点。如果源节点有多个，应将所有源节点标出。

　　③网络计划的计算工期就是网络计划终点节点的标号值。

　　④关键线路应从网络计划的终点节点开始，逆着箭线方向按源节点确定。

　　6.双代号时标网络计划

　　双代号时标网络计划是以时间坐标为尺度编制的网络计划，在时标网络计划中应以实箭线表示工作，以虚箭线表示虚工作，以波形线表示工作的自由时差。

　　时标网络计划既具有网络计划的优点，又具有横道计划直观易懂的优点，它将网络计划的时间参数直观地表达出来。

　　（1）双代号时标网络计划的特点：双代号时标网络计划是以水平时间坐标为尺度编制的双代号网络计划，其主要特点如下：

　　①时标网络计划兼有网络计划与横道计划的优点，它能够清楚地表明计划的时间进程，使用方便。

　　②时标网络计划能在图上直接显示出各项工作的开始与完成时间、工作的自由时差及关键线路。

　　③在时标网络计划中可以统计每一个单位时间对资源的需求量，以便进行资源优化和调整。

　　④由于箭线受到时间坐标的限制，当情况发生变化时，对网络计划的修改比较麻烦，往往要重新绘图。

（2）双代号时标网络计划的一般规定如下：

①双代号时标网络计划必须以水平时间坐标为尺度表示工作时间。时标的时间单位应根据需要在编制网络计划之前确定，可为时、天、周、月或季。

②时标网络计划中所有符号在时间坐标上的水平投影位置，都必须与其时间参数相对应。节点中心必须对准相应的时标位置。

③时标网络计划中虚工作必须以垂直方向的虚箭线表示，有自由时差时加波形线表示。

（3）时标网络计划的编制方法：时标网络计划宜按各个工作的最早开始时间编制。

在编制时标网络计划之前，应先按已经确定的时间单位绘制时标网络计划表。时间坐标可以标注在时标网络计划表的顶部或底部。也可以在时标网络计划表的顶部和底部同时标注时间坐标。

编制时标网络计划应先绘制无时标的网络计划草图，然后按间接绘制法或直接绘制法进行。

①间接绘制法。间接绘制法是指先根据无时标的网络计划草图，计算其时间参数，并确定关键线路，然后在时标网络计划表中进行绘制。其绘制步骤如下：

a.根据项目工作列表绘制双代号网络图。

b.计算节点时间参数（或工作最早时间参数）。

c.绘制时标计划。

d.将每项工作的箭尾节点按节点最早时间定位于时标计划表上，其布局与非时间网络基本相同。

e.按各工作的时间长度绘制相应工作的实箭线部分，使其在时间坐标上的水平投影长度等于工作的持续时间；用虚线绘制虚工作。

f.用波形线将实箭线部分与其紧后工作的开始节点连接起来，以表示工作的自由时差。

g.进行节点编号。

②直接绘制法。直接绘制法是指不计算时间参数而直接按无时标的网络计划草图绘制时标网络计划。其绘制步骤如下：

a.将网络计划的起点节点定位在时标网络计划表的起始刻度线上。

b.按工作的持续时间绘制以网络计划起点节点为开始节点的工作箭线。

c.除网络计划的起点节点外，其他节点必须在所有以该节点为完成节点的工作箭线均绘出后，定位在这些工作箭线中最迟的箭线末端。当某些工作箭线的长度不足以到达该节点时，须用波形线补足，箭头画在与该节点的连接处。

d.当某个节点的位置确定之后，即可绘制以该节点为开始节点的工作箭线。

e.利用上述方法从左至右依次确定其他各个节点的位置，直至绘出网络计划的终点节点。

特别注意：处理好虚箭线。应将虚箭线与实箭线等同看待，只是其对应工作的持续时间为零；尽管它本身没有持续时间，但可能存在波形线，其垂直部分仍应画为虚线。

四、计算机辅助建设项目进度控制

国外有很多用于进度计划编制的商品软件，自20世纪70年代末期和80年代初期开始，我国也开始研制进度计划编制的软件，这些软件都是在网络计划原理的基础上开发的。应用这些软件可以实现计算机辅助建设项目进度计划的编制和调整，以确定网络计划的时间参数。

（一）计算机辅助建设项目网络计划编制的意义

（1）解决当网络计划计算量大时，手工计算难以承担的困难。

（2）确保网络计划计算的准确性。

（3）有利于及时调整网络计划。

（4）有利于编制资源需求计划等。

（二）常用的施工进度计划横道图网络图编制软件

1.EXCEL施工进度计划自动生成表格

该软件编写较方便，适用于比较简单的工程项目。

2.PKPM网络计划/项目管理软件

该软件可完成网络进度计划、资源需求计划的编制及进度、成本的动态跟踪、对比分析；自动生成带有工程量和资源分配的施工工序，自动计算关键线路；提供多种优化、流水作业方案及里程碑和前锋线功能；自动实现横道图、单代号图、双代号图转换等功能。

3.Microsoft Project

这是一种功能强大而灵活的项目管理工具，可以用于控制简单或复杂的项目。特别是对于建筑工程项目管理的进度计划管理，它在创建项目并开始工作后，可以跟踪实际的开始和完成日期、实际完成的任务百分比和实际工时。跟踪实际进度可显示所做的更改影响其他任务的方式，从而最终影响项目的完成日期；跟踪项目中每个资源完成的工时，然后可以比较计划工时量和实际工时量；查找过度分配的资源及其任务分配，减少资源工时，将工作重新分配给其他资源。

第三节 建筑工程项目进度计划的实施与检查

一、建筑工程项目进度计划的实施

实施施工进度计划，应逐级落实年、季、月、旬、周施工进度计划，最终通过施工任务书由班组实施，记录现场的实际情况以及调整、控制进度计划。

（一）编制年、月施工进度计划和施工任务书

1.年（季）度施工进度计划

大型施工项目的施工，工期往往几年。这就需要编制年（季）度施工进度计划，以实现施工总进度计划，该计划可采用表2-1的表式进行编制。

表2-1 XX项目年度施工进度计划表

单位工程名称	工程量	总产值/万元	开工日期	计划完工日期	本年完成数量	本年形象进度

2.月（旬、周）施工进度计划

对于单位工程来说，月（旬、周）施工计划有指导作业的作用。因此，要具体编制成作业计划，应在单位工程施工进度计划的基础上取段细化编制。可参考表2-2，施工进度每格代表天数，根据月、旬、周分别确定。旬、周计划不必全编，可任选其中一种。

表2-2 XX项目XX月度施工进度计划表

分项工程名称	工程量		本月完成工程量	需要人工数（机械数量）	施工进度					
	单位	数量								

3.施工任务书

施工任务书是向作业班组下达施工任务的一种文件。它是计划管理和施工管理的重要基础依据，也是向班组进行质量、安全、技术、节约等交底的好形式，可作为原始记录文件供业务核算使用。随施工任务书下达的限额领料单是进行材料管理和核算的良好手段。施工任务书的表达形式见表2-3。任务书的背面是考勤表，随任务书下达的限额领料单见表2-4。

表2-3　施工任务书

工程名称：			字　第　号						工期	开工	完工	天数
									计划			
施工队组：			签发日期　年　月　日						实际			
定额编号	工程项目	单位	计划				实际		附注			
			工程量	时间定额	每工产量	工日数	工程量	定额工日				
合计												
工作范围												
质量安全要求	技术、节约措施				质量验收意见							
签发				结算						功效		
工长	组长	劳资员	材料员	工长	组长	统计员	材料员	质安员	劳资员	定额工日		
										实际工日		
										完成/%		

表2-4 限额领料单

领料部门： 领料编号：

领料用途： 年 月 日 发料仓库：

材料类别	材料编号	材料名称及规格	计量单位	领用限额	实际领用	单价	金额	备注

供应部门负责人： 计划生产部门负责人：

日期	领用				退料			限额结余
	请领数量	实发数量	发料人签章	领料人签章	退料数量	退料人签章	收料人签章	

施工班组接到任务书后，应做好分工，安排完成，执行中要保质量、保进度、保安全、保节约、保工效。任务完成后，班组自检，在确认已经完成后，向工长报请验收。工长验收时查数量、查质量、查安全、查用工、查节约，然后回收任务书，交作业队登记结算。结算内容有工程量、工期、用工、效率、耗料、报酬、成本。还要进行数量、质量、安全和节约统计，然后存档。

（二）记录现场的实际情况

在施工中要如实做好施工记录，记录好各项工作的开工、竣工日期和施工工期，记录每日完成的工程量，施工现场发生的事件及解决情况，可为计划实施的检查、分析、调整、总结提供原始资料。

（三）调整、控制进度计划

检查作业计划执行中出现的各种问题，找出原因并采取措施解决；监督供货商按照进度计划要求按时供料；控制施工现场各项设施的使用；按照进度计划做好各项施工准备工作。

二、建筑工程项目进度计划的检查

在建筑工程项目的实施过程中，为了进行进度控制，进度控制人员应经常、定期地跟踪检查施工实际进度情况。施工进度的检查与进度计划的执行是融为一体的，施工进度的检查应与施工进度记录结合进行。计划检查是计划执行信息的主要来源，也是施工进度调整和分析的依据，还是进度控制的关键步骤。具体应主要检查工作量的完成情况、工作时间的执行情况、资源使用及与进度的互相配合情况等。进行进度统计整理和对比分析，确定实际进度与计划进度之间的关系，并视实际情况对计划进行调整。

（一）跟踪检查施工实际进度，收集实际进度数据

跟踪检查施工实际进度是项目施工进度控制的关键措施。其目的是收集实际施工进度的有关数据。跟踪检查的时间和收集数据的质量，直接影响进度控制工作的质量和效果。

（二）整理统计检查数据

为了进行实际进度与计划进度的比较，必须对收集到的实际进度数据进行加工处理，形成与计划进度具有可比性的数据。例如，对检查时段实际完成工作量的进度数据进行整理、统计和分析，确定本期累计完成的工作量、本期已完成的工作量占计划总工作量的百分比等。

（三）对比实际进度与计划进度

进度计划的检查方法主要是对比法，即将实际进度与计划进度进行对比，从而发现偏差。将实际进度数据与计划进度数据进行比较，可以确定建筑工程实际执行状况与计划目标之间的差距。为了直观反映实际进度偏差，通常采用表格或图形进行实际进度与计划进度的对比分析，从而得出实际进度比计划进度超前、滞后还是和计划进度一致的结论。

实践中，我们可采用横道图比较法、S形曲线比较法、香蕉曲线比较法、前锋线比较法、列表比较法等。

（四）建筑工程项目进度计划的调整

若产生的偏差对总工期或后续工作产生了影响，经研究后需对原进度计划进行调整，以保证进度目标的实现。

第四节　建筑工程项目进度计划的调整

将正式进度计划报请有关部门审批后，即可组织实施。在计划执行过程中，由于资源、环境、自然条件等因素的影响，往往会造成实际进度与计划进度产生偏差，如果这种

偏差不能及时纠正，必将影响进度目标的实现。因此，在计划执行过程中采取相应措施来进行管理，对保证计划目标的顺利实现具有重要意义。

一、建筑工程进度计划的调整内容

通常，对建筑工程进度计划进行调整，调整的内容包括：调整关键线路的长度；调整非关键工作时差；增、减工作项目；调整逻辑关系；调整持续时间（重新估计某些工作的持续时间）；调整资源。

可以只调整上述六项中的一项，也可以同时调整多项，还可以将几项结合起来调整，如将工期与资源、工期与成本、工期、资源及成本结合起来调整，以求综合效益最佳。只要能达到预期目标，调整越少越好。

（一）调整关键线路长度

当关键线路的实际进度比计划进度提前时，首先要确定是否对原计划工期予以缩短。如果不拟缩短，可以利用这个机会降低资源强度或费用，方法是选择后续关键工作中资源占用量大的或直接费用高的予以适当延长，延长的长度不应超过已完成的关键工作提前的时间量；如果要使提前完成的关键线路的效果缩短整个计划的工期，则应将计划的未完成部分作为一个新计划，重新进行计算与调整，再按新的计划执行，并保证新的关键工作按新的计划时间完成。

当关键线路的实际进度比计划进度落后时，计划调整的任务是采取措施把失去的时间抢回来。因此，应在未完成的关键线路中选择资源强度小的予以缩短，重新计算未完成部分的时间参数，按新参数执行。这样做有利于减少赶工费用。

（二）调整非关键工作时差

时差调整的目的是更充分地利用资源，降低成本，满足施工需要，时差调整幅度不得大于计划总时差值。每次调整均需进行时间参数计算，从而观察这次调整对计划全局的影响。调整的方法有三种：在总时差范围内移动工作的起止时间；延长非关键工作的持续时间；缩短非关键工作的持续时间。运用三种方法的前提均是降低资源强度。

（三）增、减工作项目

增、减工作项目均不应打乱原网络计划总的逻辑关系。由于增、减工作项目，只能改变局部的逻辑关系，此局部改变不影响总的逻辑关系。增加工作项目，只是对原遗漏或不具体的逻辑关系进行补充；减少工作项目，只是对提前完成了的工作项目或原不应设置而设置了的工作项目予以删除。只有这样，才是真正的调整，而不是"重编"。增、减工作项目之后重新计算时间参数，以分析此调整是否对原网络计划工期有影响，如有影响，应采取措施消除。

（四）调整逻辑关系

逻辑关系改变的原因必须是施工方法或组织方法改变。但一般来说只能调整组织关系，而工艺关系不宜调整，以免打乱原计划。调整逻辑关系是以不影响原定计划工期和其他工作的顺序为前提的，调整的结果绝对不应形成对原计划的否定。

（五）调整持续时间

调整的原因应是原计划有误或实现条件不充分。调整的方法是重新估算。调整后应重新计算网络计划的时间参数，以观察对总工期的影响。

（六）调整资源

资源的调整应在资源供应发生异常时进行。所谓异常，即因供应满足不了需求（中断或强度降低），影响了计划工期的实现。资源调整的前提是保证工期或使工期适当。故应进行适当的工期–资源优化，从而使调整有好的效果。

二、建筑工程进度计划的调整过程

在建筑工程项目进度实施过程中，一旦发现实际进度偏离计划进度，即出现进度偏差时，必须认真分析产生偏差的原因及其对后续工作和总工期的影响，要采取合理、有效的纠偏措施对进度计划进行调整，确保进度总目标的实现。

（一）分析进度偏差产生的原因

通过建筑工程项目实际进度与计划进度的比较，发现进度偏差时，为了采取有效的纠偏措施，调整进度计划，必须进行深入而细致的调查，分析产生进度偏差的原因。

（二）分析进度偏差对后续工作和总工期的影响

当查明进度偏差产生的原因之后，要进一步分析进度偏差对后续工作和总工期的影响程度，以确定是否应采取措施进行纠偏。

（三）采取措施调整进度计划

采取纠偏措施调整进度计划，应以后续工作和总工期的限制条件为依据，确保要求的进度目标得到实现。

（四）实施调整后的进度计划

进度计划调整之后，应执行调整后的进度计划，并继续检查其执行情况，进行实际进度与计划进度的比较，不断循环此过程。

三、分析进度偏差的影响

通过前述的进度比较方法，当判断出现进度偏差时，应当分析该偏差对后续工作和对总工期的影响。

（一）分析出现进度偏差的工作是否为关键工作

若出现偏差的工作为关键工作，则无论偏差大小，都对后续工作及总工期产生影响，必须采取相应的调整措施。若出现偏差的工作不为关键工作，则需要根据偏差值与总时差和自由时差的大小关系，确定对后续工作和总工期的影响程度。

（二）分析进度偏差是否大于总时差

若工作的进度偏差大于该工作的总时差，说明此偏差必将影响后续工作和总工期，必须采取相应的调整措施。若工作的进度偏差小于或等于该工作的总时差，说明此偏差对总工期无影响，但它对后续工作的影响程度，需要根据比较偏差与自由时差的情况来确定。

（三）分析进度偏差是否大于自由时差

若工作的进度偏差大于该工作的自由时差，说明此偏差对后续工作产生影响，该如何调整，应根据后续工作允许影响的程度而定。若工作的进度偏差小于或等于该工作的自由时差，则说明此偏差对后续工作无影响，因此，原进度计划可以不作调整。

经过如此分析，进度控制人员可以确认应该调整产生进度偏差的工作和调整偏差值的大小，以便确定采取调整措施，获得新的符合实际进度情况和计划目标的新进度计划。

四、施工项目进度计划的调整方法

在对实施的进度计划分析的基础上，应确定调整原计划的方法，一般主要有以下两种：

第一，改变某些工作之间的逻辑关系。若检查的实际施工进度产生的偏差影响了总工期，在工作之间的逻辑关系允许改变的条件下，改变关键线路和超过计划工期的非关键线路上的有关工作之间的逻辑关系，达到缩短工期的目的。用这种方法调整的效果是很显著的，例如，可以把依次进行的有关工作改为平行施工，或将工作划分成几个施工段组织流水施工，都可以达到缩短工期的目的。

第二，缩短某些工作的持续时间。这种方法是不改变工作之间的逻辑关系，而是通过采取增加资源投入、提高劳动效率等措施缩短某些工作的持续时间，而使施工进度加快，并保证实现计划工期的方法。一般情况下，我们选取关键工作压缩其持续时间，这些工作又是可压缩持续时间的工作。这种方法实际上就是网络计划优化中的工期优化方法和费用优化方法。

第三章
建筑工程项目质量管理

第一节 建筑工程项目质量管理概述

一、基本概念

（一）质量管理

质量管理是指"确定质量方针、目标和职责并在质量体系中通过诸如质量策划、质量控制、质量保证和质量改进使其实施的全部管理职能的所有活动"。质量管理是下述管理职能中的所有活动：

（1）确定质量方针和目标。

（2）确定岗位职责和权限。

（3）建立质量体系并使之有效运行。

（二）质量体系

质量体系是指"为实施质量管理所需的组织结构、工作程序、过程和资源"。

（1）组织结构是一个组织为行使其职能按某种方式建立的职责、权限及其相互关系，通常以组织结构图予以规定。

（2）资源包括人员、设备、设施、资金、技术和方法，质量体系应提供适宜的各项资源以确保过程和产品的质量。

（3）一个组织建立的质量体系应既满足本组织管理的需要，又满足顾客对本组织的质量体系要求，但主要目的应是满足本组织管理的需要。顾客仅仅评价组织质量体系中与顾客订购产品有关的部分，而不是组织质量体系的全部。

（4）质量体系和质量管理的关系是：质量管理需要通过质量体系来运作，建立质量体系并使之有效运行是质量管理的主要任务。

（三）质量目标

质量目标是"在质量方面所追求的目的"。

（1）企业的最高管理者主持和制订企业的质量目标并形成文件，此外相关的职能部门和基层组织也应建立各自相应的质量目标。

（2）企业的质量目标是对质量方针的展开，是企业在质量方面所追求的目标，通常依据企业的质量方针来制订。企业的质量目标要高于现有水平，且经过努力应该是可以达到的。

（3）企业的质量目标必须包括满足产品要求所需要的内容。它反映了企业对产品要求的具体追求目标，既要有满足企业内部所追求的质量品质目标，也要不断满足市场、顾客的要求，它是建立在质量方针基础上的。

（4）质量目标应是可测量的，因此质量目标应该在相关职能部门和项目上分解展开，建立自己的质量目标，在作业层进行量化，以便于操作。以下级质量目标的完成来确保上级质量目标的实现。

（四）质量策划

质量策划是"质量管理中致力于设定质量目标并规定必要的作业过程和相关资源以实现其质量目标的部分"。

最高管理者应对实现质量方针、目标和要求所需的各项活动和资源进行质量策划，并且策划的结果应该用文件的形式表现。

质量策划是质量管理中的策划活动，是组织领导和管理部门的质量职责之一。组织要在市场竞争中处于优胜地位，就必须根据市场信息、用户反馈意见、国内外发展动向等因素，对产品实现过程进行策划。

（五）质量控制

质量控制是指"为达到质量要求所采取的作业技术和活动"。

（1）质量控制的对象是过程，控制的结果应能使被控制对象达到规定的质量要求。

（2）为了使被控制对象达到规定的质量要求，就必须采取适宜的、有效的措施，包括作业技术和方法。

二、质量管理的八项原则

（一）八项质量管理原则的内容

1.以顾客为关注焦点

组织依存于顾客，组织应当理解顾客当前的和未来的需求，满足顾客要求并争取超越顾客期望。顾客是每个企业实现其产品的基础，企业的存在依赖于顾客。所以，企业应把顾客的要求放在第一位。以顾客为关注焦点，企业应从以下两个方面去理解。

首先，关注企业的最终顾客。企业的最终顾客是企业产品的接受者，是企业生存的根本。在激烈竞争的市场中，企业只有赢得顾客的信任，提高社会信誉，才能保持和提高企业的市场份额，增加企业收入，使企业立于不败之地。而赢得顾客的信任，必须树立以顾客为关注焦点的思想，并在日常工作中采取各种措施，充分、及时地掌握顾客的需求和期望，包括明示的和隐含的，当前的和长远的，并在产品实现过程中，围绕着顾客的需求和期望，进行质量控制，确保顾客的要求得到充分的满足，通过不断改进的质量和服务，争取超越顾客的期望。为使顾客的满意度处于受控状态，原则要求企业各有关部门建立顾客要求和期望的信息沟通渠道，提高服务意识，及时准确地掌握和测量顾客满意度，及时处理好与顾客的关系，确保顾客以及相关方的利益。

其次，在日常工作中，要树立以工作服务对象（含中间顾客）为关注焦点的思想，充分掌握并最大限度地满足工作服务对象的合理要求，努力提高工作服务质量，为满足最终顾客要求创造条件。

2.充分发挥领导作用

领导者确立组织统一的宗旨和方向，他们应当创造并保持使员工能充分参与并实现组织目标的内部环境，领导作用是企业质量管理体系建立和有效运行的根本保证。

在实际工作中，作为企业的最高管理者在建立、保持并完善质量管理体系的同时，还应做好以下几个方面的工作：

（1）由企业的最高管理者根据企业的具体情况，确定企业的质量方针和质量目标，并在企业范围内大力宣传质量方针和质量目标的意义，使全体员工充分理解其内涵，激励广大员工积极参与企业质量管理活动。

（2）由企业领导规定各级、各部门的工作准则，领导者以身作则，并采取必要措施，责成各部门、各单位严格按标准要求进行管理。

（3）由企业领导创造一个宽松、和谐和有序的环境，全体员工能够理解企业的目标并努力实现这些目标。同时，及时掌握质量管理体系的运行状况，亲自主持质量管理体系的评审，并为确保其正常运行提供必要的资源。

（4）及时准确地提出质量管理体系的改进要求，确保持续改进，并督促其有效实施。

3.全员参与

各级人员是组织之本，只有他们充分参与，才能使他们的才干为组织带来收益。

企业的质量管理不仅需要最高管理者的正确领导，还有赖于全员的参与。为此必须在全体员工范围内进行质量意识、职业道德、以顾客为关注焦点的意识和敬业精神教育，还要激发他们的积极性和责任感。在实际工作中应注意以下几个方面：

（1）应把企业的质量目标分解到职能部门和基层，让员工看到更贴近自己的目标。

（2）营造一个良好的员工参与管理、生产的环境，建立员工激励机制，激励员工为实现目标而努力，并及时评价员工的业绩。

（3）通过多种途径，采取多种手段，做好员工质量意识、技能和经验方面的培训，提高员工整体素质。

4.理解过程方法

将活动和相关的资源作为过程进行管理，可以更高效地得到期望的结果。

对于过程方法，应从以下两个方面去理解。

首先，ISO9000标准对质量管理体系建立了一个过程模式，这个以过程为基础的质量管理体系模式把管理职责，资源管理，产品实现，测量、分析、改进作为质量管理体系的四大主要过程，描述其相互关系，并以顾客要求为输入，顾客满意为输出，评价质量管理体系的业绩。

其次，本方法要求在质量管理体系运行的每项具体工作中，同样遵循这样一个过程模式，即管理职责—资源管理—产品实现—测量、分析、改进四个过程的循环。要求在具体每项工作开展前和开展过程中，充分识别四个过程的具体内容及其之间的联系，识别输入，掌握分析和确认输出，将质量管理每个环节的每个具体活动都按过程模式要求进行管理。

5.完善管理的系统方法

将相互关联的过程作为系统加以识别、理解和管理，有助于组织提高实现目标的有效性和效率。在质量管理中采用系统方法，就是要把质量管理体系作为一个大系统，对组成质量管理体系的各个过程加以识别、理解和管理，以达到实现质量方针和质量目标的目的。

系统方法和过程方法关系非常密切。它们都以过程为基础，都要求对各个过程之间的相互作用进行识别和管理。但前者着眼于整个系统和实现总目标，使得企业所策划的过程之间相互协调和相容；后者着眼于具体过程，对其输入、输出和相互关联、相互作用的活动进行连续的控制，以实现每个过程的预期结果。

质量管理体系的建立和改进应是系统性的工作，其步骤如下：

（1）建立企业的质量方针和质量目标。

（2）确定顾客和其他相关方的需求和期望。

（3）确定实现目标必需的过程、过程职责以及过程实施的目标或接收标准。

（4）确定和提供必需的资源。

（5）规定每个过程有效性和效率的测量方法，以及相关过程之间的沟通渠道和方法。

（6）应用既定的方法确定每个过程的有效性和效率。

（7）确定防止不合格，持续改进质量管理体系的过程。

（8）建立和应用持续改进质量管理体系的过程。

这八个工作步骤形成一个管理工作系统方法，在实际工作中成为质量管理体系建立、运行和改进的基本运作轨迹，从而使工作进程更具系统性，更加紧凑，其有效性和工作效率更易得到保证。

6.持续改进

持续改进整体业绩应当是组织的一个永恒目标。

为了改进企业的整体业绩，企业应不断改进其产品质量，提高质量管理体系及过程的有效性和效率，以满足顾客日益增长和不断变化的需求和期望。只有坚持持续改进，企业才能不断进步，才能在激烈的市场竞争中取得更多的市场份额。企业领导者要对持续改进作出承诺，积极推动，全体员工也要积极参与持续改进的活动。持续改进是永无止境的，因此持续改进应成为每一个企业永恒的追求、永恒的目标、永恒的活动。

在企业实现持续改进的过程中，应做好以下几个方面的工作：

（1）在企业内部使持续改进成为一种制度，始终如一地推行持续改进，并对改进的结果进行检测。

（2）对企业内部员工进行持续改进方法和工具应用的培训，努力提高员工工作改进意识和改进能力。

（3）通过PDCA的循环运作模式实现持续改进。

（4）对持续改进进行指导，对改进结果进行测量，对改进成果进行认可，对改进成果的获得者进行表彰，以激励广大员工。

7.掌握基于事实的决策方法

有效决策是建立在数据和信息分析的基础上的。

基于事实的决策方法强调决策要以事实为依据，为此在日常工作中，对信息收集、信息渠道建立、职责分配、信息传递、信息分析判断都要有严格的工作程序。只有上述工作准确无误，才能确保决策的正确性。具体操作时，通过提高质量职能人员的职业道德、控制质量记录的真实性、采用适当的统计技术、建立畅通的信息系统等方法，确保作为分析判断的数据和信息足够精确可靠，从而实现有效决策。

8.处理好与供方互利的关系

组织与供方是相互依存的，互利的关系可增强双方创造价值的能力。

供方向企业提供的产品将对企业向顾客提供的产品产生重要影响，因此能否处理好与供方的关系，直接影响到企业能否持续稳定地提供让顾客满意的产品。过去质量管理中主要强调对供方的控制，但在企业经营活动中，"互利"是可持续发展的条件，把供方看作企业经营战略中的一个组成部分，则有利于企业之间的专业化协作，形成共同的竞争优势。

（二）八项质量管理原则的作用

八项质量管理原则是国际标准化组织在总结优秀质量管理实践经验的基础上用精练的语言表达的最基本、最通用的质量管理的一般规律，它可以成为企业文化的一个重要组成部分，以指导企业在较长时期内通过关注顾客及其他相关方面的需求和期望而达到改进总体业绩的目的。

（1）指导企业采用先进、科学的管理方式。

（2）指出企业获得成功的途径，如针对所有相关方的需求，实施并保持持续改进其业绩的管理体系。

（3）帮助企业获得持久成功。

（4）以八项质量管理原则为指导思想，构筑改进业绩的框架。

（5）指导企业的管理者建立、实施和改进本企业的质量管理体系。

第二节　影响建筑工程质量的因素

工程项目建设过程，就是工程项目质量的形成过程，质量蕴藏于工程产品的形成之中。因此，分析影响工程项目质量的因素，采取有效措施控制质量影响因素，是工程项目施工过程中的一项重要工作。

一、工程项目建设阶段对质量形成的影响

工程建设项目实施需要依次经过由建设程序所规定的各个不同阶段；工程建设的不同

阶段，对工程建设项目质量的形成所起的作用各不相同。对此可分述如下。

（一）项目可行性研究阶段对工程建设项目质量的影响

项目可行性研究是运用工程经济学原理，在对项目投资有关技术、经济、社会、环境等各方面条件进行调查研究的基础之上，对各种可能的拟建投资方案及其建成投产后的经济效益、社会效益和环境效益进行技术分析论证，以确定项目建设的可行性，并提出最佳投资建设方案作为决策、设计依据的一系列工作过程。项目可行性研究阶段的质量管理工作是确定项目的质量要求，因而这一阶段必然会对项目的决策和设计质量产生直接影响，它是影响工程建设项目质量的首要环节。

（二）项目决策阶段对工程质量的影响

项目决策阶段质量管理工作的要求是确定工程建设项目应当达到的质量目标及水平。工程建设项目建设通常要求从总体上同时控制工程投资、质量和进度。但鉴于上述三项目标互为制约的关系，要做到投资、质量、进度三者的协调统一，达到业主最为满意的质量水平，必须在项目可行性研究的基础上，通过科学决策来确定工程建设项目所应达到的质量目标及水平。

没有经过资源论证、市场需求预测，盲目建设、重复建设，建成后不能投入生产和使用，所形成的合格而无用途的产品，从根本上是对社会资源的极大浪费，不具备质量适用性的特征。同样，盲目追求高标准，缺乏质量经济性考虑的决策，也将对工程质量的形成产生不利影响。决策阶段提出建设实施方案是对项目目标及其水平的决定，项目在投资、进度目标约束下，预定质量标准的确定，它是影响工程建设项目质量的关键阶段。

（三）设计阶段对工程建设项目质量的影响

工程建设项目设计阶段质量管理工作的要求是根据决策阶段已确定的质量目标和水平，通过工程设计使之进一步具体化。总体规划关系到土地的合理使用、功能组织和平面布局、竖向设计、总体运输及交通组织的合理性，工程设计具体确定建筑产品或工程目的物的质量标准值，直接将建设意图变为工程蓝图，将适用、美观、经济融为一体，为建设施工提供标准和依据。建筑构造与结构的合理性、可靠性及可施工性都将直接影响工程质量。

设计方案技术上是否可行，经济上是否合理，设备是否完善配套，结构使用是否安全可靠，都将决定项目建成之后的实际使用状况。因此，设计阶段必然影响项目建成后的使用价值和功能的正常发挥，它是影响工程建设项目质量的决定性环节。

（四）施工阶段对工程建设项目质量的影响

工程建设项目施工阶段，是根据设计文件和图纸的要求通过施工活动而形成工程实体的连续过程。施工阶段质量管理工作的要求是保证形成工程合同与设计方案要求的工程实体质量，这一阶段直接影响工程建设项目的最终质量，它是影响工程建设项目质量的关键环节。

（五）竣工验收阶段对工程建设项目质量的影响

工程建设项目竣工验收阶段的质量管理工作要求是通过质量检查评定、试车运转等环节考核工程质量的实际水平是否与设计阶段确定的质量目标水平相符，这一阶段是工程建设项目自建设过程向生产使用过程发生转移的必要环节，它体现的是工程质量水平的最终结果。工程竣工验收阶段影响工程能否最终形成生产能力，是影响工程建设项目质量的最后一个重要环节。

二、建筑工程质量形成的影响因素

影响施工工程项目的因素主要包括五大方面，即建筑工程的4M1E。主要指人（Man）、材料（Material）、机械（Machine）、方法（Method）和环境（Environment）。在施工过程中，事前对这五方面的因素严加控制，是施工管理中的核心工作，是保证施工项目质量的关键。

（一）人的质量意识和质量能力对工程质量的影响

人是质量活动的主体，对建设工程项目而言，人是泛指与工程有关的单位、组织和个人。

（1）建设单位、勘察设计单位、施工承包单位、监理及咨询服务单位。

（2）政府主管及工程质量监督检测单位。

（3）策划者、设计者、作业者、管理者等。

建筑业实行企业经营资质管理、市场准入制度、职业资格注册制度、持证上岗制度及质量责任制度等，规定按资质等级承包工程任务，不得越级、不得跨靠、不得转包，严禁无证设计、无证施工。

人的工作质量是工程项目质量的一个重要组成部分，只有首先提高工作质量，才能保证工程质量，而工作质量的高低又取决于与工程建设有关的所有部门和人员。因此，每个工作岗位和每个人的工作都直接或间接地影响着工程项目的质量。提高工作质量的关键，在于控制人的素质，人的素质包括很多方面，主要有思想觉悟、技术水平、文化修养、心理行为、质量意识、身体条件等。

（二）建筑材料、构配件及相关工程用品的质量因素

材料是指在工程项目建设中所使用的原材料、半成品、成品、构配件和生产用的机电设备等，它们是建筑生产的劳动对象。建筑质量的水平在很大程度上取决于材料工业的发展，原材料及建筑装饰材料及其制品的开发，导致人们对建筑消费需求发生日新月异的变化。因此，正确合理地选择材料，控制材料构配件及工程用品的质量规格、性能、特性，使之符合设计规定标准，直接关系到工程项目的质量形成。

材料质量是形成工程实体质量的基础，使用的材料质量不合格，工程质量也肯定不会符合标准要求。加强材料的质量控制，是保证和提高工程质量的重要保障，是控制工程质量影响因素的有效措施。

（三）机械对工程质量的影响

机械是指工程施工机械设备和检测施工质量所用的仪器设备。施工机械是实现工业化、加快施工进度的重要物质条件，是现代机械化施工中不可缺少的设施，它对工程质量有着直接影响。所以，在施工机械设备选型及性能参数确定时，都应考虑到它对保证工程质量的影响，特别要注意考虑它经济上的合理性、技术上的先进性和使用操作及维护上的方便性。

质量检验所用的仪器设备是评价和鉴定工程质量的物质基础，它对工程质量评定的准确性和真实性、对确保工程质量有着重要作用。

（四）方法对工程质量的影响

方法（或工艺）是指对施工方案、施工工艺、施工组织设计、施工技术措施等的综合。施工方案的合理性、施工工艺的先进性、施工设计的科学性、技术措施的适用性，对工程质量均有重要影响。

施工方案包括工程技术方案和施工组织方案。前者指施工的技术、工艺、方法和机械、设备、模具等施工手段的配置，后者指施工程序、工艺顺序、施工流向、劳动组织之间的决定和安排。通常的施工顺序是先准备后施工、先场外后场内、先地下后地上、先深后浅、先主体后装修、先土建后安装等，都应在施工方案中明确，并编制相应的施工组织设计。这两种方案都会对工程质量的形成产生影响。

在施工工程实践中，往往由于施工方案考虑不周和施工工艺落后而拖延工程进度，影响工程质量，增加工程投资。为此，在制定施工方案和确定施工工艺时，必须结合工程的实际情况，从技术、组织、管理、措施、经济等方面进行全面分析、综合考虑，确保施工

方案技术上可行、经济上合理，且有利于提高工程质量。

（五）工程项目的施工环境

影响工程质量的环境因素较多。有工程技术环境，包括地质、水文、气候等自然环境及施工现场的通风、照明、安全卫生防护设施等劳动作业环境；有工程管理环境，也就是由工程承包发包合同结构所派生的多单位、多专业共同施工的管理关系，组织协调方式及现场施工质量控制系统等构成的管理环境，如质量保证体系、质量管理制度等；有劳动环境，如劳动组合、作业场所、工作面等。环境因素对工程质量的影响具有复杂而多变的特点，如气象条件变化万千，温度、湿度、大风、暴雨、酷暑、严寒都会直接影响工程质量。又如前一道工序就是后一道工序的环境，前一分项工程、分部工程就是后一分项工程、分部工程的环境。

因此，根据工程特点和具体条件，应对影响工程质量的环境因素采取有效的措施，严加控制。

第三节　建筑工程项目质量策划

一、建筑工程项目质量计划编制的依据和原则

由于建筑企业的产品具有单件性、生产周期长、空间固定性、露天作业及人为影响因素多等特点，使得工程实施过程繁杂、涉及面广且协作要求多。编制项目质量计划时要针对项目的具体特点，有所侧重。一般的项目质量计划的编制依据和原则可归纳为以下几个方面：

（1）项目质量计划应符合国家及地区现行有关法律、法规和标准、规范的要求。

（2）项目质量计划应以合同的要求为编制前提。

（3）项目质量计划应体现出企业质量目标在项目上的分解。

（4）项目质量计划对质量手册、程序文件中已明确规定的内容仅作引用和说明如何使用即可，而不需要整篇搬移。

（5）如果已有文件的规定不适合或没有涉及的内容，在质量计划中作出规定或补充。

（6）按工程大小、结构特点、技术难易程度、具体质量要求来确定项目质量计划的

详略程度。

二、建筑工程项目质量计划编制的意义及作用

企业根据《质量管理体系 基础和术语》（GB/T 19000—2016）标准建立的质量管理体系，为其生产、经营活动提供了科学严密的质量管理方法和手段。然而，对于建筑企业，特别是其具体的项目而言，由于其产品的特殊性，仅有一个总的质量管理体系是远远不够的，还需要制订一个针对性极强的控制和保证质量的文件——项目质量计划。项目质量计划既是项目实施现场质量管理的依据，又是向顾客保证工程质量承诺的输出，因此编制项目质量计划是非常重要的。

项目质量计划的作用可归纳为以下三个方面：

（1）为操作者提供了活动指导文件，指导具体操作人员如何工作，完成哪些活动。

（2）为检查者提供检查项目，是一种活动控制文件，指导跟踪具体施工，检查具体结果。

（3）提供活动结果证据。所有活动的时间、地点、人员、活动项目等均以实记录，得到控制并经验证。

三、建筑工程项目质量计划与施工组织设计的关系

施工组织设计是针对某一特定工程项目，指导工程施工全局、统筹施工过程，在建筑安装施工管理中起中轴作用的重要技术经济文件。它对项目施工中劳动力、机械设备、原材料和技术资源以及工程进度等方面均科学合理地进行统筹，着重解决施工过程中可能遇到的技术难题，其内容包括工程进度、工程质量、工程成本和施工安全等，在施工技术和必要的经济指标方面比较具体，而在实施施工管理方面的描述较为粗浅，不便于指导施工过程。

项目质量计划侧重于对施工现场的管理控制，对某个过程、某个工序，由什么人，如何去操作等作出了明确规定；对项目施工过程影响工程质量的环节进行控制，以合理的组织结构、培训合格的在岗人员和必要的控制手段，保证工程质量达到合同要求。但在经济技术指标方面很少涉及。

二者又有一定的相同点。项目的施工组织设计和项目质量计划都是以具体的工程项目为对象并以文件的形式提出的；编制的依据都是政府的法律法规文件、项目的设计文件、现行的规范和操作规程、工程的施工合同以及有关的技术经济资料、企业的资源配置情况和施工现场的环境条件；编制的目的都是强化项目施工管理和对工程施工的控制。但是，二者的作用、编制原则、内容等方面有较大的区别。

施工组织设计是建筑企业多年来长期使用、行之有效的方法，融入项目质量计划的内

容后，与传统习惯不相宜，建设单位亦不接受。但以施工组织设计和项目质量计划独立编制的企业情况来看，二者存在交叉重复现象，不但增加了编写的工作量，使用起来也不方便。为此，在处理二者关系时，应以施工组织设计为主，项目质量计划作为施工组织设计的补充，对施工组织设计中已明确的内容，在项目质量计划中不再赘述；对施工组织设计中没有或未做详细说明的，在项目质量计划中则应作出详细规定。

此外，项目质量计划与建筑企业现行的各种管理技术文件有着密切关系，对于一个运行有效的企业质量管理体系来讲，其质量手册、程序文件通常都包含了项目质量计划的基本内容。在编制项目质量计划前应熟悉企业的质量管理体系文件，看哪些内容能直接引用或采用，需要详细说明的内容或文件有哪些。项目质量计划编制过程中，应将这些通用的程序文件和补充的内容有机地结合起来，以达到所规定的要求。

在编写项目质量计划时还要处理好项目质量计划与质量管理体系、质量体系文件、质量策划、产品实现的策划之间的关系，保持项目质量计划与现行文件之间在要求上的一致性。当项目质量计划中的某些要求，由于顾客要求等因素必须高于质量体系要求时，要注意项目质量计划与其他现行质量文件的协调。项目质量计划的要求可以高于但不能低于通用质量体系文件的要求。

项目质量计划的编写应体现全员参与的质量管理原则，编写时应由本项目部的项目总工程师主持，质量、技术、资料和设备等有关人员参加编制。合同无规定时，由项目经理批准生效；合同有规定时，可按规定的审批程序办理。

项目质量计划的繁简程度与工程项目的复杂性相适应，应尽量简练，便于操作，无关的过程可以删减，但应在项目质量计划的前言中对删减进行说明。

总之，项目质量计划是项目实施过程中的法规性文件，是进行施工管理，保证工程质量的管理性文件。认真编制、严格执行对确保建筑企业的质量方针、质量目标的实现有着重要的意义。

四、建筑工程项目质量计划的内容

（一）质量计划的范围

项目组织应当确定项目质量计划主要包含什么内容，避免和组织的质量管理体系文件重复或不相吻合。

（二）质量计划的输入

项目组织在编制质量计划时，应识别编制质量计划所需的输入，以便质量计划的使用者参考输入文件，在质量计划的执行过程中，检查与输入文件的一致性，识别输入文件的更改。

（1）特定情况的要求。

（2）质量计划的要求，包括顾客、法律法规和行业规范的要求。

（3）项目组织的质量管理体系要求。

（4）资源要求及其可获得性。

（5）着手进行质量计划中所包含的项目组织活动所需的信息。

（6）使用质量计划的其他相关方所需的信息。

（7）其他相关计划。

（三）质量目标

质量计划应该明确特定情况的质量目标以及如何实现该质量目标。

（四）管理职责

质量计划应该规定组织内负责质量目标实现的各岗位工作人员的职责。

（五）文件和资料控制

质量计划应当说明项目组织及相关方如何识别文件和资料，由谁评审、批准文件和资料，由谁分发文件和资料或通报其可用性，如何获得文件和资料。

（六）记录的控制

质量计划应当说明建立什么记录和如何保持这些记录。记录可以包括检验和试验记录、体系运行评审记录、过程测量记录、会议记录等。

（七）资源

质量计划应该规定顺利执行计划所需的资源类型和数量。这些资源包括材料、人力资源、基础设施和工作环境。

（八）与业主的沟通

项目质量计划应当说明，特定情况中谁负责顾客沟通，沟通使用的方法和保持的记录，当收到顾客意见时的后续工作。

（九）项目采购

质量计划中针对采购应该规定如下内容：

（1）影响项目质量的采购品的关键特性，以及如何将关键特性传递给供方，以保证供方在项目使用过程中进行适当的控制。

（2）评价、选择和控制供方所采用的方法。

（3）满足相关质量保证要求所采用的方法。

（4）项目组织如何验证采购品是否符合规定的要求。

（5）拟外包的项目如何实施。

（十）项目实施过程

项目实施、监视和测量过程共同构成质量计划的主要部分。根据项目的特点，所包括的过程会有所不同。质量计划中应当识别项目实施过程所需的输入、实现活动和输出。

（十一）可追溯性

在有可追溯性要求的场合，质量计划应当规定其范围和内容，包括对受影响的项目过程如何进行标识。

（十二）业主财产

质量计划应当说明如何识别和控制业主提供产品，验证业主提供产品满足规定要求所使用的方法，对业主提供的产品不合格如何进行控制，对损坏、丢失或不适用的产品如何进行控制。

（十三）产品防护

质量计划应当说明可交付成果防护，以及交付的具体要求和过程。

（十四）不合格品的控制

质量计划应当规定如何对不合格品进行识别和控制，以防止在适当处置或让步接收前被误用，并且对返工或返修如何审批实施作出规定。

（十五）监视和测量过程

（1）在哪些阶段对哪些过程和产品的哪些质量特性进行监视和测量。

（2）要使用的程序和接收准则。

（3）要使用的统计过程控制方法。

（4）人员资格的认可。

（5）哪些检验或试验在何地必须由法定机构或业主进行见证或实施。

（6）组织计划或受顾客、法定机构要求，在何处、何时，以何种方式由第三方机构进行检验或试验。

（7）产品放行的准则。

（十六）审核

质量计划应当规定需进行哪些审核、审核的性质和范围，以及如何使用审核结果。

总之，建筑工程项目质量计划强调的是针对性强、便于操作计划，因此要求其内容尽可能简单直观，一目了然。

第四节　设计阶段的质量控制

一、设计方案和设计图纸的审核

（一）设计方案的审核

设计方案的审核是控制设计质量的最重要的环节，工程实践证明，只有重视和加强设计方案的审核工作，才能保证项目设计符合设计纲要的要求，才能符合国家有关工程建设的方针、政策，才能符合现行建筑设计标准、规范，才能适应我国的基本国情和符合工程实际，才能达到工艺合理、技术先进，才能充分发挥工程项目的社会效益、经济效益和环境效益。

设计方案审核意味着对设计方案的批准生效，应当贯穿初步设计、技术设计或扩大初步设计阶段。主要包括总体方案的审核和专业设计方案的审核两部分。

对方案的审核应是综合分析，将技术与效果、方案与投资等有机结合起来，通过多方案的技术和经济的论证和审核，从中选择最优方案。

1.总体方案的审核

总体方案的审核，主要在初步设计时进行，重点审核设计依据、设计规模、产品方案、工艺流程、项目组成、工程布局、设施配套、占地面积、协作条件、"三废"治理、环境保护、防灾抗灾、建设期限、投资概算等方面的可靠性、合理性、经济性、先进性和协调性，是否满足决策质量目标和水平。

工程项目的总体方案审核，具体包括以下内容：

（1）设计规模。对生产性工程项目，其设计规模是指年生产能力；对非生产性工程项目，则可用设计容量来表示，如医院的床位数、学校的学生人数、歌剧院的座位数、住宅小区的户数等。

（2）项目组成及工程布局。主要是总建筑面积及组成部分的面积分配。

（3）采用的生产工艺和技术水平是否先进，主要工艺设备选型等是否科学合理。

（4）建筑平面造型及立面构图是否符合规划要求，建筑总高度等是否达到标准。

（5）是否符合当地城市规划及市政方面的要求。

2.专业设计方案的审核

专业设计方案的审核，是总体方案审核的细化审核。其重点是审核设计方案设计参数、设计标准，设备和结构选型、功能和使用价值等方面，是否满足适用、经济、美观、安全、可靠等要求。

专业设计方案的审核，应从不同专业的角度分别进行，主要包括以下十个方面。

（1）建筑设计方案审核。这是专业设计方案审核中的关键，为以下各专业设计方案的审核打下良好基础。主要包括平面布置、空间布置、室内装修和建筑物理功能。

（2）结构设计方案。这关系到建筑工程的先进性、安全性和可靠性，是专业设计方案的另一个重点。主要包括：主体结构体系的选择；结构方案的设计依据及设计参数；地基基础设计方案的选择；安全度、可靠性、抗震设计要求；结构材料的选择等。

（3）给水工程设计方案。审核主要包括：给水方案的设计依据和设计参数；给水方案的选择；给水管线的布置、所需设备的选择等。

（4）通风、空调设计方案。审核主要包括：通风、空调方案的设计依据和设计参数；通风、空调方案的选择；通风管道的布置和所需设备的选择等。

（5）动力工程设计方案。审核主要包括：动力方案的设计依据和设计参数；动力方案的选择；所需设备、器材的选择等。

（6）供热工程设计方案。审核主要包括：供热方案的设计依据和设计参数；供热方案的选择；供热管网的布置；所需设备、器材的选择等。

（7）通信工程设计方案。审核主要包括：通信方案的设计依据和设计参数；通信方案的选择；通信线路的布置；所需设备、器材的选择等。

（8）厂内运输设计方案。审核主要包括：厂内运输的设计依据和设计参数；厂内运输方案的选择；运输线路及构筑物的布置和设计；所需设备、器材和工程材料的选择等。

（9）排水工程设计方案。审核主要包括：排水方案的设计依据和设计参数；排水方案的选择；排水管网的布置；所需设备、器材的选择等。

（10）"三废"治理工程设计方案。审核主要包括："三废"治理方案的设计依据和设计参数；"三废"治理方案的选择；工程构筑物及管网的布置与设计；所需设备、器材和工程材料的选择等。

对设计方案的审核，并不是一个简单的技术问题，也不是一个简单的经济问题，更不能就方案论方案，而应当加以综合分析研究，将技术与效果、方案与投资等有机地结合起来，通过多方案的技术经济的论证和审核，从中选择最优方案。

（二）设计图纸的审核

设计图纸是设计工作的最终成果，也是工程施工的标准和依据。设计阶段质量控制的任务，最终还要体现在设计图纸的质量上。因此，设计图纸的审核是保证工程质量关键的环节，也是对设计阶段的质量评价。

审核人员通过对设计文件的审核，确认并保证主要设计方案和设计参数在设计总体上正确，设计的基本原理符合有关规定，在实施中能做到切实可行，符合业主和本工程的要求。设计图纸的审核主要包括业主对设计图纸的审核和政府机构对设计图纸的审核。

1.业主对设计图纸的审核

（1）初步设计阶段的审核。由于初步设计是决定工程采用的技术方案的阶段，所以，这个阶段设计图纸的审核侧重于工程所采用的技术方案是否符合总体方案的要求，以及是否能达到项目决策阶段确定的质量标准。

（2）技术设计阶段的审核。技术设计是在初步设计的基础上，对初步设计方案的具体化，因此，对技术设计阶段图纸的审核侧重于各专业设计是否符合预定的质量标准和要求。

还需指出，由于工程项目要求的质量与其所支出的资金是呈正相关的，因此，业主（监理工程师）在初步设计及技术设计阶段审核方案或图纸时，需要同时审核相应的概算文件。只有符合预定的质量标准，而投资费用又在控制限额内时，以上两阶段的设计才能得以通过。

（3）施工图设计的审核。施工图是对建筑物、设备、管线等所有工程对象物的尺寸、布置、选用材料、构造、相互关系、施工及安装质量要求的详细图纸和说明，是指导施工的直接依据，因而也是设计阶段质量控制的一个重点。对施工图设计的审核，应侧重于反映使用功能及质量要求是否得到满足。

施工图设计的审核，主要包括建筑施工图、结构施工图、给排水施工图、电气施工图和供热采暖施工图的审核。

2.政府机构对设计图纸的审核

政府机构对设计图纸的审核，与业主（监理工程师）的审核不同，这是一种控制性的宏观审核。主要内容包括以下三个方面。

（1）是否符合城市规划方面的要求。如工程项目的占地面积及界线、建筑红线、建筑层数及高度、立面造型及与所在地区的环境协调等。

（2）工程建设对象本身是否符合法定的技术标准。如在安全、防火、卫生、防震、"三废"治理等方面是否符合有关标准的规定。

（3）有关专业工程的审核。如对供水、排水、供电、供热、供天然气、交通道路、通信等专业工程的设计，应主要审核是否与工程所在地区的各项公共设施相协调与衔接等。

二、设计文件的审查和图纸会审

（一）设计文件的审查

在施工图交付施工承包单位使用前或使用中进行的对设计文件的全面审查工作可以由业主、监理工程师和施工单位分别进行，随着工程的施工进展，更多的问题暴露出来，经过充分论证分析，然后加以解决。

工程项目设计文件是保证工程质量的关键，控制设计文件的质量是确保工程质量的基础。控制设计文件质量的主要手段，就是要定期对设计文件进行审查，发现不符合质量标准和要求的，设计人员应当进行修改，直至符合标准为止。对设计文件的审查的内容，主要包括以下几个方面。

1.图纸的规范性的审查

审查图纸的规范性，主要是审查图纸是否规范、标准。如图纸的编号、名称、设计人、校核人、审定人、日期、版次等栏目是否齐全。

2.建筑造型与立面设计的审查

在考察选定的设计方案进入正式设计阶段后，应当认真审查建筑造型与立面设计方面能否满足要求。

3.平面设计的审查

平面设计是确定设计方案的重要组成部分。如房屋建筑平面设计，包括房间布置、面积分配、楼梯布置、总面积等是否满足要求。

4.空间设计的审查

空间设计同平面设计一样，是确定建筑结构尺寸、型式的基本技术资料。如房屋建筑空间设计，包括层高、净高、空间利用等情况。

5.装修设计的审查

随着对环境美化和人们审美观点的提高，装饰工程的造价越来越高，加强对装修设计的审查，对于满足装修要求和降低工程造价，均有十分重要的意义。如房屋建筑装修设计，包括内外墙、楼地面、天花板等装修设计标准和协调性，是否满足业主的要求。

6.结构设计的审查

结构设计的审查，是工程项目中设计审查的重中之重，它关系到整个工程项目的可靠性。对结构设计的审查，主要是审查结构方案的可靠性、经济性等情况。如房屋建筑的结构，根据地基情况审查采用的基础形式；根据当地情况审查选用的建筑材料，构件（梁、板、柱）的尺寸及配筋情况；审查主要结构参数的取值情况；审查主要结构的计算书；审查验证结构抗震抗风的可靠度等。

7.工艺流程设计的审查

工艺流程设计的审查，主要是审查其合理性、可行性和先进性等。

8.设备设计的审查

设备设计的审查，主要包括设备的布置和选型。如电梯布置选型、锅炉布置选型、中央空调布置选型等。

9.水电、自控设计的审查

水电、自控设计的审查，主要包括给水、排水、强电、弱电、自控消防等设计方面的合理性和先进性。

10.对有关部门要求的审查

是否满足其他有关部门要求的审查，也是目前设计审查中的一项重要内容，主要包括对城市规划、环境保护、消防安全、人防工程、卫生标准等方面要求的审查。

11.对各专业设计协调情况的审查

对各专业设计协调情况的审查，主要包括建筑、结构、设备等专业设计之间是否尺寸一致，各部位是否相符。

12.施工可行性的审查

对施工可行性的审查，主要审查图纸的设计意图能否在现有的施工条件和施工环境下得以实现。有了对设计文件的审查，决不等于设计单位就可以因此取消原来的逐级校核和审定制度，相反，这种自身的校审制度更应该加强，以保证工程项目设计的质量。

（二）设计交底和图纸会审工作

设计图纸是进行质量控制的重要依据。为了使施工单位熟悉有关的设计图纸，充分了解拟建项目的特点、设计意图和工艺与质量要求，减少图纸的差错，消灭图纸中的质量隐患，要做好设计交底和图纸会审工作。

1.设计交底

工程施工前，由设计单位向施工单位有关人员进行设计交底。

（1）地形、地貌、水文、气象、工程地质及水文地质等自然条件。

（2）施工图设计依据：初步设计文件、规划、环境等要求，设计规范。

（3）设计意图、设计思想、设计方案比较，基础处理方案、结构设计意图、设备安装和调试要求，施工进度安排等。

（4）施工注意事项：对地基处理的要求，对建筑材料的要求，采用新结构、新工艺的要求，施工组织和技术保证措施等。

交底后，由施工单位提出图纸中的问题和疑点，以及要解决的技术难题，经协商研究，拟提出解决办法。

2.图纸会审

为了确保建筑工程的设计质量，加强设计与采购、施工、试车各个环节的联系，在工程正式施工之前，需实行各环节负责单位共同参加的联合会审制度，充分吸收多方面的意见，各方对设计图纸达成共识，提高设计的可操作性和安全性。

在总承包的形式下，由总承包商组织联合会审，其采购、施工、试车、设计各单位共同参加；在直接承包方式下，则由业主项目经理（监理工程师）组织联合会审，其采购、施工、试车、设计各单位共同参加。

图纸会审，实质上是对设计质量的最终控制，也是在工程施工前对设计进行的集体认可。通过图纸会审使设计更加完善、更加符合实际，从而成为各单位共同努力的目标和标准。图纸会审的内容没有具体的规定，主要包括以下方面：

（1）对设计单位再次进行资质审查，对设计的图纸确认是否无证设计或越级设计，设计图纸是否经设计单位正式签署。

（2）建筑工程项目的地质勘探资料是否齐全，工程基础设计是否与地质勘探资料相符。

（3）工程项目的设计图纸与设计说明是否齐全，有无分期供图的时间表，供图安排是否满足施工的要求。

（4）工程项目的抗震设计是否满足，设计地震烈度是否符合国家和当地的要求。

（5）如果工程设计由几个设计单位共同完成，设计图纸相互间有无矛盾；专业图纸之间、平立剖面图之间有无矛盾；设计图纸中的标注有无遗漏。

（6）总平面图与施工图的几何尺寸、平面位置、结构形式、设计标高、选用材料等是否一致。

（7）工程项目的防火、消防设计是否符合国家的有关规定，这是保证今后使用安全的非常重要的问题。

（8）建筑结构与各专业图纸本身是否有差错及矛盾；结构图与建筑图的平面尺寸及标高是否一致；建筑图与结构图的表示方法是否清楚；所有设计图纸是否符合制图标准；预埋件在图纸上是否标识清楚；有无钢筋明细表或钢筋的构造要求在图中是否表达清楚。

（9）施工图中所列的各种标准图册，施工单位是否具备。若不具备，采取何种措施加以解决。

（10）材料来源有无保证，无保证的能否代换；图中所要求的条件能否满足；新材料、新技术的应用有无把握等。

（11）地基处理方法是否合理，建筑与结构构造是否存在不能施工、不便于施工的技术问题，或容易导致质量、安全、工程费用增加等方面的问题。

（12）工艺管道、电气设备、设备安装、运输道路、施工平面布置与建筑物之间有无矛盾，布置是否科学合理。

（13）施工安全措施是否有保证，施工对周围环境的影响是否符合有关规定。

（14）设计图纸是否符合质量目标中关于性能、寿命、经济、可靠、安全五个方面的要求。

第五节　施工阶段的质量控制

一、施工生产要素的控制

（一）施工方法的控制

这里所指的方法控制，包含对施工方案、施工工艺、施工组织设计、施工技术措施等的控制。尤其施工方案正确与否，是直接影响施工项目的进度控制、质量控制、投资控制三大目标能否顺利实现的关键；往往由于施工方案考虑不周而拖延进度，影响质量，增加投资。为此，在制定和审核施工方案时，必须结合工程实际，从技术、组织、管理、工艺、操作、经济等方面进行全面分析、综合考虑，力求方案技术可行、经济合理、工艺先进、措施得力、操作方便，有利于提高质量，加快进度，降低成本。

施工方法的先进合理是直接影响工程质量、工程进度、工程造价的关键因素，施工方法的合理可靠还直接影响到工程施工安全。在工程项目质量控制系统中，制定和采用先进合理的施工方法是工程质量控制的重要环节。

施工项目质量控制的方法，主要是审核有关技术文件、报告和直接进行现场质量检验或必要的试验等。

1.审核有关技术文件、报告或报表

对技术文件、报告、报表的审核，是项目经理对工程质量进行全面控制的重要手段，其具体内容如下：

（1）审核有关技术资质证明文件。

（2）审核开工报告，并经现场核实。

（3）审核施工方案、施工组织设计和技术措施。

（4）审核有关材料、半成品的质量检验报告。

（5）审核反映工序控制动态的统计资料或控制报表。

（6）审核设计变更、修改图纸和技术核定书。

（7）审核有关质量问题的处理报告。

（8）审核有关应用新工艺、新材料、新技术、新结构的技术鉴定书。

（9）审核有关工序交接检查，分项、分部工程质量检查报告。

（10）审核并签署现场有关技术签证、文件等。

2.直接进行现场质量检验

（1）现场质量检验的内容

①开工前检查。目的是检查是否具备开工条件，开工后能否连续正常施工，能否保证工程质量。

②工序交接检查。对于重要的工序或对工程质量有重大影响的工序，在自检、互检的基础上，还要组织专职人员进行工序交接检查。

③隐蔽工程检查。凡是隐蔽工程均应检查认证后方能掩盖。

④停工后复工前的检查。因处理质量问题或某种原因停工后需复工时，亦应经检查认可后方能复工。

⑤分项、分部工程完工后，应检查认可，签署验收记录后，才能进行下一项工程施工。

⑥成品保护检查。检查成品有无保护措施，或保护措施是否可靠。

此外，还应经常深入现场，对施工操作质量进行巡视检查；必要时，还应进行跟班或追踪检查。

（2）现场质量检验工作的作用

质量检验就是根据一定的质量标准，借助一定的检测手段来评估工程产品、材料或设备等的性能特征或质量状况的工作。要保证和提高施工质量，质量检验是必不可少的手段。

（3）现场质量检查的方法

现场质量检查有目测法、实测法和试验检查三种。

①目测法。其检查手段可归纳为看、摸、敲、照四个字。

②实测法。实测法就是通过实测数据与施工规范及质量标准所规定的允许偏差对

照，来判别质量是否合格。实测检查法的手段，也可归纳为靠、吊、量、套四个字。

③试验检查。试验检查指必须通过试验手段，才能对质量进行判断的检查方法。如对桩或地基的静载试验，确定其承载力；对钢结构进行稳定性试验，确定是否会产生失稳现象；对钢筋对焊接头进行拉力试验和冷弯试验，以检验对焊接头的质量是否合格等。

（二）施工机械设备的控制

施工机械设备是实现施工机械化的重要物质基础，是现代化施工中不可缺少的设备，对施工项目的质量、进度和造价均有直接的影响。

机械的控制，主要是指对施工机械设备和机具的选用控制。

施工机械设备的选用，必须综合考虑施工现场的条件、建筑结构类型、机械设备性能、施工工艺和方法、施工组织与管理、建筑技术经济等各种因素进行多方案比较，使之合理装备、配套使用、有机联系，以充分发挥机械设备的效能，力求获得较好的综合经济效益。

机械设备的选用，应着重从机械设备的选型、机械设备的主要性能参数和机械设备的使用操作要求三个方面予以控制。

1.机械设备的选型

机械设备的选择，应本着因地制宜、因工程制宜，按照技术上先进、经济上合理、生产上适用、性能上可靠、使用上安全、操作方便和维修方便的原则，贯彻执行机械化、半机械化与改良工具相结合的方针，突出施工与机械相结合的特色，使其具有工程的适用性，保证工程质量的可靠性和使用操作的方便性和安全性。

2.机械设备的主要性能参数

机械设备的主要性能参数是选择机械设备的依据，要能满足需要和保证质量的要求。如起重机的选择是吊装工程的重要环节，因为起重机的性能和参数直接影响构件的吊装方法、起重机开行路线与停机点的位置、构件预制和就位的平面布置等问题。根据工程结构的特点，应使所选择的起重机的性能参数必须满足结构吊装中的起重量、起重高度和起重半径的要求，才能保证正常施工，不致引起安全质量事故。

3.机械设备的使用操作要求

合理使用机械设备，正确地进行操作，是保证项目施工质量的重要环节。应贯彻"人机固定"原则，实行定机、定人、定岗位责任的"三定"制度，合理划分好施工时段，组织好机械设备的流水施工。搞好机械设备的综合利用，尽量做到一机多用，充分发挥其效率。要使施工现场环境、施工平面布置符合施工作业要求，为机械设备的施工创造良好条件。施工机械设备保养与维修要实行例行保养与强制保养相结合。操作人员必须认真执行各项规章制度，严格遵守操作规程，防止出现安全质量事故。

机械设备在使用中，要尽量避免发生故障，尤其是预防事故损坏（非正常损坏），即指人为的损坏。

造成事故损坏的主要原因有：操作人员违反安全技术操作规程和保养规程；操作人员技术不熟练或麻痹大意；机械设备保养、维修不良；机械设备运输和保管不当；施工使用方法不合理和指挥错误，气候和作业条件的影响等。这些都必须采取措施，严加防范，随时要以"五好"标准予以检查控制。

（1）完成任务好。要做到高效、优质、低耗和服务好。

（2）技术状况好。要做到机械设备经常处于完好状态，工作性能达到规定要求，机容整洁和随机工具部件及附属装置等完整齐全。

（3）使用好。要认真执行以岗位责任制为主的各项制度。做到合理使用、正确操作和原始记录齐全准确。

（4）保养好。要认真执行保养规程，做到精心保养，随时搞好清洁、润滑、调整、紧固、防腐。

（5）安全好。要认真遵守安全操作规程和有关安全制度。做到安全生产，无机械事故。调动人的积极性，建立健全合理的规章制度，严格执行技术规定，提高机械设备的完好率、利用率。

（三）施工环境的控制

影响施工项目质量的环境因素较多，有工程技术环境，如工程地质、水文、气象等；工程管理环境，如质量保证体系、质量管理制度等；劳动环境，如劳动组合、作业场所、工作面等。环境因素对质量的影响，具有复杂而多变的特点，如气象条件变化万千，温度、湿度、大风、暴雨、酷暑、严寒都直接影响工程质量。又如前一工序往往就是后一工序的环境，前一分项、分部工程也就是后一分项、分部工程的环境。因此，根据工程特点和具体条件，应对影响质量的环境因素采取有效的措施严加控制。尤其是施工现场，应建立文明施工和文明生产的环境，保持材料工件堆放有序，道路畅通，工作场所清洁整齐，施工程序井井有条，为确保质量、安全创造良好条件。

对环境因素的控制与施工方案和技术措施紧密相关。如在可能产生流砂和管涌工程地质条件下进行基础工程施工时，就不能采用明沟排水大开挖的施工方案，否则，必然会诱发流砂、管涌现象。这样，不仅会使施工条件恶化，拖延工期，增加费用，更严重的将会影响地基的质量。

环境因素对工程施工的影响一般难以避免。要消除其对施工质量的不利影响，主要采取预测预防的控制方法。

对地质水文等方面影响因素的控制，应根据设计要求，分析地基地质资料，预测不利因素，并会同设计等方面采取相应的措施，如降水、排水、加固等技术控制方案。

对天气、气象等方面的不利条件，应在施工方案中制定专项施工方案，明确施工措施，落实人员、器材等各项准备以紧急应对，从而控制其对施工质量的不利影响。如在冬期、雨期、风季、炎热季节施工中，应针对工程的特点，尤其是对混凝土工程、土方工程、深基础工程、水下工程及高空作业等，必须拟定季节性施工保证质量和安全的有效措施，以免工程质量受到冻害、干裂、冲刷、塌陷的危害。同时，要不断改善施工现场的环境和作业环境；要加强对自然环境和文物的保护；要尽可能减少施工所产生的危害对环境的污染；要健全施工现场管理制度，合理地布置，使施工现场秩序化、标准化、规范化，实现文明施工。

对环境因素造成的施工中断往往会对工程质量造成不利影响，必须通过加强管理、调整计划等措施加以控制。

（四）施工作业过程的质量控制

建筑工程施工项目是由一系列相互关联、相互制约的作业过程（工序）所构成，控制工程项目施工过程的质量，必须控制全部作业过程，即各道工序的施工质量。

1.施工作业过程质量控制的基本程序

（1）进行作业技术交底，包括作业技术要领、质量标准、施工依据、与前后工序的关系等。技术交底包括如下内容：

①按照工程重要程度，单位工程开工前，应由企业或项目技术负责人组织全面的技术交底。工程复杂、工期长的工程可按基础、结构、装修几个阶段分别组织技术交底。

②交底的内容应包括图纸交底、施工组织设计交底、分项工程技术交底、安全交底等。

③交底的作用是明确对轴线、构件尺寸、标高、预留孔洞、预埋件、材料规格及配合比等要求，明确工序搭接，工种配合，施工方法、进度等施工安排，明确质量、安全、节约措施。

④交底的形式，除书面、口头外，必要时还可采用样板示范操作等。交底应以书面交底为主，要履行签字制度，明确责任。

（2）检查施工工序程序的合理性、科学性。防止工序流程错误而导致工序质量失控。检查内容包括施工总体流程和具体施工作业的先后顺序，在正常情况下，要坚持先准备后施工、先深后浅、先土建后安装、先验收后交工等。

（3）检查工序施工条件，即每道工序投入的材料，使用的工具、设备及操作工艺和环境条件等是否符合施工组织设计的要求。

（4）检查工序施工时工种人员操作程序、操作质量是否符合质量规程要求。

（5）检查工序施工中产品的质量，即工序质量、分项工程质量。

（6）对工序质量符合要求的中间产品（分项工程）及时进行工序验收及隐蔽工程验收。

（7）质量合格的工序经验收后可进入下道工序施工，未经验收合格的工序不得进入下道工序施工。

2.施工工序质量控制的要求

工序质量是施工质量的基础，工序质量也是施工顺利进行的关键。

工序施工过程中，测得的工序特性数据是有波动的，产生的原因有两种，波动也分为两种。一种是操作人员在相同技术条件下，按照工艺标准去做，可是不同的产品存在波动。这种波动在目前的技术条件下还不能控制，称偶然性因素，如混凝土试块强度较大偏差。另一种是在施工过程中发生的异常现象，如不遵守工艺标准，违反操作规程等，这类因素称为异常因素，在技术上是可以避免的。

工序管理就是去分析和发现影响施工中每道工序质量的这两类因素中影响质量的异常因素，采取相应的技术和管理措施，使这些因素被控制在允许的范围内，从而保证每道工序的质量。工序管理的实质是工序质量控制，即使工序处于稳定的受控状态。

工序质量控制的含义是为把工序质量的波动限制在要求的界限内所进行的质量控制活动。其最终目的是要保证稳定地生产合格产品。工程质量控制的实质是对工序因素的控制，特别是对主导因素的控制，所以工序质量控制的核心是管理因素，而不是管理结果。

二、特殊过程控制

（一）特殊过程控制定义

特殊过程控制是指对那些施工过程或工序施工质量不易或不能通过其后检验和试验而得到充分的验证，或者万一发生质量事故则难以挽救的施工对象进行施工质量控制。

特殊过程是施工质量控制的重点，设置质量控制点，目的就是依据工程项目特点，抓住影响工序质量的主要因素，进行施工质量的重点控制。

（1）质量控制点的概念。质量控制点一般是指对工程的性能、安全、寿命、可靠性等有严重影响的关键部位或对下道工序有严重影响的关键工序，这些点的质量得到了有效控制，工程质量就有了保证。

一般将国家颁布的建筑工程质量检验评定标准中规定硬件的项目，作为检查工程质量的控制点。

（2）质量控制点可分为A、B、C三级。A级为最重点的质量控制点，由施工项目部、施工单位、业主或监理工程师三方检查确认；B级为重点质量控制点，由施工项目部、监理工程师双方检查确认；C级为一般质量控制点，由施工项目部检查确认。

（二）质量控制点设置原则

（1）对工程的适用性、安全性、可靠性和经济性有直接影响的关键部位设立控制点。

（2）对下道工序有较大影响的上道工序设立控制点。

（3）对质量不稳定，经常容易出现不良品的工序设立控制点。

（4）对用户反馈和过去有过返工的不良工序设立控制点。

（三）质量控制点的管理

为保证项目控制点目标的实现，要建立四级检查制度，即操作人员每日的自检；两班组之间的互检；质检员的专检，上级单位、部门进行的抽查；监理工程师的验收。

第六节　工程质量评定及竣工验收

一、工程质量评定与竣工验收的作用

工程质量评定与竣工验收的作用，就是采用一定的方法和手段，以工程技术立法形式，对建筑安装工程的分部分项工程以及单位工程进行检测，并根据检测结果和国家颁布的有关工程项目质量检验评定标准和验收标准，对工程项目进行质量评定和办理竣工验收交接手续，通过工程质量的评定与验收，对工程项目施工过程中的质量进行有效控制，对检查出来的"不合格"分项工程与单位工程进行相应处理，使其符合质量标准和验收标准。可以把住建筑安装工程的最终产品关，为用户提供符合工程质量标准的建筑产品。

二、工程质量评定

一个工程的建成，从施工准备到竣工验收交付使用，需要经过若干工种的配合施工，每一个工种又是由若干工序组成。为了便于对工程质量的控制，将一个工程划分成若干个分部工程，每个分部工程又划分为若干个分项工程，每个分项工程又划分为若干个检验批。建筑安装工程质量评定是以分项工程质量来综合鉴定分部工程的质量，以各分部工程质量来鉴定单位工程质量。建安工程的质量评定，包括建筑工程质量评定和建筑设备安装质量评定两部分。

三、工程项目竣工验收

下面从六个方面阐述工程项目竣工验收的内容。

（一）最终检验和试验

单位工程质量验收也称质量竣工验收，是建筑工程投入使用前的最后一次验收，也是最重要的一次验收，验收合格的条件包括以下五个方面。

（1）构成单位工程的各分部工程的质量均应验收合格。

（2）有关内业资料文件应完整。

（3）涉及安全和使用功能的分部工程应进行检验资料的复查。不仅要全面检查其完整性（不得有漏检缺项），而且对分部工程验收时补充进行的见证抽样检验报告也要进行复核。这种强化验收的手段体现了对安全和使用功能的重视。

（4）主要使用功能项目抽查结果应符合相关专业质量验收规范的规定。

（5）使用功能的检查是对建筑和设备安装工程最终质量的综合检查，也是用户最关心的内容。在分部分项工程验收合格的基础上，竣工验收时再做全面检查。抽查项目时在检查资料文件的基础上，由参加验收的各方人员商定，用计量、技术的抽样方法确定检查部位。检查要求按有关专业工程施工质量验收标准的要求进行。

由参加验收的各方人员共同进行观感质量验收并应符合要求。

观感质量验收，往往难以定量，只能以观察、触摸以及简单量测方式进行，并由个人的主观印象判断，检查结果并不给出"合格"或"不合格"的结论，而是综合给出质量评价，最终确定是否通过验收。

各单位工程技术负责人应按编制竣工资料的要求收集和整理原材料、构配件和设备的质量合格证明材料，验收材料，各种材料的试验、检验资料，隐蔽工程、分项工程和竣工工程验收记录，其他的施工记录等。

（二）技术资料的整理

技术资料，特别是永久性技术资料，是工程项目进行竣工验收的主要依据，也是项目施工情况的重要记录。因此，技术资料的整理要符合有关规定及规范的要求，必须做到准确齐全，能满足建设工程进行维修、改造和扩建时的需要。监理工程师应对以上技术资料进行审查，并请建设单位及有关人员对技术资料进行检查验证。

当部分资料缺失时，应委托有资质的检测机构按有关标准进行相应的实体检验或抽样检验。

其主要内容有：工程项目开工报告；工程项目竣工报告；图纸会审和设计交底记录；设计变更通知单；技术变更核定单；工程质量事故发生后调查和处理资料；水准点位置、定位测量记录、沉降及位移观测记录；材料、设备构件的质量合格证明资料；试验、检验报告；隐蔽工程验收记录及施工日志；竣工图；质量验收评定资料；工程竣工验收资料。

（三）施工质量缺陷的处理

1.缺陷是指未满足与期望或规定用途有关的要求

缺陷与不合格两术语的含义上的区别：缺陷是指未满足其中特定的（与期望或用途有关的）要求，因此，缺陷是不合格中特定的一种。如建筑物是内阴角线局部略有不直，属于不合格，但如果不妨碍使用功能要求，客户也认可的情况下，不属于质量缺陷。不合格是指未满足要求，该要求指习惯上隐含的或必须履行的需求或期望，是一个包含多方面内容的要求，当然也应包括"与期望或规定用途有关的要求"。

2.质量缺陷的处理方案

（1）修补处理。工程的某些部位质量虽未达到规定的标准、规范或设计要求，存在一定的缺陷，但经修补后可达到要求的标准，又不影响使用功能或外观要求，可以作出进行修补处理的决定。如某些混凝土结构表面出现蜂窝麻面，经检查分析，该部分经处理修补后，不影响使用及外观要求。

（2）返工处理。工程质量未达到规定的标准要求，有明显严重的质量问题，对结构使用和安全有重大影响，又无法通过修补方法给予纠正时，可作出返工处理。如某钢筋混凝土楼梯施工中由于对施工图理解不透，造成起步段位置错误，影响到了使用功能的要求，修补效果不理想，为确保施工质量和美观的要求，最终决定将起步段楼梯凿掉进行返工处理。

（3）限制使用。当工程质量缺陷按修补方法处理无法保证达到规定的使用要求和安全需要，又无法返工处理的情况下，不得已时可作出结构卸荷、减荷以及限制使用的决定。

（4）不做处理。某些工程质量缺陷虽不符合规定的要求或标准，但其情况不严重，经分析论证和慎重考虑后，可以作出不做处理的决定。这些情况有：不影响结构安全和使用要求的，经后续工序可弥补的不严重的质量缺陷，或经复核验算，仍能满足要求的质量缺陷。

（5）经返修或加固处理仍不能满足安全或使用要求的分部工程、单位工程，严禁验收。

（四）工程竣工文件的编制和移交准备

竣工资料整理包括：绘制竣工图和编制竣工决算。

竣工验收报告主要内容包括：建设项目总说明、技术档案建立情况、建设情况、效益情况、存在和遗留的问题等。

竣工验收报告的主要附件包括：竣工项目概况一览表，已完单位工程一览表，已完设备一览表，应完未完设备一览表，竣工项目财务决算综合表，概算调整与执行情况一览表，交付使用（生产单位）财务总表及交付使用（生产）财务一览表；单位工程质量总项目（工程）总体质量评价表。

工程项目交接是在工程质量验收之后，由承包单位向业主进行移交项目所有权的过程。

工程项目移交前，施工单位要编制竣工决算书，还应将成套的工程技术资料进行分类整理，编目建档。

（五）产品的防护

工程竣工验收期间，要定人定岗，采取有效防护措施，保护已完工程。发生丢失损坏时，应及时补救，设备、设施未经允许不得擅自启用，防止设备失灵或设施不符合使用要求。

（六）撤场计划

工程交工后，项目经理部编制的撤场计划内容应包括：施工机具、暂设工程、建筑残土、剩余物件在规定时间内必须拆除运走，达到场清地平，有绿化要求的工程要达到树活草青。

第七节　常见的工程质量统计分析方法的应用

一、统计调查表法

统计调查表法又称统计调查分析法，它是利用专门设计的统计表对质量数据进行收集、整理和粗略分析质量状态的一种方法。

在质量活动中，利用统计调查表收集数据，其优点为简便灵活、便于整理、实用有效。它没有固定格式，可根据需要和具体情况，设计出不同的统计调查表。常用的有以下几种：

（1）分项工程作业质量分布调查表。

（2）不合格项目调查表。

（3）不合格原因调查表。

（4）施工质量检查评定调查表。

统计调查表同分层法结合起来应用，可以更好、更快地找出问题的原因，以便采取改进的措施。如采用统计调查表法对地梁混凝土外观质量和尺寸偏差进行调查。

二、分层法

分层法又称分类法，是将调查收集的原始数据，根据不同的目的和要求，按某一性质进行分组、整理的分析方法。常用的分层标志有以下六种：

（1）按操作班组或操作者分层。

（2）按使用机械设备型号分层。

（3）按操作方法分层。

（4）按原材料供应单位、供应时间或等级分层。

（5）按施工时间分层。

（6）按检查手段、工作环境分层。

分层法是质量控制统计分析方法中最基本的一种方法。其他统计方法一般都要与分层法配合使用，如排列图法、直方图法、控制图法、相关图法等。通常，首先利用分层法将原始数据分门别类，然后再进行统计分析。

三、排列图法

排列图法是利用排列图寻找影响质量主次因素的一种有效方法。排列图又称帕累托图或主次因素分析图。其是由两个纵坐标、一个横坐标、几个连起来的直方形和一条曲线所组成的。左侧的纵坐标表示产品频数，右侧的纵坐标表示累计频率，横坐标表示影响质量的各个因素或项目，按影响质量程度的大小从左到右排列，底宽相同，直方形的高度表示该因素影响的大小。

四、因果分析图法

因果分析图法是利用因果分析图来系统整理分析某个质量问题（结果）与其影响因素之间的关系，采取相应措施，解决存在的质量问题的方法。因果分析图也称为特性要因图，其又因形状像树枝或鱼骨被称为树枝图或鱼刺图。

（1）因果分析图的基本形式如图3-1所示。

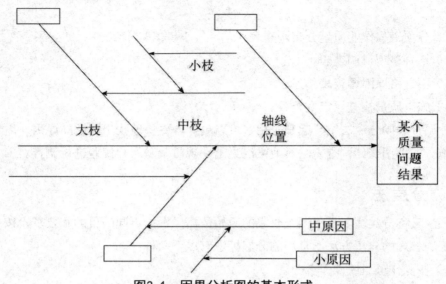

图3-1　因果分析图的基本形式

从图3-1中可以看出，因果分析图由质量特性（即质量结果，指某个质量问题）、要因（产生质量问题的主要原因）、枝干（指表示不同层次的原因的一系列箭线）、主干（指较粗的直接指向质量结果的水平箭线）等组成。

（2）因果分析图的绘制。因果分析图的绘制步骤与图中箭头方向相反，是从"结果"开始将原因逐层分解的，具体步骤如下：

①明确质量问题——结果。作图时首先由左至右画出一条水平主干线，箭头指向一个矩形框，框内注明研究的问题，即结果。

②分析确定影响质量特性大方面的原因。一般来说，影响质量的因素有五大方面，即人、机械、材料、方法和环境。另外，还可以按产品的生产过程进行分析。

③将每种大原因进一步分解为中原因、小原因，直至可以对分解的原因采取具体措施加以解决为止。

④检查图中的所列原因是否齐全，可以对初步分析结果广泛征求意见，并作必要的补充及修改。

⑤选出影响大的关键因素，作出标记"△"，以便重点采取措施。

五、直方图法

直方图法即频数分布直方图法，它是将收集到的质量数据进行分组整理，绘制成频数分布直方图，用以描述质量分布状态的一种分析方法，所以又称为质量分布图法。通过对直方图的观察与分析，可以了解产品质量的波动情况，掌握质量特性的分布规律，以便对质量状况进行分析判断、评价工作过程能力等。

六、相关图法

相关图又叫散布图，不同于其他各种方法，它不是对一种数据进行处理和分析，而是对两种测定数据之间的相关关系进行处理、分析和判断。

（一）相关图质量控制的原理

使用相关图，就是通过绘图、计算与观察，判断两种数据之间究竟是什么关系，建立相关方程，从而通过控制一种数据达到控制另一种数据的目的。正如掌握了在弹性极限内钢材的应力和应变的正相关关系（直线关系），就可以通过控制拉伸长度（应变）而达到提高钢材强度的目的一样（冷拉的原理）。

（二）相关图质量控制的作用

（1）通过对相关关系的分析、判断，可以得到对质量目标进行控制的信息。

（2）质量结果与产生原因之间的相关关系，有时从数据上比较容易看清，但有时很难看清，这就有必要借助于相关图进行相关分析。

（三）相关图控制的关系

（1）质量特性和影响因素之间的关系，如混凝土强度与温度的关系。

（2）质量特性与质量特性之间的关系，如混凝土强度与水泥强度等级之间的关系、钢筋强度与钢筋混凝土强度之间的关系等。

（3）影响因素与影响因素之间的关系，如混凝土密度与抗渗能力之间的关系、沥青的黏结力与沥青的延伸率之间的关系等。

第八节　建筑工程项目质量改进和质量事故的处理

一、建筑工程项目的质量改进

（一）质量改进的意义及要求

质量的持续改进是八项质量管理原则之一，是每一个企业永恒的追求、永恒的目标、永恒的活动，在企业的质量管理活动中占有非常重要的位置。因此，建筑工程项目质量的持续改进应做好以下工作：

（1）项目经理部应定期对项目质量情况进行检查、分析，向组织提出质量报告，提出目前质量状况、发包人及其他相关方满意程度、产品要求的符合性以及项目经理部的质量改进措施。

（2）组织应对项目经理部进行检查、考核，定期进行内部审核，并将审核结果作为管理评审的输入，促进项目经理部的质量改进。

（3）组织应了解发包人及其他相关方对质量的意见，对质量管理体系进行审核，确定改进目标，提出相应措施并检查落实。

（二）建筑工程项目质量改进方法

（1）质量改进应坚持全面质量管理的PDCA循环方法。随着质量管理循环的不断进行，原有的问题解决了，新的问题又产生了，问题不断产生而又不断被解决，如此循环不止，每一次循环都把质量管理活动推向一个新的高度。

（2）坚持"三全"管理模式，即全过程管理、全员管理和全企业管理。

（3）质量改进要运用先进的管理办法、专业技术和数理统计方法。

二、建筑工程质量事故的处理

工程质量事故发生后，必须对事故进行调查与处理。

（一）暂停质量事故部位和与其有关联部位的施工

工程质量事故发生后，总监理工程师应签发"工程暂停令"，要求施工单位停止进行质量缺陷部位和与其有关联部位及下道工序的施工，并要求施工单位采取必要的措施，防止事故扩大并保护好现场。同时，要求质量事故发生单位迅速按类别和等级向相应的主管部门上报，并于24小时内写出书面报告。

质量事故报告的主要内容包括事故发生的单位名称、工程名称、部位、时间、地点，事故概况和初步估计的直接损失，事故发生原因的初步分析，事故发生后所采取的措施，其他相关的各种资料。

（二）监理方应配合事故调查组进行调查

监理工程师应积极协助事故调查组的工作，客观地提供相应证据。若监理方无责任，监理工程师可应邀参加调查组，参与事故调查；若监理方有责任，则应予以回避，但应配合调查组工作。

（三）在事故调查的基础上进行事故原因分析，正确判断事故原因

事故原因分析是确定事故处理措施方案的基础。正确的处理来源于对事故原因的正确判断，只有对调查中所得到的调查资料、数据进行详细、深入的分析，才能找出造成事故发生的真正原因。

（四）在事故原因分析的基础上，研究确定事故处理方案

监理工程师接到质量事故调查组提出的技术处理意见后，可组织相关单位研究，并责成相关单位完成技术处理方案，而后予以审核签认。质量事故技术处理方案，一般应委托原设计单位提出，由其他单位提供的技术处理方案，应经原设计单位同意签认。技术处理方案的制订，应征求建设单位的意见。技术处理方案必须依据充分，应在质量事故的部位、原因全部查清的基础上确定，必要时应委托法定工程质量检测单位进行质量鉴定或请专家论证，以确保技术处理方案的可靠和可行，保证结构的安全和使用功能。事故处理方案应经监理工程师审查同意后，报请建设单位和相关主管单位核查、批准。

（五）施工单位按批复的处理方案实施处理

技术处理方案核签后，由监理工程师指令施工单位按批复的处理方案实施处理。监理工程师应要求施工单位对此制定详细的施工方案，必要时应编制监理实施细则，对工程质量事故技术处理的施工质量进行监理，对技术处理过程中的关键部位和关键工序应进行旁站监理，并会同设计单位、建设单位及有关单位等共同检查认可。

（六）对质量事故处理完工部位重新检查、鉴定和验收

施工单位对质量事故处理完毕后应进行自检并报验结果，监理工程师应组织有关人员对处理结果进行严格的检查、鉴定和验收。事故单位编写"质量事故处理报告"交监理工程师审核签认，并提交建设单位，而后上报有关主管部门。

"质量事故处理报告"的内容主要包括工程质量事故的情况，质量事故的调查情况及事故原因分析，事故调查报告中提出的事故防范及整改措施意见，质量事故处理方案及技术措施，质量事故处理中的有关原始数据、记录、资料。事故处理后检查验收情况，给出质量事故结论意见。

第四章
建筑工程项目成本管理

第一节 建筑工程项目成本管理概述

一、建筑工程项目成本的概念

（一）项目成本

项目成本是指建筑企业以施工项目作为成本核算对象的施工过程中所耗费的生产资料转移价值和劳动者的必要劳动所创造价值的货币形式。也就是某施工项目在施工中所发生的全部生产费用的总和，包括所消耗的主、辅材料，构配件，周转材料的摊销费或租赁费，支付给生产工人的工资、奖金以及项目经理部（或分公司、工程处）一级组织和管理工程施工所发生的全部费用。施工项目成本不包括劳动者为社会所创造的价值，如税金和计划利润，也不应包括不构成项目价值的一切非生产性支出。明确这些，对研究施工项目成本的构成和进行施工项目成本管理是非常重要的。

建筑工程施工项目成本是建筑企业的产品成本，亦称工程成本，一般以项目的单位工程作为成本核算对象，通过各单位工程成本核算的综合来反映施工项目成本。

在建筑工程施工项目管理中，最终是要使项目达到质量高、工期短、消耗低、安全好等目标，而成本是这四项目标经济效果的综合反映。因此，建筑工程施工项目成本是施工项目管理的核心。

研究施工项目成本，既要看到施工生产中的耗费形成的成本，又要重视成本的补偿，这才是对施工项目成本的完整理解。施工项目成本是否准确客观，对企业财务成果和投资者的效益影响很大。成本多算，则利润少计，可分配利润就会减少；反之，成本少算，则利润多计，可分配的利润就会虚增而实亏。因此，要正确计算施工项目成本，就要进一步改革成本核算制度。

（二）项目成本的分类

1.按成本发生时间划分

按成本控制需要，从成本发生时间来划分，施工项目成本可分为承包成本、计划成本和实际成本。

（1）承包成本（预算成本）。工程承包成本（预算成本）是反映企业竞争水平的成本。它根据施工图由全国统一的工程量计算规则计算出来的工程量，全国统一的建筑、安装工程基础定额和由各地区的市场劳务价格、材料价格信息及价差系数，并按有关取费的指导性费率进行计算得出。

全国统一的建筑、安装工程基础定额是为了适应市场竞争、增大企业的个别成本报价，按量价分离以及将工程实体消耗量和周转性材料、机具等施工手段相分离的原则来制定的，作为编制全国统一、专业统一和地区统一概算的依据，也可作为企业编制投标报价的参考。

市场劳务价格和材料价格信息及价差系数和施工机械台班费由各地区建筑工程造价管理部门按月（或按季度）发布，进行动态调整。

有关取费率由各地区、各部门按不同的工程类型、规模大小、技术难易、施工场地情况、工期长短、企业资质等级等条件分别制定具有上下限幅度的指导性费率。承包成本是确定工程造价的基础，也是编制计划成本的依据和评价实际成本的依据。

（2）计划成本。施工项目计划成本是指施工项目经理部根据计划期内的有关资料（如工程的具体条件和企业为实施该项目的各项技术组织措施），在实际成本发生前预先计算的成本。也就是建筑企业考虑降低成本措施后的成本计划数，它反映了企业在计划期内应达到的成本水平。计划成本对于加强企业和项目经理部的经济核算，建立健全施工项目成本管理责任制，控制施工过程中生产费用，降低施工项目成本具有十分重要的作用。

（3）实际成本。实际成本是施工项目在报告期内实际发生的各项生产费用的总和。把实际成本与计划成本比较，可以显现成本的节约和超支情况，考核企业施工技术水平及技术组织措施的贯彻执行情况和企业的经营效果。实际成本与承包成本比较，可以反映工程盈亏情况。因此，计划成本和实际成本都是反映施工企业成本水平的，它受企业本身的生产技术、施工条件及生产经营管理水平所制约。

2.按生产费用计入成本划分

按生产费用计入成本的方法来划分，施工项目成本可分为直接成本和间接成本两种形式。

（1）直接成本。直接成本是指直接消耗于工程，并能直接计入工程对象的费用。

（2）间接成本。间接成本是指非直接用于也无法直接计入工程对象，但为进行工程施工所必须发生的费用，通常是按照直接成本的比例来计算。

按上述分类方法，能正确反映工程成本的构成，考核各项生产费用的使用是否合理，便于找出降低成本的途径。

3.按生产费用与工程量关系划分

按生产费用与工程量关系来划分，施工项目成本可分为固定成本和变动成本。

（1）固定成本。固定成本是指在一定期限和一定的工程量范围内，其发生的成本额不受工程量增减变动的影响而相对固定的成本。如折旧费、大修理费、管理人员工资、办公费、照明费等。这一成本是为了保持企业具有一定的生产经营条件而发生的。一般来说，对于企业的固定成本，每年基本相同，但是当工程量超过一定范围则需要增添机械设备和管理人员，此时固定成本将会发生变动。此外，所谓固定是指就其总额而言，关于分配到每个项目单位工程量上的固定费用则是变动的。

（2）变动成本。变动成本是指发生总额随着工程量的增减变动而成正比例变动的费用，如直接用于工程上的材料费、实行计划工资制的人工费用等。所谓变动，也是就其总额而言，对于单位分项工程上的变动费用往往是不变的。

将施工过程中发生的全部费用划分为固定成本和变动成本，对于成本管理和成本决策具有重要作用。由于固定成本是维持生产能力所必需的费用，要降低单位工程量的固定费用，只有从提高劳动生产率、增加企业总工程量数额并降低固定成本的绝对值入手。降低变动成本只能是从降低单位分项工程的消耗定额入手。

（三）施工项目成本的构成

建筑企业在工程项目施工中为提供劳务、作业等过程中所发生的各项费用支出，按照国家规定计入成本费用。按国家有关规定，施工企业工程成本由直接成本和间接成本组成。

直接成本是指施工过程中直接耗费的构成工程实体或有助于工程形成的各项支出，包括人工费、材料费、机械使用费和其他直接费。所谓其他直接费，是指直接费以外施工过程中发生的其他费用。

间接成本是指企业的各项目经理部为施工准备、组织和管理施工生产所发生的全部施工间接费。施工项目间接成本应包括现场管理人员的人工费（基本工资、工资性补贴、职工福利费）、资产使用费、工具用具使用费、保险费、检验试验费、工程保修费、工程排污费以及其他费用等。

二、施工项目成本管理的内容

施工项目成本管理是建筑企业项目管理系统中的一个子系统，这一系统的具体工作内容包括成本预测、成本决策、成本计划、成本控制、成本核算、成本检查和成本分析等。

施工项目经理部在项目施工过程中对所发生的各种成本信息，通过有组织、有系统地进行预测、计划、控制、核算和分析等工作，促使施工项目系统内各种要素按照一定的目标运行，使施工项目的实际成本能够控制在预定的计划成本范围内。

（一）施工项目的成本预测

施工项目的成本预测是通过成本信息和施工项目的具体情况，并运用一定的专门方法，对未来的成本水平及其可能发展趋势作出科学的估计，其实质就是在施工以前对成本进行预测及核算。通过成本预测，可以使项目经理部在满足建设单位和企业要求的前提下，选择成本低、效益好的最佳成本方案，并能够在施工项目成本形成过程中，针对薄弱环节，加强成本控制，克服盲目性，提高预见性。因此，施工项目的成本预测是施工项目成本决策与计划的依据。

（二）施工项目的成本计划

施工项目的成本计划是项目经理部对项目施工成本进行计划管理的工具。它是以货币形式编制施工项目在计划期内的生产费用、成本水平、成本降低率以及为降低成本所采取的主要措施和规划的书面方案，它是建立施工项目成本管理责任制、开展成本控制和核算的基础。

一般来说，一个施工项目的成本计划应包括从开工到竣工所必需的施工成本，它是该施工项目降低成本的指导文件，也是设立目标成本的依据。

（三）施工项目的成本控制

施工项目的成本控制是指在施工过程中，对影响施工项目成本的各种因素加强管理，并采取各种有效措施，将施工中实际发生的各种消耗和支出严格控制在成本计划范围内，随时提示并及时反馈，严格审查各项费用是否符合标准，计算实际成本和计划成本之间的差异并进行分析，消除施工中的损失浪费现象，发现和总结先进经验。通过成本管理，使之最终实现甚至超过预期的成本节约目标。

施工项目的成本控制应贯穿施工项目从招投标阶段开始直到项目竣工验收的全过程，它是企业全面成本管理的重要环节。

（四）施工项目的成本核算

施工项目的成本核算是指项目施工过程中所发生的各种费用和形成施工项目成本的核算。施工项目的成本核算所提供的各种成本信息，是成本预测、成本计划、成本控制、成本分析和成本考核等各个环节的依据。因此，加强施工项目成本核算工作，对降低施工项目成本、提高企业的经济效益具有积极的作用。

（五）施工项目的成本分析

施工项目的成本分析是在成本形成过程中，对施工项目成本进行的对比评价和剖析总结工作，它贯穿施工项目成本管理的全过程。也就是说，施工项目成本分析主要利用施工项目的成本核算资料，与目标成本、预算成本以及类似的施工项目的实际成本等进行比较，了解成本的变动情况，同时要分析主要技术经济指标对成本的影响。

（六）施工项目的成本考核

所谓施工项目的成本考核，就是施工项目完成后，对施工项目成本形成中的各责任者，按照施工项目成本目标责任制的有关规定，将成本的实际指标与计划、定额、预算进行对比和考核，评定施工项目成本计划的完成情况和各责任者的业绩，并以此进行相应的奖励和处罚。

第二节　建筑工程项目成本预测

一、项目成本预测的概念

成本预测，就是依据成本的历史资料和有关信息，在认真分析当前各种技术经济条件、外界环境变化及可能采取的管理措施的基础上，对未来的成本与费用及其发展趋势所作的定量描述和逻辑推断。

项目成本预测是通过成本信息和工程项目的具体情况，对未来的成本水平及其发展趋势作出科学的估计，其实质就是工程项目在施工以前对成本进行核算。通过成本预测，使项目经理部在满足业主和企业要求的前提下，确定工程项目降低成本的目标，克服盲目性，提高预见性，为工程项目降低成本提供决策与计划的依据。

二、项目成本预测的意义

（一）成本预测是投标决策的依据

建筑施工企业在选择投标项目过程中，往往需要根据项目是否盈利、利润大小等诸多因素确定是否对工程投标。

（二）成本预测是编制成本计划的基础

计划是管理的第一步。正确可靠的成本计划，必须遵循客观经济规律，从实际出发，对成本作出科学的预测。这样才能保证成本计划不脱离实际，切实起到控制成本的作用。

（三）成本预测是成本管理的重要环节

成本预测是推算其成本水平变化的趋势及其规律性，预测实际成本。它是预测和分析相结合，是事后反馈与事前控制相结合。通过成本预测，发现问题，找出薄弱环节，有效控制成本。

三、项目成本预测程序

科学、准确的预测必须遵循合理的预测程序。

（一）制订预测计划

制订预测计划是预测工作顺利进行的保证。预测计划的内容主要包括组织领导及工作布置、配合的部门、时间进度、搜集材料范围等。

（二）收集整理预测资料

根据预测计划，收集预测资料是进行预测的重要条件。预测资料一般有纵向和横向两方面的数据。纵向资料是企业成本费用的历史数据，据此分析其发展趋势；横向资料是指同类工程项目、同类施工企业的成本资料，据此分析所预测项目与同类项目的差异，并作出估计。

（三）选择预测方法

成本的预测方法可以分为定性预测法和定量预测法。

（1）定性预测法是根据经验和专业知识进行判断的一种预测方法。常用的定性预测法有管理人员判断法、专业人员意见法、专家意见法及市场调查法等。

（2）定量预测法是利用历史成本费用资料以及成本与影响因素之间的数量关系，通过一定的数学模型来推测、计算未来成本的可能结果。

（四）成本初步预测

根据定性预测的方法及一些横向成本资料的定量预测，对成本进行初步估计。这一步的结果往往比较粗糙，需要结合现在的成本水平进行修正，才能保证预测结果的质量。

（五）影响成本水平的因素预测

影响成本水平的因素主要有：物价变化、劳动生产率、物料消耗指标、项目管理费开支、企业管理层次等。可根据近期内工程实施情况、本企业及分包企业情况、市场行情等，推测未来哪些因素会对成本费用水平产生影响，其结果如何。

（六）成本预测

根据初步的成本预测以及对成本水平变化因素预测结果，确定成本情况。

（七）分析预测

误差成本预测往往与实施过程中及其后的实际成本有出入，而产生预测误差。预测误差的大小，反映预测准确程度的高低。如果误差较大，应分析产生误差的原因，并积累经验。

四、项目成本预测方法

（一）定性预测方法

成本的定性预测指成本管理人员根据专业知识和实践经验，通过调查研究，利用已有资料，对成本的发展趋势及可能达到的水平所做的分析和推断。由于定性预测主要依靠管理人员的素质和判断能力，因而这种方法必须建立在对项目成本耗费的历史资料、现状及影响因素深刻了解的基础之上。

定性预测偏重于对市场行情的发展方向和施工中各种影响项目成本因素的分析，发挥专家经验和主观能动性，比较灵活，可以较快地提出预测结果。但进行定性预测时，也要尽可能地收集数据，运用数学方法，其结果通常也是从数量上测算。这种方法简便易行，在资料不多、难以进行定量预测时最为适用。

在项目成本预测的过程中，经常采用的定性预测方法主要有经验评判法、专家会议法、德尔菲法和主观概率法等。

（二）定量预测方法

定量预测方法也称统计预测方法，是根据已掌握得比较完备的历史统计数据，运用一定数学方法进行科学的加工整理，借以揭示有关变量之间的规律性联系，从而推断未来发展变化情况。

定量预测偏重于数量方面的分析，重视预测对象的变化程度，能将变化程度在数量上准确地描述；它需要积累和掌握历史统计数据，客观实际资料，作为预测的依据，运用数学方法进行处理分析，受主观因素影响较少。

定量预测的主要方法有算术平均法、回归分析法、高低点法、量本利分析法和因素分析法。

五、回归分析法和高低点法

（一）回归分析法

在具体的预测过程中经常会涉及几个变量或几种经济现象，并且需要探索它们之间的相互关系。例如，成本与价格及劳动生产率等都存在数量上的一定相互关系。对客观存在的现象之间相互依存关系进行分析研究，测定两个或两个以上变量之间的关系，寻求其发展变化的规律性，从而进行推算和预测，称为回归分析。在进行回归分析时，不论变量的个数多少，必须选择其中的一个变量为因变量，而把其他变量作为自变量，然后根据已知的历史统计数据资料，研究测定因变量和自变量之间的关系。利用回归分析法进行预测，称为回归分析预测。

在回归分析预测中，所选定的因变量是指需要求得预测值的那个变量，即预测对象。自变量则是影响预测对象变化的，与因变量有密切关系的那个或那些变量。

（二）高低点法

高低点法是成本预测的一种常用方法，它是根据统计资料中完成业务量（产量或产值）最高和最低两个时期的成本数据，通过计算总成本中的固定成本、变动成本和变动成本率来预测成本的。

第三节　建筑工程项目成本计划

一、施工项目成本计划的作用

施工项目成本计划是以货币形式预先规定施工项目进行中的施工生产耗费的目标总水平，通过施工过程中实际成本的发生与其对比，可以确定目标的完成情况，并且按成本管理层次、有关成本项目以及项目进展的各个阶段对目标成本加以分解，以便于各级成本方案的实施。

施工项目成本计划是施工项目管理的一个重要环节，是施工项目实际成本支出的指导性文件。

首先，施工项目成本计划是对生产耗费进行控制、分析和考核的重要依据。成本计划既体现了社会主义市场经济体制下对成本核算单位降低成本的客观要求，也反映了核算单位降低成本的目标。成本计划可作为生产耗费进行事前预计、事中检查控制和事后考核评价的重要依据。许多施工单位仅单纯重视项目成本管理的事中控制及事后考核，却忽视甚至省略了至关重要的事前计划，使得成本管理从一开始就缺乏目标，无法考核、控制、对比，产生很大的盲目性。施工项目目标成本一经确定，就要层层落实到部门、班组，并应经常将实际生产耗费与成本计划进行对比分析，发现执行过程中存在的问题，及时采取措施，改进和完善成本管理工作，以保证施工项目的目标成本指标得以实现。

其次，成本计划与其他各方面的计划有着密切的联系，是编制其他有关生产经营计划的基础。每一个施工项目都有着自己的项目目标，这是一个完整的体系。在这个体系中，成本计划与其他各方面的计划有着密切的联系。它们既相互独立，又相互依存和相互制约。如编制项目流动资金计划、企业利润计划等都需要目标成本编制的资料，同时，成本计划是综合平衡项目的生产经营的重要保证。

最后，可以动员全体职工深入开展增产节约、降低产品成本的活动。为了保证成本计划的实现，企业必须加强成本管理责任制，把目标成本的各项指标进行分解，落实到各部门、班组乃至个人，实行归口管理并做到责、权、利相结合，增产节约、降低产品成本。

二、施工项目成本计划的预测

（一）施工投标阶段的成本估算

投标报价是施工企业采取投标方式承揽施工项目时，以发包人招标文件中的合同条件、技术规范、设计图纸与工程量表、工程的性质和范围、价格条件说明和投标须知等为基础，结合调研和现场考察所得的情况，根据企业自己的定额、市场价格信息和有关规定，计算和确定承包该项工程的报价。

施工投标报价的基础是成本估算。企业首先应依据反映本企业技术水平和管理水平的企业定额，计算确定完成拟投标工程所需支出的全部生产费用，即估算该施工项目施工生产的直接成本和间接成本，包括人工费、材料费、机械使用费、现场管理费用等。

（二）项目经理部的责任目标成本

在实施项目管理之前，首先由企业与项目经理部协商，将合同预算的全部造价收入，分为现场施工费用（制造成本）和企业管理费用两部分。其中，以现场施工费用核定的总额，作为项目成本核算的界定范围和确定项目经理部责任成本目标的依据。

将正常情况下的制造成本确定为项目经理部的可控成本，形成项目经理部的责任目标成本。由于按制造成本法计算出来的施工项目成本，实际上是项目的施工现场成本，反映了项目经理部的成本管理水平，这样，用制造成本法既便于对项目经理部成本管理责任的考核，也为项目经理部节约开支、降低消耗提供可靠的基础。

责任目标成本是企业对项目经理部提出的指令成本目标，是以施工图预算为依据，也是对项目经理部进行施工项目管理规划、优化施工方案、制定降低成本的对策和管理措施提出的要求。

（三）项目经理部的计划目标成本

项目经理部在接受企业法定代表人委托之后，应通过主持编制项目管理实施规划寻求降低成本的途径，组织编制施工预算，确定项目的计划目标成本。

施工预算是项目经理部根据企业下达的责任成本目标，在编制详细的施工项目管理规划中不断优化施工技术方案和合理配置生产要素的基础上，通过工料消耗分析和制定节约成本措施之后确定的计划成本，也称现场目标成本。一般情况下，施工预算总额控制在责任成本目标的范围内，并留有一定余地。在特殊情况下，若项目经理部经过反复挖潜，仍不能把施工预算总额控制在责任成本目标范围内时，则应与企业进一步协商修正责任成本目标或共同探索进一步降低成本的措施，以使施工预算建立在切实可行的基础上。

（四）计划目标成本的分解与责任体系的建立

目标责任成本总的控制过程为：划分责任→确定成本费用的可控范围→编制责任成本预算→内部验工计价→责任成本核算→责任成本分析→成本考核（即信息反馈）。

1.划分责任

确定责任成本单位，明确责、权、利和经济效益。施工企业的责任成本控制应以工人、班组的制造成本为基础，以项目经理部为基本责任主体。要根据职能简化、责任单一的原则，合理划分所要控制的成本范围，赋予项目经理部相应的责、权、利，实行责任成本一次包干。公司既是本级的责任中心，又是项目经理部责任成本的汇总部门和管理部门。形成三级责任中心，即班组责任中心、项目经理部责任中心、公司责任中心。这三级责任中心的核算范围为其该级所控制的各项工程的成本、费用及其差异。

2.确定成本费用的可控范围

要按照责任单位的责权范围大小，确定可以衡量的责任目标和考核范围，形成各级责任成本中心。

班组主要控制制造成本，即工费、料费、机械费三项费用。

项目经理部主要控制责任成本，即工费、料费、机械费、其他直接费、间接费五项费用。公司主要控制目标责任成本，即工费、料费、机械费、公司管理费、公司其他间接费、公司不可控成本费用、上交公司费用等。

3.编制责任成本预算

根据以上两条作为依据，编制责任成本预算。注意责任成本预算中既要有人工、材料、机械台班等数量指标，也要有按照人工、材料、机械台班等的固定价格计算出的价值指标，以便于基层具体操作。

4.内部验工计价

验工即为工程队当月的目标责任成本，计价即为项目经理部当月的制造成本。各项目经理部把当月验工资料以报表的形式上报，供公司审批：计价细分为大小临时工程计价、桥隧路工程计价（其中又分班组计价、民工计价）、大堆料计价、运杂费计价、机械队机械费计价、公司材料费计价。其中机械队机械费、公司材料费一般采取转账方式。细分计价方式比较有利于成本核算和实际成本费用的归集。

5.责任成本核算

通过成本核算，可以反映施工耗费和计算工程实际成本，为企业管理提供信息。通过对各项支出的严格控制，力求以最少的施工耗费取得最大的施工成果，并以此计算所属施工单位的经济效益，为分析考核、预测和计划工程成本提供科学依据。核算体系分班组、项目经理部、公司三级，主要核算人工费、材料费、机械使用费、其他直接费和施工管理费五个责任成本项目。

6.责任成本分析

责任成本分析主要是利用成本核算资料及其他相关资料，全面分析了解成本变动情况，系统研究影响成本升降的各种因素及其形成的原因，挖掘降低成本的潜力，正确认识和掌握成本变动的规律性。通过责任成本分析，可以对成本计划的执行过程进行有效的控制，及时发现和制止各种损失和浪费，为预测成本、编制下期成本计划和经营决策提供重要依据。分析的方法有四种：①比较分析法；②比率分析法；③因素分析法；④差额分析法。所采取的主要方式是项目经理部相关部门与公司指挥部相关部门每月共同审核分析，再据此进行季度、年度成本分析。

7.成本考核

每月要对工程预算成本、计划成本及相关指标的完成情况进行考核、评比。其目的在于充分调动职工的自觉性和主动性，挖掘内部潜力，达到以最少的耗费，取得最大的经济效益。成本考核的方法有四个方面：第一，对降低成本任务的考核，主要是对成本降低率的考核；第二，对项目经理部的考核，主要是对成本计划的完成进行考核；第三，对班组成本的考核，主要是考核材料、机械、工时等消耗定额的完成情况；第四，对施工管理费的考核，公司与项目经理部分别考核。

第四节　建筑工程项目成本控制

工程项目成本控制就是要在保证工期和质量满足要求的前提下，采取相关管理措施，包括组织措施、经济措施、技术措施、合同措施，把成本控制在计划范围内，并进一步最大限度地节约成本。工程项目成本控制包括设计阶段成本控制和施工阶段成本控制。项目成本能否降低，有无经济效益，得失在此一举，因而有很大的风险性。为了确保项目必盈不亏，成本控制不仅必要，而且必须做好。

工程项目的成本控制通常是指在项目成本的形成过程中，对生产经营所消耗的人力资源、物质资源和费用开支进行指导、监督、调节和限制，及时纠正将要发生和已经发生的偏差，将各项生产费用控制在计划成本的范围之内，以保证成本目标的实现。施工项目成本控制的目的是降低项目成本，提高经济效益。

一、工程项目成本控制的依据

（一）工程承包合同

工程项目成本控制要以工程承包合同为依据，围绕降低工程成本这个目标，从预算收入和实际成本两个方面着手，努力挖掘增收节支潜力，以获得最大的经济效益。

（二）施工成本计划

施工成本计划是根据施工项目的具体情况制定的施工控制方案，既包括预定的具体成本控制目标，又包括实现控制目标的措施和规划，以获得最大的经济效益。

（三）进度报告

进度报告提供了每一时刻工程实际完成量、工程施工成本实际支付情况等重要信息，施工成本控制工作正是通过将实际情况与施工成本计划相比较，找出两者之间的差距，分析产生偏差的原因，从而采取措施改进以后的工作。

（四）工程变更

工程变更一般包括设计变更、进度计划变更、施工条件变更、技术规范与标准变更、施工次序变更、工程数量变更等，一旦出现变更，工程量、工期、成本都必将发生变化，从而使施工成本控制工作变得更加复杂和困难。

另外，各种资源的市场信息、相关法律法规及合同文本等也都是成本控制的依据。

二、工程项目成本控制的原则

（一）开源与节流相结合的原则

该原则要求做到：每发生一笔金额较大的成本费用，都要查一查有无与其相对应的预算收入，是否支大于收；在经常性的分部分项工程成本核算和月度成本核算中，也要进行实际成本与预算收入的对比分析，以便从中探索成本节超的原因，纠正项目成本的不利偏差，提高项目成本的利用水平。

（二）全面控制原则

1.项目成本的全员控制

项目成本是一项综合性很强的指标，涉及项目组织中各个部门、单位和班组的工作业绩，也与每个职工的切身利益有关。因此，项目成本的高低需要大家共同关注，施工项目成本控制（管理）也需要项目建设者群策群力，仅靠项目经理和专业成本管理人员等少数人的努力是无法收到预期效果的。项目成本的全员控制，并不是抽象的概念，而应该有一个系统的实质性内容，其中包括各部门、各单位的责任网络和班组经济核算等，防止成本控制人人有责又都人人不管。

2.项目成本的全过程控制

项目成本的全过程控制是指在工程项目确定以后，自施工准备开始，经过工程施工，到竣工交付使用后的保修期结束，其中每一项经济业务都要纳入成本控制的轨道。也就是：成本控制工作要随着项目施工进展的各个阶段连续进行，既不能有疏漏，又不能时紧时松，使施工项目成本自始至终置于有效的控制之下。

（三）中间控制原则

中间控制原则又称动态控制原则，对于具有一次性特点的施工项目成本来说，应该特别强调项目成本的中间控制。因为施工准备阶段的成本控制，只是根据上级要求和施工组织设计的具体内容确定成本目标、编制成本计划、制定成本控制的方案，为今后的成本控制做好准备；而竣工阶段的成本控制，由于成本盈亏已经基本定局，即使发生了偏差，也已来不及纠正。因此，把成本控制的重心放在基础、结构、装饰等主要施工阶段上是十分必要的。

（四）目标管理原则

目标管理是贯彻执行计划的一种方法，它把计划的方针、任务、目的和措施等逐一加以分解，提出进一步的具体要求，并分别落实到执行计划的部门、单位甚至个人。目标管理的内容包括目标的设定和分解，目标的责任到位和执行，检查目标的执行结果，评价目标和修正目标，形成目标管理的计划、实施、检查、处理循环。

（五）节约原则

节约人力、物力、财力的消耗，不仅是提高经济效益的核心，也是成本控制的一项最主要的基本原则。节约要从三个方面入手：一是严格执行成本开支范围、费用开支标准和有关财务制度，对各项成本费用的支出进行限制和监督；二是提高施工项目的科学管理水平，优化施工方案，提高生产效率，节约人、财、物的消耗；三是采取预防成本失控的技术组织措施，制止可能发生的浪费。做到了以上三点，成本目标就基本能实现。

（六）例外管理原则

在工程项目建设过程的诸多活动中，有许多活动是例外的，如施工任务单和限额领料单的流转程序等，通常是通过制度来保证其顺利进行的。但也有一些不经常出现的问题，称为"例外"问题。这些"例外"问题往往是关键性问题，对成本目标的顺利完成影响很大，必须予以高度重视。例如，在成本管理中常见的成本盈亏异常现象，即盈余或亏损超过了正常的比例；本来是可以控制的成本，突然发生了失控现象；某些暂时的节约，有可能给今后的成本带来隐患（如由于平时机械维修费的节约，可能会造成未来的停工修理和更大的经济损失）等，都应该视为"例外"问题，需进行重点检查、深入分析，并采取相应的积极的措施加以纠正。

（七）责、权、利相结合的原则

要使成本控制真正发挥及时有效的作用，必须严格按照经济责任制的要求，贯彻责、权、利相结合的原则。

首先，在项目施工过程中，项目经理、工程技术人员、业务管理人员以及各单位和生产班组都负有一定的成本控制责任，从而形成整个项目的成本控制责任网络。其次，各部门、各单位、各班组在肩负成本控制责任的同时，还应享有成本控制的权力，即在规定的权力范围内可以决定某项费用能否开支、如何开支和开支多少，以进行对项目成本的实质性控制。最后，项目经理还要对各部门、各单位、各班组在成本控制中的业绩进行定期的检查和考评，并与工资分配紧密挂钩，实行有奖有罚。实践证明，只有责、权、利相结合的成本控制，才是名副其实的项目成本控制，才能收到预期的效果。

三、工程项目成本控制的内容

工程项目成本控制在不同阶段的工作内容如下。

（一）投标承包阶段

（1）根据工程概况和招标文件，联系建筑市场和竞争对手的情况，进行成本预测，提出投标决策意见。

（2）中标以后，应根据项目的建设规模，组建与之相适应的项目经理部，同时以"标书"为依据确定项目的成本目标，并下达给项目经理部。

（二）施工准备阶段

（1）根据设计图纸和有关技术资料，对施工方法、施工顺序、作业组织形式、机械设备选型、技术组织措施等进行认真的研究分析，并运用价值工程原理，制定出科学先进、经济合理的施工方案。

（2）根据企业下达的成本目标，以分部分项工程实物工程量为基础，联系劳动定额、材料消耗定额和技术组织措施的节约计划，在优化的施工方案指导下，编制明细而具体的成本计划，并按照部门、施工队和班组的分工进行分解，作为部门、施工队和班组的责任成本落实下去，为今后的成本控制做好准备。

（3）根据项目建设时间的长短和参加建设人数的多少，编制间接费用预算，并对上述预算进行明细分解，以项目经理部有关部门（或业务人员）责任成本的形式落实下去，为今后的成本控制和绩效考评提供依据。

（三）施工阶段

（1）加强施工任务单和限额领料单的管理。特别要做好每一个分部分项工程完成后的验收（包括实际工程量的验收和工作内容、工程质量、文明施工的验收），以及实耗人工、实耗材料的数量核对，以保证施工任务单和限额领料单的结算资料绝对正确，为成本控制提供真实可靠的数据。

（2）将施工任务单和限额领料单的结算资料与施工预算进行核对，计算分部分项工程的成本差异，分析差异产生的原因，并采取有效的纠偏措施。

（3）做好月度成本原始资料的收集和整理，正确计算月度成本，分析月度预算成本与实际成本的差异。对于一般的成本差异，要在充分注意不利差异的基础上，认真分析有利差异产生的原因，以防对后续作业成本产生不利影响或因质量低劣而造成返工损失；对于盈亏比例异常的现象，则要特别重视，并在查明原因的基础上，采取果断措施，尽快加以纠正。

（4）在月度成本核算的基础上，实行责任成本核算，也就是利用原有会计核算的资料，重新按责任部门或责任者归集成本费用，每月结算一次，并与责任成本进行对比。

（5）经常检查对外经济合同的履约情况，为顺利施工提供物质保证。如遇拖期或质量不符合要求，应根据合同规定向对方索赔；对缺乏履约能力的单位，要采取断然措施，即中止合同，并另找可靠的合作单位，以免影响施工，造成经济损失。

（6）定期检查各责任部门和责任者的成本控制情况，检查成本控制责、权、利的落实情况（一般为每月一次）。发现成本差异偏高或偏低的情况，应会同责任部门或责任者分析产生差异的原因，并督促他们采取相应的对策来纠正差异；如有因责、权、利不到位而影响成本控制工作的情况，应针对责、权、利不到位的原因，调整有关各方的关系，落实责、权、利相结合的原则，使成本控制工作得以顺利进行。

（四）竣工阶段保修期间

（1）精心安排、干净利落地完成工程竣工扫尾工作。从现实情况看，很多工程一到扫尾阶段，就把主要施工力量抽调到其他在建工程，以致扫尾工作拖拖拉拉，战线拉得很长，机械、设备无法转移，成本费用照常发生，使在建阶段取得的经济效益逐步流失。因此，一定要精心安排（因为扫尾阶段工作面较小，人多了反而会造成浪费），采取"快刀斩乱麻"的方法，把竣工扫尾时间缩短到最低限度。

（2）重视竣工验收工作，顺利交付使用。在验收以前，要准备好验收所需要的各种资料（包括竣工图）送甲方备查；对验收中甲方提出的意见，应根据设计要求和合同内容认真处理，如果涉及费用，应请甲方签证，列入工程结算。

（3）及时办理工程结算。一般来说，工程结算造价=原施工图预算±增减账。但在施工过程中，有些按实结算的经济业务是由财务部门直接支付的，项目预算员不掌握资料，往往在工程结算时遗漏。因此，在办理工程结算以前，要求项目预算员和成本员进行一次认真全面的核对。

（4）在工程保修期间，应由项目经理指定保修工作的责任者，并且保修责任者应根据实际情况提出保修计划（包括费用计划），以此作为控制保修费用的依据。

第五节　建筑项目成本核算

一、施工项目成本核算的对象

成本核算对象是指在计算工程成本中，确定归集和分配生产费用的具体对象，即生产费用承担的客体。

具体的成本核算对象主要应根据企业生产的特点加以确定，同时还应考虑成本管理上的要求。由于建筑产品用途的多样性，带来了设计、施工的单件性。每一个建筑安装工程都有其独特的形式、结构和质量标准，需要一套单独的设计图，在建造时需要采用不同的施工方法和施工组织。

即使采用相同的标准设计，但由于建造地点的不同，在地形、地质、水文以及交通等方面也会有差异。施工企业这种单件性生产的特点，决定了施工企业成本核算对象的独特性。

有时一个施工项目包括几个单位工程，需要分别核算。单位工程是编制工程预算、制订施工项目工程成本计划和与建设单位结算工程价款的计算单位。施工项目成本一般应以每一个独立编制施工图预算的单位工程为成本核算对象，但也可以按照承包工程项目的规模、工期、结构类型、施工组织和施工现场等情况，结合成本管理要求，灵活划分成本核算对象。一般来说，有以下几种划分方法：

（1）一个单位工程由几个施工单位共同施工时，各施工单位都应以同一单位工程为成本核算对象，各自核算自行完成的部分。

（2）规模大、工期长的单位工程，可以将工程划分为若干部位，以分部位的工程作为成本核算对象。

（3）同一建设项目，由同一施工单位施工，并在同一施工地点，属同一结构类型，开竣工时间相近的若干单位工程，可以合并为一个成本核算对象。

（4）改建、扩建的零星工程，可以将开竣工时间相接近，属于同一建设项目的各个单位工程合并作为一个成本核算对象。

（5）土石方工程、打桩工程，可以根据实际情况和管理需要，以一个单项工程为成本核算对象，或将同一施工地点的若干个工程量较少的单项工程合并作为一个成本核算对象。

二、施工项目成本核算的任务

施工项目成本核算主要完成以下任务：

第一，执行国家有关成本核算范围、费用开支标准、工程预算定额和企业施工预算、成本计划的有关规定，控制费用，促使项目合理、节约人力、物力和财力。这是施工项目成本核算的先决前提和首要任务。

第二，正确及时地核算施工过程中发生的各项费用，计算施工项目的实际成本。这是项目成本核算的主体和中心任务。

第三，反映和监督施工项目成本计划的完成情况，为项目成本预测，参与项目施工生产、技术和经营决策提供可靠的成本报告和有关资料，促进项目改善经营管理，降低成本，提高经济效益。这是施工项目成本核算的根本目的。

（一）施工项目成本会计的账表

（1）工程施工账。

①工程项目施工——工程项目明细账。

②单位工程施工——单位工程成本明细账。

（2）施工间接费账。

（3）其他直接费账。

（4）项目工程成本表。

（5）在建工程成本明细表。

（6）竣工工程成本明细表。

（7）施工间接费表。

（二）施工项目成本核算的管理会计式台账

管理会计式台账主要有以下辅助记录台账：

第一类，是为项目成本核算积累资料的台账，如产值构成台账、预算成本构成台账、增减账台账等。

第二类，是对项目资源消耗进行控制的台账，如人工耗用台账、材料耗用台账、结构构件耗用台账、周转材料使用台账、机械使用台账、临时设施台账等。

第三类，是为项目成本分析积累资料的台账，如技术组织措施执行情况台账、质量成本台账等。

第四类，是为项目管理服务和"备忘"性质的台账，如甲方供料台账、分包合同台账及其他必须设立的台账等。

三、施工项目成本核算过程

成本的核算过程，实际上是各成本项目的归集和分配的过程。成本的归集是指通过一定的会计制度以有序的方式进行成本数据的收集和汇总；成本的分配是指将归集的间接成本分配给成本对象的过程，也称间接成本的分摊或分派。

（一）人工费核算

（1）内包人工费。内包人工费是指企业所属的劳务分公司与项目经理部签订的劳务合同结算的全部工程价款。按月结算，计入项目或单位工程成本。

（2）外包人工费。按项目经理部与劳务分包企业签订的包清工合同，以当月验收完成的工程实物量，计算出定额工日数乘以合同人工单价确定人工费，并按月凭项目经济员提供的"包清工工程款月度成本汇总表"预提计入项目或单位工程成本。

上述内包、外包合同履行完毕，应根据分部分项工程的工期、质量、安全、场容等验收考核情况，进行合同结算，以结账单按实据以调整项目实际成本。对估点工任务单必须当月签发，当月结算，严格管理，按实计入成本；隔月不予结算，一律作废。

（二）材料费结算

（1）工程耗用的材料，根据限额领料单、退料单、报损报耗单、大堆材料耗用计算单等，由项目材料员按单位工程量编制"材料耗用汇总表"，计入项目成本。

（2）各种材料价差，按规定计入项目成本。

（三）周转材料费核算

（1）周转材料实行内部租赁制，以租费的形式反映其消耗情况，按"谁租用谁负担"的原则，核算项目成本。

（2）按周转材料租赁办法和租赁合同，由出租方与项目经理部按月结算租赁费。租赁费按租用的数量、时间和内部租赁单价计算计入项目成本。

（3）周转材料在调入、移出时，项目经理部必须加强计量验收制度，如有短缺、损坏，一律按原价赔偿，计入项目成本（缺损数=进场数−退场数）。

（4）租用周转材料的进退场运费，按其实际发生数，由调入项目负担。

（四）结构件费核算

（1）项目结构件的使用必须要有领发手续，并根据这些手续，按照单位工程使用对象编制"结构件耗用月报表"。

（2）项目结构构件的单价，以项目经理部与外加工单位签订的合同为准，计算耗用金额计入成本。

（3）根据实际施工形象进度、已完成施工产值的统计、各类实际成本消耗三者在月度时点上的三同步原则，结构构件耗用的品种和数量应与施工产值相对应。结构构件数量金额的结存数，应与项目成本员的账面余额相符。

（4）发生结构构件的一般价差，可计入当月项目成本。

（5）部位分项分包，按照企业通常采用的类似结构件管理和核算方法，项目经济员必须做好月度已完工程部分验收记录，正确计算报告部位分项分包产值，并书面通知项目成本员及时、正确、足额计入成本。

（五）机械使用费核算

（1）机械设备实行内部租赁制，以租赁费形式反映其消耗情况，按"谁租用谁负担"的原则，核算其项目成本。

（2）按机械设备租赁办法和租赁合同，由企业内部机械设备租赁市场与项目经理部按月结算租赁费，计入项目成本。

（3）机械进出场费，按规定由承租项目负担。

（4）项目经理部租赁的各类大中小型机械，其租赁费全额计入项目机械费成本。

（5）根据内部机械设备租赁市场运行规则要求，结算原始凭证由项目指定专人签证开班和停班数，据此以结算费用。现场机、电等操作工奖金由项目考核支付，计入项目机械费成本并分配到有关单位工程。

上述机械租赁费结算，尤其是大型机械租费及进出场费应与产值对应，防止只有收入无支出等不正常现象，或反之，形成收入与支出不平衡的状况。

（六）其他直接费核算

项目施工生产过程中实际发生的其他直接费，有时并不"直接"，凡能弄清受益对象的，应直接计入受益成本核算对象的工程施工——其他直接费。其他直接费包括以下内容：

（1）施工过程中的材料二次运费。

（2）临时设施摊销费。

（3）生产工具、用具使用费。

（4）除上述以外的其他直接费内容，均应按实际发生的有效结算凭证计入项目成本。

（七）施工间接费核算

施工间接费包括以下内容：

（1）以项目经理部为单位编制工资单和奖金单，列支工作人员薪金。项目经理部工资总额每月必须正确核算，以此计提职工福利费、工会经费、教育经费、劳保统筹费等。

（2）劳务分公司所提供的炊事人员代办食堂承包、服务、警卫人员提供区域岗点承包服务以及其他代办服务费用计入施工间接费。

（3）内部银行的存贷款利息，计入"内部利息"（新增明细子目）。

（4）施工间接费，先在项目"施工间接费"总账归集，再按一定的分配标准计入受益核算对象（单位工程）"工程施工——间接成本"。

（八）分包工程成本核算

（1）包清工工程，如前所述纳入"人工费——外包人工费"内核算。

（2）部位分项分包工程，如前所述纳入结构构件费内核算。

（3）外包工程。

①双包工程，是指将整幢建筑物以包工包料的形式分包给外单位施工的工程。可根据

承包合同取费情况和发包（双包）合同支付情况，即上下合同差，测定目标盈利率。月度结算时，以双包工程已完工程价款作收入，应付双包单位工程款作支出，适当负担施工间接费。为稳妥起见，拟在管理目标盈利率的50%以内，也可月结成本时作收支持平，竣工结算时，再按实调整实际成本，反映利润。

②机械作业分包工程，是指利用分包单位专业化施工优势，将打桩、吊装、大型土方、深基础等施工项目分包专业单位施工的形式。对机械作业分包产值统计的范围是：只统计分包费用，而不包括物耗价值，即打桩只计打桩费而不计桩材费，吊装只计吊装费而不包括构件费。机械作业分包实际成本与此对应，包括分包结账单内除工期奖之外的全部工程费用。总体反映其全貌成本。

同双包工程一样，总分包企业合同差，包括总包单位管理费、分包单位让利收益等在月结成本时，可先预结一部分，或月结时作收支持平处理，到竣工结算时，再作为项目效益反映。上述双包工程和机械作业分包工程由于收入和支出比较容易辨认（计算），所以项目经理部也可以对这两项分包工程采用竣工点结算的办法，即月度不结盈亏。

项目经理间应增设"分建成本"成本项目，核算反映双包工程、机械作业分包工程的成本状况。分包形式（特别是双包），对分包单位领用、租用、借用本企业物资、工具、设备、人工等费用，必须根据项目经管人员开具的且经分包单位指定专人签字认可的专用结算单据，如"分包单位领用物资结算单"及"分包单位租用工用具设备结算单"等结算依据入账，抵作已付分包工程款。同时要注意对分包奖金的控制，分包付款、供料控制，主要应依据合同及供料计划实施制约，单据应及时流转结算，账上支付额（包括抵作额）不得突破合同价款。要注意阶段控制，防止奖金失控，引起成本亏损。

四、施工项目成本核算报告

项目经理部应在跟踪核算分析的基础上，编制月度项目成本报告，按规定的时间报送企业成本主管部门，以满足企业的要求。

在工程施工期间，定期编制成本报表既能提醒注意当前急需解决的问题，又能及时掌握项目的施工总情况。

（一）人工费周报表

人工费是项目经理部最能直接控制的成本，它不仅能控制工人的选用，而且能控制工人的工作量和工作时间，所以项目经理部必须经常掌握人工费用的详细情况。

人工费周报表反映了某一周内工程施工中每个分项工程的人工单位成本和总成本，以及与之对应的预算数据。若发现某些分项工程的实际人工费与预算存在差异，就可以进一步找出症结所在，从而采取措施来纠正存在的问题。

（二）工程成本月报表

人工费周报表只包括人工费用，而工程成本月报表却包括工程的全部费用。工程成本月报表是针对每一个施工项目设立的，工程成本月报表有助于项目经理评价本工程中各个分项工程的成本支出情况，找出具体核算对象成本和超过的数额及原因，以便及时采取对策，防止偏差积累而导致成本目标失控。

（三）工程成本分析报表

工程成本报表将施工项目的分部分项工程成本资料和结算资料汇于一表，也使得项目经理能够纵观全局，对工程成本现状一目了然。成本分析报表可以一月一编报，也可以一季一编报。

第六节　建筑工程项目成本分析与考核

一、施工项目成本分析的内容

施工企业成本分析的内容就是对施工项目成本变动因素的分析。影响施工项目成本变动的因素有两个方面，一是外部的属于市场经济的因素；二是内部的属于企业经营管理的因素。

这两个方面的因素在一定条件下，是相互制约和相互促进的。项目经理应将施工项目成本分析的重点放在影响施工项目成本升降的内部因素上。影响施工项目成本升降的内部因素包括以下几个方面。

（一）材料、能源利用

在其他条件不变的情况下，材料、能源消耗定额的高低直接影响材料、能源成本的升降，材料、能源价格的变动也直接影响产品成本的升降。可见，材料、能源利用及其价格水平是影响产品成本升降的一项重要因素。

（二）机械设备的利用

施工企业的机械设备有自有和租用两种。自有机械停用，仍要负担固定费用。租用机械停用虽不用负担固定费用，但要支付停班费。因此，在机械设备的使用过程中，必须以满足施工需要为前提，加强机械设备的平衡调度，充分发挥机械的效用；同时，还要加强日常的机械设备的维修保养工作，提高机械的完好率，保证机械的正常运转。

（三）施工质量水平的高低

对施工企业来说，提高施工项目质量水平可以降低施工中的故障成本，减少未达到质量标准而发生的一切损失费用，施工质量水平的高低也是影响施工项目成本的主要因素之一。

（四）用工费用水平的合理性

在实行管理层和作业层两层分离的情况下，项目施工需要的用工费和人工费，由项目经理部与施工队签订劳务承包合同，明确承包范围、承包金额和双方的权利、义务。人工费用合理性是指人工费既不过高，也不过低。如果人工费过高，就会增加施工项目的成本；而人工费过低，工人的积极性不高，施工项目的质量就有可能得不到保障。

（五）其他影响施工项目成本变动的因素

其他影响施工项目成本变动的因素，包括除上述四项以外的其他直接费用以及为施工准备、组织施工和管理所需要的费用。

二、施工项目成本分析的方法

（一）因果分析图法

因果分析图法也叫特性因素图法，因其形状像树枝，又称为树枝图，它是以成本偏差为主干用来寻找成本偏差原因的，是一种有效的定性分析法。因果分析图就是从某成本偏差这个结果出发，分析原因，步步深入，直到找出具体根源。首先是找出大的方面原因，然后进一步找出背后的原因，即中原因，再从中原因找出小原因或更小原因，逐步查明并确定主要原因，通常对主要原因做出标记，以引起重视。

（二）因素替换法

因素替换法可用来测算和检验有关影响因素对项目成本影响程度的大小，从而找到产生成本偏差的根源。因素替换法是一种常用的定量分析方法，其具体做法是：当一项成本受几个因素影响时，先假定一个因素变动，其他因素不变，计算出该因素的影响效应；然后再依次替换第二、第三个因素，从而确定每一个因素对成本的影响。

（三）差额计算法

差额计算法是因素替换法的一种简化形式，它是利用指数的各个因素的计划数与实际数的差额，按照一定的顺序，直接计算出各个因素变动时对计划指标完成的影响程度的一种方法。

（四）比率法

比率法是指用两个以上的指标的比例进行分析的方法。它的基本特点是：先把对比分析的数值变成相对数，再观察其相互之间的关系。

相关比率。由于项目经济活动的各个方面是互相联系、互相依存，又互相影响的，因而将两个性质不同而又相关的指标加以对比，求出比率，并以此来考察经营成果的好坏。

构成比率，又称比重分析法或结构对比分析法。通过构成比率，可以考察成本总量的构成情况以及各成本项目占成本总量的比重，同时可看出量、本、利的比例关系。

三、施工项目成本考核的内容

施工项目成本考核就是贯彻落实责权利，促进成本管理工作健康发展，更好地完成施工项目的成本目标。

如果对成本考核工作抓得不紧，或者不按正常的工作要求进行考核，前面的成本预测、成本控制、成本核算、成本分析都将得不到及时正确的评价。

施工项目的成本考核特别要强调施工过程中的中间考核。因为通过中间考核发现问题，还能"亡羊补牢"。而竣工后的成本考核，虽然也很重要，但对成本管理的不足和由此造成的损失却无法弥补。

施工项目的成本考核可以分为两个层次：一是企业对项目经理的考核；二是项目经理对所属部门、施工队和班组的考核。

（一）企业对项目经理考核的内容

（1）项目成本目标和阶段成本目标的完成情况。

（2）以项目经理为核心的成本管理责任制的落实情况。

（3）成本计划的编制和落实情况。

（4）对各部门、各作业队和班组责任成本的检查和考核情况。

（5）在成本管理中贯彻责、权、利相结合原则的执行情况。

（二）项目经理对所属部门、施工队和班组考核的内容

（1）对各部门的考核内容

①本部门、本岗位责任成本的完成情况。

②本部门、本岗位成本管理责任的执行情况。

（2）对各作业队的考核内容

①劳务合同规定的承包范围和承包内容的执行情况。

②劳务合同以外的补充收费情况。

③班组施工任务单的管理情况，以及班组完成施工任务后的考核情况。

（3）对生产班组的考核内容（平时由作业队考核）

四、施工项目成本考核

（一）施工项目的成本考核采取评分制

具体方法为：先按考核内容评分，然后按七与三的比例加权平均，即责任成本完成情况的评分为七，成本管理工作业绩的评分为三。这是一个假设的比例，施工项目可以根据自己的具体情况进行调整。

（二）施工项目的成本考核要与相关指标的完成情况相结合

具体方法为：成本考核的评分是奖罚的依据，相关指标的完成情况作为奖罚的条件。也就是在根据评分计奖的同时，还要参考相关指标的完成情况加奖或扣罚。

与成本考核相结合的相关指标，一般有进度、质量、安全和现场标准化管理。

（三）强调项目成本的中间考核

项目成本的中间考核，可从两个方面考虑：

（1）月度成本考核。一般是在月度成本报表编制以后，根据月度成本报表的内容进行考核。

在进行月度成本考核的时候，不能单凭报表数据，还要结合成本分析资料和施工生产、成本管理的实际情况，然后才能作出正确的评价，带动今后的成本管理工作，保证项目成本目标的实现。

（2）阶段成本考核。项目的施工阶段，一般可分为基础、结构、装饰、总体四个阶段。

如果是高层建筑，可对结构阶段的成本进行分层考核。

阶段成本考核的优点，在于能对施工暂告一段落后的成本进行考核，可与施工阶段其他指标（如进度、质量等）的考核结合得更好，也更能反映施工项目的管理水平。

（四）施工项目的竣工成本考核

施工项目的竣工成本是在工程竣工和工程款结算的基础上编制的，它是竣工成本考核的依据。

工程竣工表示项目建设已经全部完成，并已具备交付使用的条件（即已具有使用价值）。而月度完成的分部分项工程，只是建筑产品的局部，并不具有使用价值，也不可能用来进行商品交换，只能作为分期结算工程进度款的依据。因此，真正能够反映全貌而又正确的项目成本，是在工程竣工和工程款结算的基础上编制的。

施工项目的竣工成本是项目经济效益的最终反映。它既是上缴利税的依据，又是进行职工分配的依据。由于施工项目的竣工成本关系到国家、企业、职工的利益，必须做到核算正确、考核正确。

（五）施工项目成本的奖罚

施工项目的成本考核应对成本完成情况进行经济奖罚，不能只考核不奖罚，或者考核后拖了很久才奖罚。

由于月度成本和阶段成本都是假设性的，正确程度有高有低。因此，在进行月度成本和阶段成本奖罚的时候要留有余地，然后再按照竣工成本结算的奖金总额进行调整（多退少补）。施工项目成本奖罚的标准，应通过合同的形式明确规定。这就是说，合同规定的奖罚标准具有法律效力，任何人都无权中途变更，或者拒不执行。另外，通过合同明确奖罚标准以后，职工群众就有目标、积极性。具体的奖罚标准，应该经过认真测算再行确定。

企业领导和项目经理还可对完成项目成本目标有突出贡献的部门、作业队、班组和个人进行奖励。这是项目成本奖励的另一种形式，不属于上述成本奖罚范围。而这种奖励形式，往往能起到立竿见影的作用。

第五章
建筑工程项目风险管理内容

第一节　建筑工程项目风险管理

风险管理是指人们对潜在的意外损失进行辨识、评估，并根据具体情况采取相应的措施进行处理，即在主观上尽可能做到有备无患，或在客观上无法避免时亦能寻求切实可行的补救措施，从而减少意外损失或化解风险为我所用。

建筑工程项目风险管理是指参与工程项目的各方，包括发包方、承包方和勘察、设计、监理单位等在工程项目的筹划、设计、施工建造以及竣工后投入使用等各阶段所采取的辨识、评估、处理项目风险的措施和方法。

一、风险的概念

（一）风险的定义

项目风险是一种不确定的事件或条件，一旦发生，就会对一个或多个项目目标造成积极或消极的影响，如范围、进度、成本或质量等因素。

风险既是机会又是威胁。人们从事经济社会活动，既有可能获得预期的利益，也有可能蒙受意想不到的损失或损害。正是风险蕴含的机会引诱人们从事包括项目在内的各种活动；而风险蕴含的威胁，则唤醒人们的警觉，设法回避、减轻、转移或分散。机会和威胁是项目活动的一对孪生兄弟，是项目管理人员必须正确处理的一对矛盾。承认项目有风险，就是承认项目既蕴含机会又蕴含威胁。本章的内容，除非特别强调，所指风险大多指风险蕴含的威胁。

（二）风险源与风险事件

1.风险源

给项目带来机会，造成损失或损害、人员伤亡的风险因素，就是风险源。风险源是风险事件发生的潜在原因，是造成损失或损害的内部原因或外部原因。如果消除了所有风险源，则损失或损害就不会发生。对于建筑施工项目而言，不合格的材料、漏洞百出的合同条款、松散的管理、不完全的设计文件、变化无常的建材市场都是风险源。

2.转化条件和触发条件

风险是潜在的，只有具备了一定条件时，才有可能发生风险事件，这一定的条件称为转化条件。即使具备了转化条件，风险也不一定转变成风险事件。只有具备了另外一些条件时，风险事件才会真的发生，这后面的条件称为触发条件。了解风险由潜在转变为现实的转化条件、触发条件及其过程，对于控制风险非常重要。控制风险，实际上就是控制风险事件的转化条件和触发条件。当风险事件造成损失和损害时，应设法消除转化条件和触发条件；当风险事件可以带来机会时，则应努力创造转化条件和触发条件，促使其实现。

3.风险事件

活动或事件的主体未曾预料到，或虽然预料到其会发生，但却未预料到其后果的事件称为风险事件。要避免损失或损害，就要把握导致风险事件发生的风险源和转化其触发条件，减少风险事件的发生。

（三）风险的分类

风险可以从不同的角度，根据不同的标准进行分类。

1.按风险来源划分

风险根据其产生的根源可分为政治风险、经济风险、金融风险、管理风险、自然风险和社会风险等。

（1）政治风险。政治风险是指政治方面的各种事件和原因导致项目蒙受意外损失。

（2）经济风险。经济风险是指在经济领域潜在或出现的各种可导致项目经营损失的事件。

（3）金融风险。金融风险是指在财政金融方面，内在的或主客观因素而导致的各种风险。

（4）管理风险。管理风险通常是指人们在经营过程中，因不能适应客观形势的变化或因主观判断失误或对已发生的事件处理欠妥而产生的威胁。

（5）自然风险。自然风险是指因自然环境如气候、地理位置等构成的障碍或不利条件。

（6）社会风险。社会风险包括企业所处的社会背景、秩序、宗教信仰、风俗习惯及人际关系等形成的影响企业经营的各种束缚或不便。

2.按风险后果划分

风险按其后果可分为纯粹风险和投机风险。

（1）纯粹风险。不能带来机会、没有获得利益可能的风险，称为纯粹风险。纯粹风险只有两种可能的后果：造成损失和不造成损失。纯粹风险造成的损失是绝对的损失。建筑施工项目蒙受损失，全社会也会跟着受损失。例如，某建筑施工项目发生火灾所造成的损失不但是这个建筑施工项目的损失，也是全社会的损失，没有人从中获得好处。纯粹风险总是与威胁、损失和不幸相联系。

（2）投机风险。极可能带来机会、获得利益，又隐含威胁、造成损失的风险，称为投机风险。投机风险有三种可能的后果：造成损失、不造成损失和获得利益。对于投机风险，如果建筑施工项目蒙受了损失，则全社会不一定都跟着受损失；相反，其他人有可能因此而获得利益。例如，私人投资的房地产开发项目如果失败，投资者就要蒙受损失，而发放贷款的银行却可将抵押的土地和房屋收回，等待时机，高价卖出，不但可收回贷款，还有可能获得高额利润，当然也可能面临亏损。

纯粹风险和投机风险在一定条件下可以互相转化。项目管理人员必须避免投机风险转化为纯粹风险。

3.按风险是否可控划分

风险按其是否可控可分为可控风险和不可控风险。可控风险是指可以预测，并可采取措施进行控制的风险；反之，则为不可控风险。风险是否可控，取决于能否消除风险的不确定性以及活动主体的管理水平。要消除风险的不确定性，就必须掌握有关的数据、资料等信息。随着科学技术的发展与信息的不断增加以及管理水平的提高，有些不可控风险可以转化成可控风险。

4.按风险影响范围划分

风险按影响范围可分为局部风险和总体风险。局部风险影响小，总体风险影响大，项目管理人员要特别注意总体风险。例如，项目所有的活动都有拖延的风险，而处在关键线路上的活动一旦延误，就要推迟整个项目的完成时间，形成总体风险。

5.按风险的预测性划分

按照风险的预测性，风险可以分为已知风险、可预测风险和不可预测风险。已知风险就是在认真、严格地分析项目及其计划之后就能够明确哪些是经常发生的，而且其后果亦可预见的风险。可预测风险就是根据经验，可以预见其发生，但不可预见其后果的风险。不可测风险是指有可能发生，但其发生的可能性即使是最有经验的人亦不能预见的风险。

6.按风险后果的承担者划分

项目风险，若按其后果的承担者来划分，则有项目业主风险、政府风险、承包方风险、投资方风险、设计单位风险、监理单位风险、供应商风险、担保方风险和保险公司风险等。这样划分有助于合理分配风险，提高项目的风险承受能力。

二、建筑工程项目风险的特点

建筑工程项目风险具有多样性、存在范围广、影响面大、有一定的规律性等特点。

（1）风险的多样性。在一个工程项目中存在许多种类的风险，如政治风险、经济风险、法律风险、自然风险、合同风险、合作风险等。这些风险之间有着复杂的内在联系。

（2）风险存在范围广。风险在整个项目生命期中都存在。例如，在目标设计中可能存在构思的错误，重要边界条件的遗漏，目标优化的错误；可行性研究中可能有方案的失误，调查不完全，市场分析错误；技术设计中存在专业不协调，地质不确定，图纸和规范错误；施工中有物价上涨，实施方案不完备，资金缺乏，气候条件变化；运行中有市场变化，产品不受欢迎，运行达不到设计能力，操作失误等错误。

（3）风险影响面大。在建筑工程中，风险影响常常不是局部的，而是全局的。例如，反常的气候条件造成工程的停滞，会影响整个后期计划，影响后期所有参加者的工作，它不仅会造成工期的延长，而且会造成费用的增加，对工程质量造成危害。即使是局部的风险，其影响也会随着项目的发展逐渐扩大。如一个活动受到风险干扰，可能影响与它相关的许多活动，所以在项目中，风险影响随时间推移有扩大的趋势。

（4）风险具有一定的规律性。建筑工程项目的环境变化、项目的实施有一定的规律性，所以风险的发生和影响也有一定的规律性，是可以进行预测的。重要的是人们要有风险意识，重视风险，对风险进行有效的控制。

三、建筑工程项目风险管理过程

项目风险管理过程应包括项目实施全过程的风险识别、风险评估、风险响应和风险控制。

（1）风险识别。确定可能影响项目的风险的种类，即可能有哪些风险发生，并将这些风险的特性整理成文档，决定如何采取和计划一个项目的风险管理活动。

（2）风险评估。对项目风险发生的条件、概率及风险事件对项目的影响进行分析，并评估它们对项目目标的影响，按它们对项目目标的影响顺序排列。

（3）风险响应。编制风险应对计划，制定一些程序和技术手段，用来提高实现项目目标的概率和减少风险的威胁。

（4）风险控制。在项目的整个生命期阶段进行风险预警，在风险发生情况下，实施降低风险计划，保证对策措施的应用性和有效性，监控残余风险，识别新风险，更新风险计划，以及评估这些工作的有效性等。

项目实施全过程的风险识别、风险评估、风险响应和风险控制，既是风险管理的内容，也是风险管理的程序和主要环节。

四、建筑工程项目全过程的风险管理

风险管理必须落实于工程项目的全过程，并有机地与各项管理工作融为一体。

（1）在项目目标设计阶段，就应开展风险确定工作，对影响项目目标的重大风险进行预测，寻找目标实现的风险和可能的困难。风险管理强调事前的识别、评估和预防措施。

（2）在可行性研究中，对风险的分析必须细化，进一步预测风险发生的可能性和规律性，同时必须研究各风险状况对项目目标的影响程度，即项目的敏感性分析。应在各种策划中着重考虑这种敏感性分析的结果。

（3）在设计和计划过程中，随着技术水平的提高和建筑设计的深入，实施方案也逐步细化，项目的结构分析逐渐清晰。这时风险分析不仅要针对风险的种类，而且必须细化落实到各项目结构单元直到最低层次的工作包上。要考虑对风险的防范措施，制订风险管理计划，其包括风险准备金的计划、备选技术方案、应急措施等。在招标文件（合同文件）中应明确规定工程实施中风险的分组。

（4）在工程实施中加强风险的控制。通过风险监控系统，能及早地发现风险，及时作出反应；当风险发生时，采取有效措施保证工程正常实施，保证施工和管理秩序，及时修改方案、调整计划，以恢复正常的施工状态，减少损失。

（5）项目结束，应对整个项目的风险、风险管理进行评估，以作为今后进行同类项目的经验和教训，这样就形成了一个前后连贯的管理过程。

第二节　建筑工程项目风险识别

风险识别是指确定项目实施过程中各种可能的风险事件，并将它们作为管理对象，不能有遗漏和疏忽。全面风险管理强调事先分析与评估，迫使人们想在前，看到未来和为此做准备，把风险干扰降至最少。

通过风险因素识别确定项目的风险范围，即有哪些风险存在，将这些风险因素逐一列

出，以作为全面风险管理的对象。

风险因素识别是基于人们对项目系统风险的基本认识上的，通常首先罗列对整个工程建设有影响的风险，然后再注意对本组织有重大影响的风险。罗列风险因素通常要从多角度、多方面进行，形成对项目系统风险的多方位透视。风险因素分析可以采用结构化分析方法，即由总体到细节、由宏观到微观分析，层层分解。

一、建筑工程项目风险因素类别

风险因素是指促使和增加损失发生的频率或严重程度的任何事件。风险因素范围广、内容多，总的来说，其可以分为有形风险因素和无形风险因素两类。

（一）有形风险因素

有形风险因素是指导致损失发生的物质方面的因素。如财产所在地域、建筑结构和用途等。例如，北京的建筑施工企业到外地或国外承包工程项目与在北京地区承包工程项目相比，前者可能发生风险的概率和损失大些；又如两个建筑工程项目，一个是高层建筑，结构复杂，另一个是多层建筑，结构简单，则高层建筑就比多层建筑发生安全事故的可能性大。但如果高层建筑采取了有效的安全技术措施，多层建筑施工管理水平较低，缺少必要的安全技术措施，相比之下，高层建筑发生安全事故的可能性就比多层的小了。

（二）无形风险因素

无形风险因素是指非物质形态因素影响损失发生的可能性和程度。这种风险因素包括道德风险因素和行为风险因素两种。

1.道德风险因素

道德风险因素通常指人有不良企图、不诚实以致采用欺诈行为故意促使风险事故发生，或扩大已发生的风险事故所造成的损失的因素。例如，招标活动中故意划小标段，将工程发包给不符合资质的施工企业；低资质施工企业骗取需高资质企业才能承包的项目；发包方采用压标和陪标方式以低价发包等。

2.行为风险因素

行为风险因素是指由于人们在行为上的粗心大意和漠不关心而引发的风险事故发生的机会和扩大损失程度的因素。如投标中现场勘察不认真，未能发现施工现场存在的问题而给施工企业带来的损失，未认真审核施工图纸和设计文件给投标报价、项目实施带来的损失，均属此类风险因素。

二、建筑工程项目风险识别程序

识别项目风险应遵循以下程序：

（1）收集与项目风险有关的信息。风险管理需要大量信息，要对项目的系统环境有十分深入的了解，并要进行预测。不熟悉情况，不掌握数据，不可能进行有效的风险管理。风险识别是要确定具体项目的风险，必须掌握该项目和项目环境的特征数据，如与本项目相关的数据资料、设计与施工文件，以了解该项目系统的复杂性、规模、工艺的成熟程度。

（2）确定风险因素。通过调查、研究、座谈、查阅资料等手段分析工程、工程环境、其他各类微观和宏观环境、已建类似工程等，列出风险因素一览表。在此基础上，通过甄别、选择、确认，把重要的风险因素筛选出来加以确认，列出正式风险清单。

（3）编制项目风险识别报告。编制项目风险识别报告，是在风险清单的基础上，补充文字说明，作为风险管理的基础。风险识别报告通常包括已识别风险、潜在的项目风险、项目风险的征兆。

三、建筑工程项目风险因素分析

风险因素分析是确定一个项目的风险范围，即有哪些风险存在，将这些风险因素逐一列出，以作为工程项目风险管理的对象。风险因素分析是建立在人们对项目系统风险的基本认识上的，通常首先罗列对整个工程建设有影响的风险，然后再注意对自己有重大影响的风险。罗列风险因素通常要从多角度、多方面进行，形成对项目系统风险的多方位透视。风险因素通常可以从以下几个角度进行分析。

（一）按项目系统要素进行分析

1.项目环境要素风险

项目环境系统结构的建立和环境调查对风险分析是有很大帮助的，最常见的风险因素为：

（1）政治风险。如政局的不稳定性，战争状态、动乱、政变的可能性，国家的对外关系，政策及政策的稳定性，经济的开放程度或排外性，国内的民族矛盾，保护主义倾向等。

（2）经济风险。国家经济政策的变化、产业结构的调整、银根紧缩、项目产品的市场变化；项目的工程承包市场、材料供应市场、劳动力市场的变动，工资的提高，物价上涨，通货膨胀速度加快，原材料进口价格和外汇汇率的变化等。

（3）法律风险。法律不健全，有法不依、执法不严，相关法律的内容的变化，法律对项目的干预；人们对相关法律未能全面、正确理解，工程中可能有触犯法律的行为等。

（4）社会风险。包括宗教信仰的影响和冲击、社会治安的稳定性、社会的禁忌、劳动者的文化素质、社会风气等。

（5）自然条件。如地震、风暴，特殊的未预测到的地质条件，如泥石流、河塘、垃圾场、流沙、泉眼等，反常的恶劣的雨雪天气、冰冻天气，恶劣的现场条件，周边存在对项目的干扰源，工程项目的建设可能造成对自然环境的破坏，不良的运输条件可能造成供应的中断。

2.项目系统结构风险

它是以项目结构图上的项目单元作为对象确定的风险因素，即各个层次的项目单元，直到工作包在实施以及运行过程中可能遇到的技术问题，人工、材料、机械、费用消耗的增加，在实施过程中可能的各种障碍、异常情况。

3.项目行为主体产生的风险

它是从项目组织角度进行分析的，主要有几种情况。

（1）业主和投资者：①业主的支付能力差，企业的经营状况恶化，资信不好，企业倒闭，投资者撤走资金，或改变投资方向，改变项目目标。②业主不能完成他的合同责任，如不及时供应他负责的设备、材料，不及时交付场地，不及时支付工程款。③业主违约、苛求、刁难、随便改变主意，但又不赔偿，出现错误的行为，发出错误的指令，非程序地干预工程。

（2）承包商（分包商、供应商）：①技术能力和管理能力不足，没有适合的技术专家和项目经理，不能积极地履行合同，由于管理和技术方面的失误，工程中断。②没有得力的措施来保证进度、安全和质量。③财务状况恶化，无力采购和支付工资，企业处于破产境地。④工作人员罢工、抗议或软抵抗。⑤错误理解业主意图和招标文件，方案错误，报价失误，计划失误。⑥设计单位设计错误，工程技术系统之间不协调，设计文件不完备，不能及时交付图纸，或无力完成设计工作。

（3）项目管理者：①项目管理者的管理能力、组织能力、工作热情和积极性、职业道德、公正性差。②管理者的管理风格、文化偏见可能会导致他不正确地执行合同，在工程中苛刻要求。③在工程中起草错误的招标文件、合同条款，下达错误的指令。

4.其他方面

例如，中介人的资信、可靠性差；政府机关工作人员、城市公共供应部门（如水、电等部门）的干预、苛求和个人需求；项目周边或涉及的居民或单位的干预、抗议或苛刻的要求等。

（二）按风险对目标的影响分析

由于项目管理上层系统的情况和问题存在不确定性，目标的建立是基于对当时情况和对将来的预测之上，所以会有许多风险。这是按照项目目标系统的结构进行分析的，是风险作用的结果。从这个角度看，常见的风险因素有：

（1）工期风险。即造成局部的（工程活动、分项工程）或整个工程的工期延长，不能及时投入使用。

（2）费用风险。包括财务风险、成本超支、投资追加、报价风险、收入减少、投资回收期延长或无法收回、回报率降低。

（3）质量风险。包括材料、工艺、工程不能通过验收，工程试生产不合格，经过评价，工程质量未达标准。

（4）生产能力风险。项目建成后达不到设计生产能力，可能是由于设计、设备问题，或生产用的原材料、能源、水、电供应问题。

（5）市场风险。工程建成后产品未达到预期的市场份额，销售不足，没有销路，没有竞争力。

（6）信誉风险。即造成对企业形象、职业责任、企业信誉的损害。

（7）法律责任风险。即可能被起诉或承担相应法律的或合同的处罚。

（三）按管理的过程分析

按管理的过程进行风险分析包括极其复杂的内容，常常是分析责任的依据。具体情况为：

（1）高层战略风险，如指导方针、战略思想可能有错误而造成项目目标设计错误。

（2）环境调查和预测的风险。

（3）决策风险，如错误的选择，错误的投标决策、报价等。

（4）项目策划风险。

（5）计划风险，包括对目标（任务书、合同、招标文件）理解错误，合同条款不准确、不严密、错误、二义性，过于苛刻的单方面约束性的、不完备的条款，方案错误、报价（预算）错误、施工组织措施错误。

（6）技术设计风险。

（7）实施控制中的风险。例如：①合同风险。合同未履行，合同伙伴争执，责任不明，产生索赔要求。②供应风险。如供应拖延、供应商不履行合同、运输中的损坏以及在工地上的损失。③新技术新工艺风险。④由于分包层次太多，计划的执行和调整、实施控制有困难。⑤工程管理失误。

（8）运营管理风险。如准备不足，无法正常运营，销售渠道不畅，宣传不力等。

在风险因素列出后，可以采用系统分析方法，进行归纳整理，即分类、分项、分目及细目，建立项目风险的结构体系，并列出相应的结构表，作为后面风险评价和落实风险责任的依据。

四、风险识别的方法

在大多数情况下，风险并不显而易见，它往往隐藏在工程项目实施的各个环节，或被种种假象所掩盖。因此，风险识别要讲究方法：一方面，可以通过感性认识和经验认识进行风险识别；另一方面，可以通过对客观事实、统计资料的归纳、整理和分析进行风险识别。风险识别常用的方法有以下几种。

（一）专家调查法

（1）头脑风暴法。头脑风暴法是最常用的风险识别方法，它借助于以项目管理专家组成的专家小组，利用专家的创造性思维集思广益，通过会议方式进行项目风险因素的罗列，主持者以明确的方式向所有参与者阐明问题，专家畅所欲言，发表自己对项目风险的直观预测，然后根据风险类型进行风险分类。

不进行讨论和判断性评论是头脑风暴法的主要规则。头脑风暴法的核心是想出风险因素，注重风险的数量而不是质量。通过专家之间的信息交流和相互启发，从而引导专家产生"思维共振"，以达到相互补充并产生"组合效应"，获取更多的未来信息，使预测和识别的结果更接近实际、更准确。

（2）德尔菲法。德尔菲法是邀请专家背对背匿名参加项目风险分析，主要通过信函方式来进行。项目风险调查员使用问卷方式征求专家对项目风险方面的意见，再将问卷意见整理、归纳，并匿名反馈给专家，以便进一步识别。这个过程经过几个来回，可以在主要的项目风险上达成一致意见。

问卷内容的制作及发放是德尔菲法的核心。问卷内容应对调查的目的和方法作出简要说明，让每一个被调查对象都能对德尔菲法进行了解；问卷问题应集中、用词得当、排列合理，问题内容应描述清楚，无歧义；还应注意问卷的内容不宜过多，内容越多，调查结果的准确性越差；问卷发放的专家人数不宜太少，一般10～50人为宜，这样可以保证风险分析的全面性和客观性。

（二）财务报表分析法

财务报表能综合反映一个企业的财务状况，企业中存在的许多经济问题都能从财务报表中反映出来。财务报表有助于确定一个特定企业或特定的项目可能遭受哪些损失以及在何种情况下遭受这些损失。

财务报表分析法是通过分析资产负债表、现金流量表、损益表、营业报表以及补充记录表，识别企业当前的所有资产、负债、责任和人身损失风险，将这些报表与财务预测、预算结合起来，可以发现企业或项目未来的风险。

（三）流程图法

流程图法是将项目实施的全过程，按其内在的逻辑关系或阶段顺序形成流程图，针对流程图中关键环节和薄弱环节进行调查和分析，标出各种潜在的风险或利弊因素，找出风险存在的原因，分析风险可能造成的损失和对项目全过程造成的影响。

（四）现场风险调查法

从建筑项目本身的特点可看出，不可能有两个完全相同的项目，两个不同的项目也不可能有完全相同的项目风险。因此，在项目风险识别的过程中，对项目本身的风险调查必不可少。

现场风险调查法的步骤如下：

（1）做好调查前的准备工作。确定调查的具体时间和调查所需的时间；对每个调查对象进行描述。

（2）现场调查和询问。根据调查前对潜在风险事件的罗列和调查计划，组织相关人员，通过询问进行调查或对现场情况进行实际勘察。

（3）汇总和反馈。将调查得到的信息进行汇总，并将调查时发现的情况通知有关项目管理者。

第三节　建筑工程项目风险评估

风险评估就是对已识别出的风险因素进行研究和分析，考虑特定风险事件发生的可能性及其影响程度，定性或定量地进行比较，从而对已识别的风险进行优先排序，并为后续分析或控制活动提供基础的过程。

一、项目风险评估的内容

（一）风险因素发生的概率

风险发生的可能性有其自身的规律性，通常可用概率表示。既然被视为风险，则它必然在必然事件（概率等于1）和不可能事件（概率等于0）之间。它的发生有一定的规律性，但也有不确定性，所以人们经常用风险发生的概率来表示风险发生的可能性。风险发生的概率需要利用已有数据资料和相关专业方法进行估计。

（二）风险损失量的估计

风险损失量是个非常复杂的问题，有的风险造成的损失较小，有的风险造成的损失很大，可能引起整个工程的中断或报废。风险之间常常是有联系的，某个工程活动受到干扰而拖延，则可能影响它后面的许多活动，例如：经济形势的恶化不但会造成物价上涨，而且可能会引起业主支付能力的变化；通货膨胀引起了物价上涨，会影响后期的采购、人工工资及各种费用支出，进而影响整个后期的工程费用；由于设计图纸提供不及时，不仅会造成工期拖延，而且会造成费用提高（如人工和设备闲置、管理费开支），还可能在原来本可以避开的冬雨期施工，造成更大的拖延和费用增加。

1.风险损失量的估计内容

风险损失量的估计应包括下列内容：

（1）工期损失的估计。

（2）费用损失的估计。

（3）对工程的质量、功能、使用效果等方面影响的估计。

2.风险损失量估计过程

由于风险对目标的干扰常常首先表现在对工程实施过程的干扰上，所以风险损失量估计一般经历以下分析过程：

（1）考虑正常状况下（没有发生该风险）的工期、费用、收益。

（2）将风险加入这种状态，分析实施过程、劳动效率、消耗、各个活动有什么变化。

（3）两者的差异则为风险损失量。

（三）风险等级评估

风险因素非常多，涉及各个方面，但人们并不是对所有的风险都要予以十分重视，否则将大大提高管理费用，干扰正常的决策过程。因此组织应根据风险因素发生的概率和损失量确定风险程度，进行分级评估。

1.风险位能的概念

对一个具体的风险，它如果发生，设损失为R_H，发生的可能性为E_w，则风险的期望值R_w为：

$$R_w = R_H \times E_w \tag{5-1}$$

例如，一种自然环境风险如果发生，则损失20万元，而发生的可能性为0.1，则损失的期望值$R_w = 20$万元$\times 0.1 = 2$万元。

引用物理学中位能的概念，损失期望值高的，则风险位能高。可以在二维坐标上作等位能线（即损失期望值相等），见图5-1所示，则具体项目中的任何一个风险都可以在图上找到一个表示它位能的点。

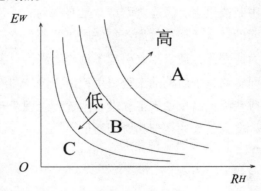

图5-1 二维坐标风险位能线

2.位能的风险类别

A、B、C分类法：不同位能的风险可分为不同的类别。

A类：高位能，即损失期望很大的风险。通常发生的可能性很大，而且一旦发生损失也很大。

B类：中位能，即损失期望值一般的风险。通常发生可能性不大，损失也不大，或发生可能性很大但损失极小，或损失比较大但可能性极小。

C类：低位能，即损失期望极小的风险，发生的可能性极小，即使发生损失也很小。

在工程项目风险管理中，A类是重点，B类要顾及，C类可以不考虑。另外，也有不用A、B、C分类的形式，而用级别的形式划分，如1级、2级、3级等，其意义是相同的。

3.风险等级评估表

组织进行风险分级时可使用表5-1。

表5-1 风险分级

风险等级	轻度损失	中度损失	重度损失
很大	Ⅲ	Ⅳ	Ⅴ
中等	Ⅱ	Ⅲ	Ⅳ
极小	Ⅰ	Ⅱ	Ⅲ

二、项目风险评估分析的步骤

（一）收集信息

建筑工程项目风险评估分析时必须收集的信息主要有：承包商类似工程的经验和积累的数据；与工程有关的资料、文件等；对上述两个来源的主观分析结果。

（二）对信息的整理加工

根据收集的信息和主观分析加工，列出项目所面临的风险，并将发生的概率和损失的后果列成一个表格，风险因素、发生概率、损失后果、风险程度一一对应，见表5-2。

表5-2 风险程度（R）分析

风险因素	发生概率P/%	损失后果C/万元	风险程度R/万元
物价上涨	10	50	5
地质特殊处理	30	100	30
恶劣天气	10	30	3
工期拖延罚款	20	50	10
设计错误	30	50	15
业主拖欠工程款	10	100	10
项目管理人员不胜任	20	300	60
合计	—	—	133

（三）评价风险程度

风险程度是风险发生的概率和风险发生后的损失严重性的综合结果。其表达式为：

$$R = \sum_{i=1}^{n} R_i = \sum_{i=1}^{n} P_i \times C_i \qquad （5-2）$$

式中：R——风险程度；

R_i——每一风险因素引起的风险程度；

P_i——每一风险发生的概率；

C_i——每一风险发生的损失后果。

（四）提出风险评估报告

风险评估分析结果必须用文字、图表表达说明，作为风险管理的文档，即以文字、表格的形式作风险评估报告。评估分析结果不仅作为风险评估的成果，而且应作为人们风险管理的基本依据。

三、风险评估的方法

项目风险的评估往往采用定性与定量相结合的方法来进行。目前，常用的项目评估方法主要有调查打分法、蒙特卡洛模拟法、敏感性分析法等。

（一）调查打分法

调查打分法是一种常用的、易于理解的、简单的风险评估方法。它是指将识别出的项目可能遇到的所有风险因素列入项目风险调查表，将项目风险调查表交给有关专家，专家根据经验对可能的风险因素的等级和重要性进行评估，确定项目的主要风险因素。

调查打分法的步骤如下：

（1）识别出影响待评估工程项目的所有风险因素，列出项目风险调查表。

（2）将项目风险调查表提交给有经验的专家，请他们对项目风险表中的风险因素进行主观打分评价。

①确定每个风险因素的权数W，取值范围为0.01～1.0，由专家打分加权确定。

②确定每个风险因素的权重，即风险因素的风险等级C，其分为五级，分别为0.2、0.4、0.6、0.8、1.0，由专家打分加权确定。

（3）回收项目风险调查表。将各专家打分评价后的项目风险调查表整理出来，计算出项目风险水平。将每个风险因素的权数W与权重C相乘，得出该项风险因素得分WC。将各项风险因素得分加权平均，得出该项目风险总分，即项目风险度，风险度越大，风险越大。

（二）蒙特卡洛模拟法

风险评估时经常面临不确定性、不明确性和可变性；而且，即使我们可以对信息进行前所未有的访问，仍无法准确预测未来。蒙特卡洛模拟法允许我们查看作出的决策的所有可能结果并评估风险影响，从而在存在不确定因素的情况下作出更好的决策。蒙特卡洛模拟法是一种计算机化的数学方法，允许人们评估定量分析和决策制定过程中的风险。

应用蒙特卡洛模拟法可以直接处理每一个风险因素的不确定性，并把这种不确定性在成本方面的影响以概率分布的形式表示出来。

（三）敏感性分析法

敏感性分析法是研究和分析由于客观条件的影响（如政治形势、通货膨胀、市场竞争等风险），项目的投资、成本、工期等主要变量因素发生变化，导致项目的主要经济效果评价指标（如净现值、收益率、折现率等）发生变动的敏感程度。

第四节　建筑工程项目风险响应

一、风险的分配

合理的风险分配是高质量风险管理的前提。一方面，业主希望承包人在自己能够接受的价格条件下保质保量地完成工程，所以在分担风险前，应综合考虑自身条件及尽可能对工程风险作出准确的判断，而不是认为只需将风险在合同中简单地转嫁给承包人。另一方面，只要承包人认为能获得相应的风险费，他就可能愿意承担相应的风险。事实上，许多有实力的承包人更愿意去承担风险较大而潜在利润也较大的工程。因此，可以认为，风险的划分是可以根据工程具体条件及双方承担风险的意愿来进行的，这样才更有利于风险的管理及整个工程实施过程中的管理。

风险分配的原则是，任何一种风险都应由最适宜承担该风险或最有能力进行损失制约的一方承担。具体如下：

（1）归责原则。如果风险事件的发生完全是由一方的行为错误或失误造成的，那么其应当承担该风险所造成的损失。例如，施工单位应当对其施工质量不合格承担相应的责任。虽然在这种情况下，合同的另一方并不需要承担责任，但是，此类风险造成的工期延长或费用增加等后果将不可避免地使另一方遭受间接损失。因此，为了工程利益最大化，合同双方应当相互监督，尽量避免发生此类情况。

（2）风险收益对等原则。当一个主体在承担风险的同时，它也应当有权利享有风险变化所带来的收益，并且该主体所承担的风险的程度应与其收益相匹配。正常情况下，没有任何一方愿意只承受风险而不享有收益。

（3）有效控制原则。应将工程风险分配至能够最佳管理风险和减少风险的一方，即风险在该方控制之内或该方可以通过某种方式转移该风险。

（4）风险管理成本最低原则。风险应当划分给该风险发生后承担其代价或成本最小的一方来承担。代价和成本最低应当是针对整个建筑施工项目而言的，如果业主为了降低自身的风险而将不应由承包商承担的风险强加给承包商，承包商势必会通过抬高报价或降低工程质量来平衡该风险可能造成的损失，其结果可能会给业主造成更大的损失。

（5）可预见风险原则。根据风险的预见和认知能力，如果一方能更好地预见和避免该风险的发生，则该风险应由此方承担。例如，工程施工过程中可能遇到各种技术方面的潜在风险，承包商应当比业主更有经验来预见和避免此类风险事件的发生。

二、风险响应对策

对分析出来的风险应有响应，即确定针对项目风险的对策。风险响应是通过采用将风险转移给另一方或将风险自留等方式，研究如何对风险进行管理，包括风险规避、风险减轻、风险转移、风险自留等策略。

（一）建筑工程项目风险规避

建筑工程项目风险规避是指承包商设法远离、躲避可能发生的风险的行为和环境，从而达到避免风险发生的可能性，其具体做法有以下三种。

1.拒绝承担风险

承包商拒绝承担风险大致有以下几种情况：

（1）对某些存在致命风险的工程拒绝投标。

（2）利用合同保护自己，不承担应该由业主承担的风险。

（3）不接受实力差、信誉不佳的分包商和材料、设备供应商，即使其是业主或者有实权的其他任何人推荐的。

（4）不委托道德水平低下或其他综合素质不高的中介组织或个人。

2.承担小风险，回避大风险

在建筑工程项目决策时要注意放弃明显导致亏损的项目。对于风险超过自己的承受能力，成功把握不大的项目，不参与投标，不参与合资。甚至有时在工程进行到一半时，预测后期风险很大，必然有更大的亏损，不得不采取中断项目的措施。

3.为了避免风险而损失一定的较小利益

利益可以计算，但风险损失是较难估计的，在特定情况下可采用此种做法，如在建材市场，有些材料价格波动较大，承包商与供应商提前订立购销合同并支付一定数量的定金，从而避免因涨价带来的风险；采购生产要素时应选择信誉好、实力强的分包商，虽然价格略高于市场平均价，但分包商违约的风险减小了。

规避风险虽然是一种风险响应策略，但应该承认，这是一种消极的防范手段。因为规避风险固然避免损失，但同时失去了获利的机会。如果企业想生存、图发展，又想回避其预测的某种风险，最好的办法是采用除规避以外的其他策略。

（二）建筑工程项目风险减轻

承包商的实力越强，市场占有率越高，抵御风险的能力也就越强，一旦出现风险，其造成的影响就相对显得小些。如承包商只承担一个项目，出现风险就会使他难以承受；若承包若干个项目，其中一旦在某个项目上出现了风险损失，还可以有其他项目的成功加以弥补。这样，承包商的风险压力就会减轻。

在分包合同中，通常要求分包商接受建设单位合同文件中的各项合同条款，使分包商分担一部分风险。有的承包商直接把风险比较大的部分分包出去，将建设单位规定的误期损失赔偿费如数计入分包合同，将这项风险分散。

（三）建筑工程项目风险转移

建筑工程项目风险转移是指承包商在不能回避风险的情况下，将自身面临的风险转移给其他主体来承担。

风险的转移并非转嫁损失，有些承包商无法控制的风险因素，其他主体却可以控制。风险转移一般指对分包商和保险机构。

1.转移给分包商

工程风险中的很大一部分可以分散给若干分包商和生产要素供应商。例如，对待业主拖欠工程款的风险，可以在分包合同中规定在业主支付给总包后若干日内向分包方支付工程款。承包商在项目中投入的资源越少越好，以便一旦遇到风险，可以进退自如。可以采取租赁或指令分包商自带设备等措施来减少自身资金、设备沉淀。

2.工程保险

购买保险是一种非常有效的转移风险的手段，将自身面临的风险很大一部分转移给保险公司来承担。

工程保险是指业主和承包商为了工程项目的顺利实施，向保险人（公司）支付保险费，保险人根据合同约定对在工程建设中可能产生的财产和人身伤害承担赔偿保险金责任。

3.工程担保

工程担保是指担保人（一般为银行、担保公司、保险公司以及其他金融机构、商业团体或个人）应工程合同一方（申请人）的要求向另一方（债权人）作出的书面承诺。工程担保是工程风险转移的一项重要措施，它能有效地保障工程建设的顺利进行，许多国家的政府都在法规中规定要求进行工程担保，在标准合同中也含有关于工程担保的条款。

（四）建筑工程项目风险自留

建筑工程项目风险自留是指承包商将风险留给自己承担，不予转移。这种手段有时是无意识的，即当初并不曾预测的，不曾有意识地采取种种有效措施，以致最后只好由自己承受；但有时也可以是主动的，即经营者有意识、有计划地将若干风险主动留给自己。

决定风险自留必须符合以下条件之一：

（1）自留费用低于保险公司所收取的费用。

（2）企业的期望损失低于保险人的估计。

（3）企业有较多的风险单位，且企业有能力准确地预测其损失。

（4）企业的最大潜在损失或最大期望损失较小。

（5）短期内企业有承受最大潜在损失或最大期望损失的经济能力。

（6）风险管理的目标可以承受年度损失的重大差异。

（7）费用和损失支付分布于很长的时间里，因而导致很大的机会成本。

（8）投资机会很好。

（9）内部服务或非保险人服务优良。

如果实际情况与以上条件相反，则应放弃风险自留的决策。

三、建筑工程项目风险管理计划

建筑工程项目风险响应的结果应形成以项目风险管理计划为代表的书面文件，其中应详细说明风险管理目标、范围、职责、对策的措施、方法、定性和定量计算、可行性以及需要的条件和环境等。

建筑工程风险管理计划的编制应该确保在相关的运行活动开展以前实施，并且与各种项目策划工作同步进行。

风险管理计划可分为专项计划、综合计划和专项措施等。专项计划是指专门针对某一项风险（如资金或成本风险）制订的风险管理计划；综合计划是指项目中所有不可接受风险的整体管理计划；专项措施是指将某种风险管理措施纳入其他项目管理文件中，如新技术应用中的风险管理措施可编入项目设计或施工方案，与施工措施有机地融为一体。

从操作角度来讲，项目风险管理计划是否需要形成专门的单独文件，应根据风险评估的结果进行确定。

第五节　建筑工程项目风险控制

风险监控是建筑施工项目风险管理的一项重要工作，贯穿项目的全过程。风险监测是在采取风险应对措施后，对风险和风险因素的发展变化的观察和把握；风险控制则是在风险监测的基础上，采取的技术、作业或管理措施。在项目风险管理过程中，风险监测和控制交替进行，即发现风险后需要马上采取控制措施，或风险因素消失后需立即调整风险应对措施。因此，常将风险监测和控制整合起来考虑。

一、风险预警

建筑施工项目在进行中会遇到各种风险，要做好风险管理，就要建立完善的项目风险预警系统，通过跟踪项目风险因素的变动趋势，测评风险所处状态，尽早地发出预警信号，及时向业主、项目监管方和施工方发出警报，为决策者掌握和控制风险争取更多的时间，尽早采取有效措施防范和化解项目风险。

在工程中需要不断地收集和分析各种信息。捕捉风险前奏的信号，可通过以下几条途径进行：

（1）天气预测警报。

（2）股票信息。

（3）各种市场行情、价格动态。

（4）政治形势和外交动态。

（5）各投资者企业状况报告。

（6）在工程中通过工期和进度的跟踪、成本的跟踪分析、合同监督、各种质量监控报告、现场情况报告等手段，了解工程风险。

（7）在工程的实施状况报告中应包括风险状况报告。

二、建筑工程项目风险监控

在建筑工程项目推进过程中，各种风险在性质和数量上都是不断变化的，有可能增大或者衰退。因此，在项目整个生命周期中，需要时刻监控风险的发展与变化情况，并确定随着某些风险的消失而带来的新的风险。

（一）风险监控的目的

风险监控的目的有三个：

（1）监视风险的状况，如风险是已经发生、仍然存在还是已经消失。

（2）检查风险的对策是否有效，监控机制是否在运行。

（3）不断识别新的风险并制定对策。

（二）风险监控的任务

风险监控的任务主要包括以下三个方面：

（1）在项目进行过程中跟踪已识别风险、监控残余风险并识别新风险。

（2）保证风险应对计划的执行并评估风险应对计划的执行效果。评估的方法可以采用项目周期性回顾、绩效评估等。

（3）对突发的风险或"接受"风险采取适当的权变措施。

（三）风险监控的方法

风险监控常用的方法有以下三种：

（1）风险审计：专人检查监控机制是否得到执行，并定期作出风险审核。例如，在大的阶段点重新识别风险并进行分析，对没有预计到的风险制订新的应对计划。

（2）偏差分析：与基准计划比较，分析成本和时间上的偏差。例如，未能按期完工、超出预算等都是潜在的问题。

（3）技术指标：比较原定技术指标和实际技术指标的差异。例如，测试未能达到性能要求，缺陷数大大超过预期等。

三、建筑工程项目风险控制对策

（一）实施风险控制对策应遵循的原则

1.主动性原则

对风险的发生要有预见性与先见性，项目的成败结果不是在结束时出现的，而是在开始时产生的，因此，要在风险发生之前采取主动措施来防范风险。

2."终身服务"原则

从建筑工程项目的立项到结束的全过程，都必须进行风险的研究与预测、过程控制及风险评价。

3.理智性原则

回避大的风险，选择相对小的或适当的风险。对于可能明显导致亏损的拟建项目应该放弃，而对于某些风险超过其承受能力，并且成功把握不大的拟建项目应该尽量回避。

（二）常用的风险控制对策

1.加强项目的竞争力分析

竞争力分析是研究建筑工程项目在国内外市场竞争中获胜的可能性和获利能力。风险评价人员应站在战略的高度，首先分析建筑工程项目的外部环境，寻求建筑工程项目的生存机会以及存在的威胁；客观认识建筑工程项目的内部条件，了解自身的优势和劣势，提高项目的竞争能力，从而降低项目的风险。

2.科学筛选关键风险因素

建筑工程项目中的风险有一定的范围和规律性，这些风险必须在项目参加者（如投资者、业主、项目管理者、承包商、供应商等）之间进行合理的分配、筛选，最大限度地发挥各方风险控制的积极性，提高建筑工程项目的效益。

3.确保资金运行顺畅

在建筑工程项目的建设过程中，资金成本、资金结构、利息率、经营成果等资金筹措风险因素是影响项目顺利进行的关键因素，当这些风险因素出现时，会出现资金链断裂、资源损失浪费、产品滞销等情况，造成项目投资时期停建，无法收尾。因此，投资者应该充分考虑社会经济背景及自身经营状况，合理选择资金的构成方式，来规避筹资风险，确保资金运行顺畅。

4.充分了解行业信息，提高风险分析与评价的可靠度

借鉴不同案例中的基础数据和信息，为承担风险的各方提供可供借鉴的决策经验，提高风险分析与评价的可靠度。

5.采用先进的技术方案

为减少风险产生的可能性，应该选择有弹性、抗风险能力强的技术方案。

6.组建有效的风险管理团队

风险具有两面性，既是机遇又是挑战。这就要求风险管理人员加强监控，因势利导。一旦发生问题，要及时采取转移或缓解风险的措施。如果发现机遇，要把握时机，利用风险中蕴藏的机会来获得回报。

当然，风险应对策略远不止这些，应该不断提高项目风险管理的应变能力，适时地采取行之有效的应对策略，以保证风险程度最低化。

任何人对自己承担的风险应有准备和对策，应有计划，应充分利用自己的技术、管理、组织的优势和经验，在分析与评价的基础上建立完善的风险应对管理制度，采取主动

行动，合理地使用规避、减少、分散或转移等方法和技术对建筑工程项目所涉及的潜在风险因素进行有效的控制，妥善地处理风险因素对建筑工程项目造成的不利后果，以保证建筑工程项目安全、可靠地实现既定目标。

第六章
建筑工程项目造价概论

第一节 工程造价概述

一、工程造价的含义

工程造价就是指工程的建造价格，这里所说的工程泛指一切建筑工程。由于建筑工程涉及范围广、涉及方多，因此在不同的角度下，工程造价有不同的含义。其主要含义有两种。

第一种含义：工程造价指建设一项工程花费的所有费用，即该项工程通过建设形成相应的固定资产、无形资产、流动资产和其他资产所需的一次性费用的总和。这一含义是从投资者的角度定义的。投资者选定一个投资项目，为了获得预期的效益，就要进行项目评估决策，进行勘察设计、工程招标、建筑施工直至竣工验收等一系列投资活动，在这一系列投资活动中所支付的全部费用开支构成工程造价。从这个意义上讲，工程造价就是工程投资费用，建筑项目工程造价就是建筑项目固定资产投资。

第二种含义：工程造价指工程价格，即为建成一项工程，预计或实际在建设各阶段，在土地市场、设备市场、技术劳务市场及承包市场等交易活动中所形成的建筑安装工程的价格或建筑工程总价格。显然，工程造价的第二种含义是以社会主义商品经济和市场经济为前提，工程项目以特定的商品形式作为交换对象，通过招投标、承发包或其他交易形式，在进行多次预估算的基础上，最终由市场形成的工程价格，通常将工程造价的第二种含义认定为工程承发包价格。鉴于建筑安装工程价格在项目固定资产中占有50% ~ 60%的份额，是工程建设中最活跃的部分，建筑企业又是工程项目的实施者和建筑市场重要的主体之一，工程承发包价格被界定为工程价格的第二种含义，也是具有重要的现实意义。

工程造价的两种含义是从不同角度把握同一事物的本质。对建筑工程的投资者来说，市场经济条件下的工程造价就是项目投资，是"购买"工程项目要付出的价格，也是投资者作为市场供给主体时"出售"工程项目定价的基础。对于承包商、供应商以及勘察、设计等机构来说，工程造价是其作为市场供给主体出售商品和劳务的价格的总和或特定范围的工程价格，如建筑安装工程造价。

工程造价的两种含义共生于一体，又相互区别。二者最主要的区别在于需求和供给主体在市场中所追求的经济利益不同，因而管理性质和管理目标不同。就管理性质而言，前者属于投资管理范畴，后者属于价格管理范畴。从管理目标看，投资者在进行项目决策和项目实施中，首先追求的是决策的正确性，投资数额的大小，功能和价格（成本）也是投资决策的最重要的依据；其次追求的是在项目实施中完善工程项目功能的同时降低造价。而作为工程价格，承包商关注的是利润，故而追求较高的工程造价。不同的管理目标反映了不同的经济利益，但它们都要受到支配价格运动的诸多经济规律的影响和调节，它们之间的矛盾正是市场的竞争体制和利益风险机制的必然反映。

二、工程造价的特点

工程项目与其他商品不同，项目建设需按业主特定需要单独设计、单独施工，其技术经济特点，如单件性、多样性、体积大、产品固定性、建设周期长、生产过程风险高等决定了工程造价具有以下特点。

（一）工程造价的大额性

工程造价的大额性体现在工程项目实物形体的庞大，需要投入的人力、物力、设备众多，且施工周期长，因此造价高昂，动辄数百万元、数千万元、数亿元、数十亿元人民币，特大工程项目的造价甚至可达到数百亿元、数千亿元人民币。工程造价的大额性关系到有关各方的重大经济利益，同时会对宏观经济产生重大影响。这就决定了工程造价的特殊地位，也体现了造价管理的重要意义。

（二）工程造价的个别性和差异性

任何一项工程都有其特定的用途、功能、规模，每一项工程的结构、造型、空间分割、设备配置和内外装修都有具体要求。因此，每项工程的实体形态各不相同，具有个别性和差异性，加之各地区构成投资费用的各种要素价值的差异等，这些都使得工程造价具有个别性和差异性。

（三）工程造价的动态性

任何一项工程从决策到竣工交付使用，都会经历一个较长的建设周期，而且受不可预控因素的影响，如工程出现设计变更，设备材料价格、工资标准、利率和汇率等发生变化，必然会影响到造价的变动。所以，工程造价在整个建设期中一直处于不确定状态，直到竣工决算后，才能最终确定工程的实际造价。

（四）工程造价的层次性

工程的层次性决定了造价的层次性。一个工程项目（如一所学校）往往包括多项能够独立发挥设计效能的单项工程（如学校的教学楼、办公楼、宿舍楼等）。一个单项工程又由多个能各自发挥专业效能的单位工程（如土建、电气安装工程等）组成。与此相对应，工程造价也有三个层次，即建筑项目总造价、单项工程造价和单位工程造价。

（五）工程造价的兼容性

工程造价的兼容性，首先表现在它具有两种含义，其次表现在造价构成因素的广泛性和复杂性。在工程造价构成中，首先是成本因素非常复杂，其次为获得建筑工程用地支出的费用、项目研究和规划设计费用与政府一定时期政策（特别是产业政策和税收政策）相关的费用占有相当的份额。同时，盈利的构成较为复杂，资金成本也较大。

三、工程造价的职能

因为建筑物产品也是商品，它同样具有一般商品的基本职能和派生职能。其基本职能包括表价职能与调节职能，派生职能包括核算功能与分配功能。除此之外，工程造价还具有自己特有的职能，其具体表现如下。

（一）预测功能

由于工程造价职能的高额性和多变性，因而无论是业主还是承包商，都要对拟建工程造价进行预先测算。业主进行预先测算，其目的是为建设项目决策、筹集资金和控制造价提供依据；承包商进行预先测算，其目的是把工程造价作为投标决策、投标报价和成本控制的依据。

（二）评价功能

一个建设项目的工程造价，既是评价这个建设项目总投资和分项投资合理性的依据，又是评价土地价格、建筑安装产品价格和设备价格是否合理的依据；同时，也是评价建设项目偿贷能力和获利能力的依据。此外，还是评价建筑安装企业管理水平和经济成果的重要依据。

（三）调控职能

调控职能包括调整与控制两个方面：一方面，是国家对建筑工程项目的建设规模、工程结构、投资方向以及建设中各种物资消耗水平等进行工程造价全过程和阶段性的控制；另一方面，建筑施工企业的成本控制是在价格一定的条件下，以工程造价来控制成本、增加盈利的。

四、工程造价的计价特征

由于工程造价的特点使得工程造价的计价有其自身的特征，具体表现为五个方面。

（一）单件计价

建筑产品的建筑差异性决定了每项工程都必须单独计价。

（二）多次计价

建筑工程周期长、规模大、造价高，而且按照建造程序分阶段进行，相应地也要在不同阶段多次计价，以保证工程造价确定与控制的科学性。多次计价是一个由粗到细、逐步深化细化直至最终确定造价的过程。

（1）投资估算是指在项目建议书和可行性研究阶段，对拟建项目所需投资，编制估算文件预先测算和确定工程项目投资额的过程。就单个工程项目来说，如果项目建议书和可行性研究分不同阶段，如分规划阶段、项目建议书阶段、初步可行性研究阶段、详细可行性研究阶段，其相应的投资估算也分为四个阶段逐步精确化。投资估算是决策、筹资和控制造价的主要依据。

（2）设计概算是在初步设计阶段，根据设计意图编制工程概算文件，预先测算和确定工程造价。概算造价较投资估算造价的准确性有所提高，但受估算造价的控制。概算造价的层次性十分明显，分建设项目概算总造价、各个单项工程综合概算造价、各单位工程概算造价。

（3）修正概算造价是在技术设计阶段，根据技术设计要求编制修正概算文件预先测算和确定的工程造价。修正概算是对设计概算的修正调整，比概算造价更准确，但受概算造价控制。

（4）施工图预算造价是在施工图设计阶段，依据施工图编制预算文件预先测算和确定的工程造价。施工图预算造价比概算造价或修正造价更加详尽和准确，但同时受前一阶段所确定的工程造价的控制。

（5）招标控制价指在招标准备阶段，由招标人自行编制或委托有资质的造价咨询单位、招标代理单位编制的工程造价。招标控制价既是招标人对招标项目的最高控制价格，也是评标、确定中标人的主要依据。

（6）投标报价是投标人根据招标文件的有关规定及招标人提供的工程量清单，综合企业自身条件，对投标项目确定的投标价格。投标报价直接关系到其能否中标，是承发包双方进行合同谈判的基础。

（7）合同价是施工阶段，发包、承包双方根据市场行情，通过招标投标或其他方式共同商定和认可的成交价格，并以书面合同的形式确定。按计价方法不同，建筑工程合同价分为固定合同价、可调合同价和成本加酬金合同价三种形式。

（8）结算价是在工程进展到某个阶段后按合同约定的调价范围和调价方法，对实际发生的工程量增减、设备和材料差价等进行调整后计算和确定的工程价格。结算价是该工程建设安装工程费用的实际价格。

（9）决算价是工程施工竣工阶段，通过编制建设项目竣工决算，最终确定整个建设项目全部开支的实际工程造价。

（三）综合性计价

工程造价的计价特征与建筑项目的划分有关。一个建设项目作为工程综合体可以分解成许多有内在联系的独立和非独立的工程。建设项目的这种组合性决定了计价过程是一个逐步综合的过程。这一特征在计算预算造价和概算造价时尤为明显，也反映到发包承包价和结算价中。其组合计价的顺序是：分部分项工程单价—单位工程造价—单项工程造价—建设项目总造价。

（四）计价方法的多样性

对应工程多次计价的特性，及每次计价不同的依据和精度要求，计价方法有多样性的特点。如：计算和确定投资估算的方法有设备系数法、生产能力指数估算法等；计算和确定概、预算造价有两种基本方法，即单价法和实物法。不同的方法利弊不同，适用的条件也不同，所以计价时要加以选择。

（五）计价依据的复杂性

影响工程造价的因素多，计价依据比较复杂，种类繁多，主要包括七类。

（1）机器设备数量和工程量依据，包括项目建议书、可行性研究报告、设计文件等。

（2）计算人工、材料、机械等实物消耗量依据，包括投资估算指标、概算定额、预算定额等。

（3）计算工程要素的价格依据，包括人工单价、材料价格、材料运杂费、机械台班费等。

（4）计算设备单价依据，包括设备原价、设备运杂费、进口设备关税等。

（5）计算措施项目费、企业管理费和工程建设其他费用依据，主要是相关的费用定额、指标和政府的有关文件规定。

（6）政府规定的税金税率和规费费率。

（7）物价指数和工程造价指数。

五、我国现行建设项目投资构成和工程造价构成

建设项目投资是指在工程项目建设阶段所需要的全部费用的总和。生产性建设项目总投资包括建设投资、建设期利息和流动资金三部分；非生产性建设项目投资包括建设投资和建设期利息两部分。其中，建设投资和建设期利息之和对应于固定资产投资，固定资产投资与建设项目的工程造价在量上相等。

工程造价的主要构成部分是建设投资，而建设投资包括工程费用、工程建设其他费用和预备费用三部分。工程费用是指直接构成固定资产实体的各种费用，可以分为建筑安装工程费和设备及工具购置费；工程建设其他费用是指根据国家有关规定应在投资中支付，并列入建设项目总造价或单项工程造价的费用；预备费用是为了保证工程项目的顺利实施，避免在难以预料的情况下造成投资不足而预先安排的一笔费用。

建设期利息是指建设项目使用投资贷款，在建设期内应归还的贷款利息。

六、世界银行工程造价的构成

世界银行、国际咨询工程师联合会在1978年对项目的总建设成本（相当于我国的工程造价）作了统一规定，世界银行工程造价的构成包括项目直接建设成本、项目间接建设成本、应急费和建设成本上升费用等。

（一）项目直接建设成本

项目直接建设成本包括以下内容：

（1）土地征购费。

（2）场外设施费用，如道路、码头、桥梁、机场、输电线路等设施费用。

（3）场地费用，指用于场地准备、厂区道路、铁路、围栏、场内设施等的建设费用。

（4）工艺设备费用，指主要设备、辅助设备及零配件的购置费用，包括海运包装费用、交货港离岸价，但不包括税金。

（5）设备安装费，指设备供应商的监理费用，本国劳务及工资费用，辅助材料，施工设备、消耗品和工具等费用，以及安装承包商的管理费和利润等。

（6）管道系统费用，指与系统的材料及劳务相关的全部费用。

（7）电气设备费，其内容与工艺设备费用类似。

（8）电气安装费，指设备供应商的监理费用，本国劳务与工资费用，辅助材料、电缆管道和工具费用，以及营造承包商的管理费和利润。

（9）仪器仪表费，指所有自动仪表、控制板、配线和辅助材料的费用以及供应商的监理费用、外国或本国劳务及工资费用，承包商的管理费和利润。

（10）机械的绝缘和油漆费，指与机械及管道的绝缘和油漆相关的全部费用。

（11）工艺建筑费，指原材料、劳务费以及与基础、建筑结构、屋顶、内外装修、公共设施有关的全部费用。

（12）服务性建筑费用，其内容与工艺建筑费相似。

（13）工厂普通公共设施费，包括材料和劳务费以及与供水、燃料供应、通风、蒸汽发生及分配、下水道、污物处理等公共设施有关的费用。

（14）车辆费，指工艺操作必需的机动设备零件费用，包括海运包装费用以及交货港的离岸价，但不包括税金。

（15）其他当地费用，指那些不能归类于以上任何一个项目，不能计入项目间接成本，但在建设期间又是必不可少的当地费用。如临时设备、临时公共设施及场地的维持费、营地设施及其管理、建筑保险和债券、杂项开支等费用。

（二）项目间接建设成本

项目间接建设成本包括项目管理费、开工试车费、业主的行政性费用、生产前费用、运费和保险费及地方税等费用。

1.项目管理费

项目管理费包括：①总部人员的薪金和福利费，以及用于初步和详细工程设计、采购，时间和成本控制，行政和其他一般管理的费用；②施工管理现场人员的薪金，福利费和用于施工现场监督、质量保证、现场采购、时间及成本控制、行政及其他施工管理机构的费用；③零星杂项费用，如返工、旅行、生活津贴、业务支出等；④各种酬金。

2.开工试车费

开工试车费指工厂投料试车必需的劳务和材料费用（项目直接成本包括项目完工后的试车和空运转费用）。

3.业主的行政性费用

业主的行政性费用指业主的项目管理人员费用及支出（其中某些费用必须排除在

外，并在"估算基础"中详细说明）。

4.生产前费用

生产前费用指前期研究、勘测、建矿、采矿等费用（其中一些费用必须排除在外，并在"估算基础"中详细说明）。

5.运费和保险费

运费和保险费指海运，国内运输、许可证及佣金，海洋保险、综合保险等费用。

6.地方税

地方税指地方关税、地方税及对特殊项目征收的税金。

（三）应急费

1.未明确项目的准备金

此项准备金不是为了支付工作范围以外可能增加的项目，不是用以应对天灾、非正常经济情况及罢工等情况，也不是用来补偿估算的任何误差，而是用来支付那些几乎可以肯定要发生的费用。它是估算中不可缺少的一个组成部分。

2.不可预见准备金

此项准备金（在未明确项目的准备金之外）用于在估算达到一定的完整性并符合技术标准的基础上，由于物质、社会和经济的变化，导致估算不断增加的情况。此种情况可能发生，也可能不发生。因为不可预见准备金只是一种储备，可能并不动用。

（四）建设成本上升费用

一般情况下，估算截止日期就是使月的构成工资率，材料和设备价格基础的截止日期。国际上进行工程估价时，必须对该日期或已知成本基础进行调整，用于补偿从估算截止日期直至工程结束时的未知价格增长。

增长率是以已发表的国内和国际成本指数、公司记录等为依据，并与实际供应商进行核对，然后根据确定的增长率和从工程进度表中获得的各主要组成部分的中点值，计算出每项主要组成部分的成本上升值。

（五）开办费

在许多国家，开办费一般是在各分部分项工程造价的前面按单项工程分别单独列出。单项工程建筑安装工程量越大，开办费在工程价格中的比例就越小；反之，开办费就越大。一般开办费占工程价格的10%~20%。开办费包括的内容因国家和工程的不同而异，大致包括以下内容：

（1）施工用水、用电费。施工用水费，按实际打井、抽水、送水发生的费用估算，也可以按占直接费的比率估计；施工用电费，按实际需要的电费或自行发电费估算，也可按照占直接费的比率估算。

（2）工地清理费及完工后清理费，建筑物烘干费，临时围墙、安全信号灯、防护用品的费用以及恶劣气候条件下的工程防护费、污染费、噪声费，其他法定的防护费用。

（3）周转材料费。如脚手架、模板的摊销费等。

（4）临时设施费。包括生活用房、生产用房、临时通信、室外工程（包括道路、停车场、围墙、给排水管道、输电线路等）的费用，可按实际需要计算。

（5）驻工地工程师的现场办公室及所需设备的费用，现场材料试验及所需设备的费用。一般在招标文件的技术规范中有明确的面积、质量标准及设备清单等要求。如要求配备一定的服务人员或实验助理人员，则其工资费用也需计入。

（6）其他。包括工人现场福利费及安全费、职工交通费、日常气候报表费、现场道路及进出场道路修筑及维护费、恶劣天气下的工程保护措施费、现场保卫设施费等。

（六）暂定金额

暂定金额指包括在合同中，供工程任何部分的施工，或提供货物、材料、设备或服务、不可预料事件所使用的一项金额，这项金额只有经工程师批准后才能动用。

（七）分包工程费

（1）分包工程费。包括分包工程的直接工程费、管理费和利润。

（2）总包利润和管理费。指分包单位向总包单位交纳的总包管理费、其他服务费和利润。

（八）费用的组成形式和分摊比例

1.组成形式

上述组成造价的各项费用体现在承包商投标报价中有三种形式：组成分部分项工程单价、单独列项、分摊进单价。

（1）组成分部分项工程单价

人工费、机械费和材料费直接消耗在分部分项工程上，在费用和分部分项工程之间存在直观的对应关系，所以人工费、材料费和机械费组成分部分项工程单价，单价与工程量相乘得出分部分项工程价格。

（2）单独列项

开办费中的项目有临时设施、为业主提供的办公和生活设施、脚手架等费用，经常在工程量清单的开办费部分单独分项报价。这种方式适用于不直接消耗在某个分部分项工程上，无法与分部分项工程直接对应，但是对完成工程建设必不可少的费用。

（3）分摊进单价

承包商总部管理费、利润和税金，以及开办费中的项目经常以一定的比例分摊进单价。

需要注意的是，开办费项目在单独列项和分摊进单价这两种方式中采用哪一种，要根据招标文件和计算规则的要求而定。有的计算规则包括的开办费项目比较齐全，有的计算规则包括的开办费项目比较少。

2.分摊比例

（1）固定比例

税金和政府收取的各项管理费的比例是工程所在地政府规定的费率，承包商不能随意变动。

（2）浮动比例

总部管理费和利润的比例由承包商自行确定。承包商根据自身经营状况、工程具体情况等投标策略确定。一般来讲，这个比例在一定范围内是浮动变化的，不同的工程项目、不同的时间和地点，承包商对总部管理费和利润的预期值都会不同。

（3）测算比例

开办费的比例需要详细测算，首先计算出需要分摊的项目金额，然后计算出分摊金额与分部分项工程价格的比例。

第二节　建筑安装工程费用

一、建筑安装工程费用内容

在工程建设中，建筑安装工程是创造价值的活动。建筑安装工程费用作为建筑安装工程价值的货币表现形式，亦被称为建筑安装工程造价，由建筑工程费和安装工程费两部分构成。

（一）建筑工程费用内容

（1）各类房屋建筑工程和列入房屋建筑工程预算的供水、供暖、卫生、通风、燃气等设备费用及其装饰工程的费用，列入建筑工程预算的各种管道、电力、电信和电缆导线敷设工程的费用。

（2）设备基础、支柱、工作台、烟囱、水池、水塔、筒仓等建筑工程以及各种炉窑的砌筑工程和金属结构工程的费用。

（3）矿井开凿、井巷延伸、露天矿剥离，石油、天然气钻井，修建铁路、公路、桥梁、水库、堤坝、灌渠及防洪等工程的费用。

（4）为施工而进行的场地平整，工程和水文地质勘察，原有建筑物和障碍物的拆除以及施工临时用水、电、气、路和完工后的场地清理，环境绿化，美化等工作的费用。

（二）安装工程费用内容

（1）生产、动力、起重、运输、传动和医疗、实验等各种需要安装的机械设备的装配费用，与设备相连的工作平台、梯子、栏杆等设施的工程费用，附属于安装设备的管线敷设工程费用，以及被用于安装设备的绝缘、防腐、保温、油漆等工作的材料费和安装费用。

（2）对单台设备进行单机试运转，对系统设备进行系统联动无负荷试运转工作的调试费用。

二、建筑安装工程费用项目组成（按费用构成要素划分）

根据住房和城乡建设部、财政部"关于印发《建筑安装工程费用项目组成》的通知"（建标〔2013〕44号），建筑安装工程费按照费用构成要素划分，由人工费、材料（包含工程设备，下同）费、施工机具使用费、企业管理费、利润、规费和增值税组成。其中人工费、材料费、施工机具使用费、企业管理费和利润包含在分部分项工程费、措施项目费、其他项目费中。

（一）人工费

人工费是指按工资总额构成规定，支付给从事建筑安装工程施工的生产工人和附属生产单位工人的各项费用。内容包括。

1.计时工资或计件工资

计时工资或计件工资指按计时工资标准和工作时间或对已做工作按计件单价支付给个人的劳动报酬。

2.奖金

奖金指对超额劳动和增收节支支付给个人的劳动报酬。如节约奖、劳动竞赛奖等。

3.津贴补贴

津贴补贴指为了补偿职工特殊或额外的劳动消耗和因其他特殊原因支付给个人的津

贴，以及为了保证职工工资水平不受物价影响支付给个人的物价补贴。如流动施工津贴、特殊地区施工津贴、高温（寒）作业临时津贴、高空津贴等。

4.加班加点工资

加班加点工资指按规定支付的在法定节假日工作的加班工资和在法定日工作时间外延时工作的加点工资。

5.特殊情况下支付的工资

特殊情况下支付的工资指根据国家法律、法规和政策规定，因病、工伤、产假、计划生育假、婚丧假、事假、探亲假、定期休假、停工学习、执行国家或社会义务等原因按计时工资标准或计时工资标准的一定比例支付的工资。

人工费的计算方法如下：

$$人工费 = \sum（工日消耗量 \times 日工资单价） \qquad （6-1）$$

（二）材料费

材料费是指施工过程中耗费的原材料、辅助材料、构配件、零件、半成品或成品、工程设备的费用。内容包括：

（1）材料原价，是指材料、工程设备的出厂价格或商家供应价格。

（2）运杂费，是指材料、工程设备自来源地运至工地仓库或指定堆放地点所发生的全部费用。

（3）运输损耗费，是指材料在运输装卸过程中不可避免的损耗。

（4）采购及保管费，是指为组织采购、供应和保管材料、工程设备的过程中所需要的各项费用。包括采购费、仓储费、工地保管费、仓储损耗费。

工程设备是指构成或计划构成永久工程一部分的机电设备、金属结构设备、仪器装置及其他类似的设备和装置。材料费计算方法如下：

$$材料费 = \sum（材料消耗量 \times 材料单价） \qquad （6-2）$$

工程设备费计算方法如下：

$$工程设备费 = \sum（工程设备量 \times 工程设备单价） \qquad （6-3）$$

$$工程设备单价 = （设备原价 + 运杂费） \times [1 + 采购保管费率（\%）] \qquad （6-4）$$

（三）施工机具使用费

施工机具使用费是指施工作业所发生的施工机械、仪器仪表使用费或其租赁费。

1.施工机械使用费

以施工机械台班耗用量乘以施工机械台班单价表示，施工机械台班单价应由以下七项费用组成。

①折旧费，指施工机械在规定的使用年限内，陆续收回其原值的费用。

②大修理费，指施工机械按规定的大修理间隔台班进行必要的大修理，以恢复其正常功能所需的费用。

③经常修理费，指施工机械除大修理以外的各级保养和临时故障排除所需的费用。包括为保障机械正常运转所需替换设备与随机配备工具附具的摊销和维护费用，机械运转中日常保养所需润滑与擦拭的材料费用及机械停滞期间的维护和保养费用等。

④安拆费及场外运费，安拆费指施工机械（大型机械除外）在现场进行安装与拆卸所需的人工、材料、机械和试运转费用以及机械辅助设施的折旧、搭设、拆除等费用；场外运费指施工机械整体或分体自停放地点运至施工现场或由一施工地点运至另一施工地点的运输、装卸、辅助材料及架线等费用。

⑤人工费，指机上司机（司炉）和其他操作人员的人工费。

⑥燃料动力费，指施工机械在运转作业中所消耗的各种燃料及水、电等。

⑦税费，指施工机械按照国家规定应缴纳的车船使用税、保险费及年检费等。

2.施工机械使用费计算方法如下

$$施工机械使用费 = \sum（施工机械台班消耗量 \times 机械台班单价） \qquad （6\text{-}5）$$

（四）企业管理费

企业管理费是指建筑安装企业组织施工生产和经营管理所需的费用。其内容包括。

1.管理人员工资

管理人员工资指按规定支付给管理人员的计时工资、奖金、津贴补贴、加班加点工资及特殊情况下支付的工资等。

2.办公费

办公费指企业管理办公用的文具、纸张、账表、印刷、邮电、书报、办公软件、现场监控、会议、水电、烧水和集体取暖降温（包括现场临时宿舍取暖降温）等费用。

3.差旅交通费

差旅交通费指职工因公出差，调动工作的差旅费、住勤补助费、市内交通费和误餐补助费、职工探亲路费、劳动力招募费、职工退休、退职一次性路费、工伤人员就医路费、工地转移费以及管理部门使用的交通工具的油料、燃料等费用。

4.固定资产使用费

固定资产使用费指管理和试验部门及附属生产单位使用的属于固定资产的房屋、设备、仪器等的折旧、大修、维修或租赁费。

5.工具用具使用费

工具用具使用费指企业施工生产和管理使用的不属于固定资产的工具、器具、家具、交通工具和检验、试验、测绘、消防用具等的购置、维修和摊销费。

6.劳动保险和职工福利费

劳动保险和职工福利费指由企业支付的职工退职金，按规定支付给离休干部的经费、集体福利费、夏季防暑降温、冬季取暖补贴、上下班交通补贴等。

7.劳动保护费

劳动保护费是企业按规定发放的劳动保护用品的支出。如工作服、手套、防暑降温饮料以及在有碍身体健康的环境中施工的保健费用等。

8.检验试验费

检验试验费指施工企业按照有关标准规定，对建筑以及材料、构件和建筑安装物进行一般鉴定、检查所发生的费用，包括自设试验室进行试验所耗用的材料等费用。不包括新结构、新材料的试验费，对构件做破坏性试验及其他特殊要求检验试验的费用和建设单位委托检测机构进行检测的费用。对此类检测发生的费用，由建设单位在工程建设其他费用中列支。但对施工企业提供的具有合格证明的材料进行检测不合格的，该检测费用由施工企业支付。

9.工会经费

工会经费指企业按《中华人民共和国工会法》规定的全部职工工资总额比例计提的工会经费。

10.职工教育经费

职工教育经费指按职工工资总额的规定比例计提，企业为职工进行专业技术和职业技能培训，专业技术人员继续教育、职工职业技能鉴定、职业资格认定以及根据需要对职工进行各类文化教育所发生的费用。

11.财产保险费

财产保险费指施工管理中用财产、车辆等的保险费用。

12.财务费

财务费指企业为施工生产筹集资金或提供预付款担保、履约担保、职工工资支付担保等所发生的各种费用。

13.税金

指企业按规定缴纳的房产税、车船使用税、土地使用税、印花税等。

14.城市维护建设税

$$应纳税额=应纳营业税额×适用税率（％）\qquad（6-6）$$

注：城市维护建设税的纳税地点在市区的，其适用税率为营业税的7％；所在地为县镇的，其适用税率为营业税的5％；所在地为农村的，其适用税率为营业税的1％。城建税的纳税地点与营业税纳税地点相同。

15.教育费附加

$$应纳税额=应纳营业税额×3％\qquad（6-7）$$

16.地方教育附加

地方教育附加是指各省、自治区、直辖市根据国家有关规定，为实施"科教兴省"战略，增加地方教育的资金投入，促进各省、自治区、直辖市教育事业发展，开征的一项地方政府性基金。该收入主要用于各地方教育经费的投入补充。财综〔2010〕98号要求，各地统一征收地方教育附加，地方教育附加征收标准为单位和个人实际缴纳的增值税、营业税和消费税税额的2％。

$$应纳税额=应纳营业税额×2％\qquad（6-8）$$

17.其他

包括技术转让费、技术开发费、投标费、业务招待费、绿化费、广告费、公证费、法律顾问费、审计费、咨询费、保险费等。

工程造价管理机构在确定计价定额中企业管理费时，应以定额人工费或（定额人工费+定额机械费）作为计算基数，其费率根据历年工程造价积累的资料，辅以调查数据确定，列入分部分项工程和措施项目中。

（五）利润

利润是指施工企业完成所承包工程获得的盈利。施工企业根据企业自身需求并结合建筑市场实际自主确定，列入报价中。工程造价管理机构在确定计价定额中的利润时，应以定额人工费或定额人工费+定额机械费作为计算基数，其费率根据历年工程造价积累的资料，并结合建筑市场实际确定，以单位（单项）工程测算，利润在税前建筑安装工程费的比重可按不低于5％且不高于7％的费率计算。利润应列入分部分项工程和措施项目中。

（六）规费

规费是指按国家法律、法规规定，由省级政府和省级有关权力部门规定必须缴纳或计取的费用。

1.社会保险费

①养老保险费：企业按规定标准为职工缴纳的基本养老保险费。

②失业保险费：企业按照国家规定标准为职工缴纳的失业保险费。

③医疗保险费：企业按照规定标准为职工缴纳的基本医疗保险费。

④工伤保险费：企业按照国务院制定的行业费率为职工缴纳的工伤保险费。

⑤生育保险费：企业按照国家规定为职工缴纳的生育保险费。

2.住房公积金

住房公积金指企业按规定标准为职工缴纳的住房储金。

其他应列而未列入的规费，按实际发生计取。社会保险费和住房公积金应以定额人工费为计算基础，根据工程所在地省、自治区、直辖市或行业建设主管部门规定费率计算。

（七）增值税

建筑安装工程费用的增值税是指国家税法规定应计入建筑安装工程造价内的增值税销项税额。税前工程造价为人工费、材料费、施工机具使用费、企业管理费、利润和规费之和，各费用项目均以不包含增值税（可抵扣进项税额）的价格计算。

三、建筑安装工程费用构成（按造价形成划分）

建筑安装工程费按照工程造价形成由分部分项工程费、措施项目费、其他项目费、规费、增值税组成，分部分项工程费、措施项目费、其他项目费包含人工费、材料费、施工机具使用费、企业管理费和利润。

（一）分部分项工程费

分部分项工程费是指各专业工程的分部分项工程应予列支的各项费用。

（1）专业工程是指按现行国家计量规范划分的房屋建筑与装饰工程、仿古建筑工程、通用安装工程、市政工程、园林绿化工程、矿山工程、构筑物工程、城市轨道交通工程、爆破工程等各类工程。

（2）分部分项工程是指按现行国家计量规范对各专业工程划分的项目。如房屋建筑与装饰工程划分的土石方工程、地基处理与边坡支护工程、砌筑工程、钢筋及钢筋混凝土工程等。各类专业工程的分部分项工程划分见现行国家或行业计量规范。

分部分项工程费的计算方法如下：

$$分部分项费=\sum（分部分项工程量×综合单价） \qquad (6-9)$$

式中，综合单价包括人工费、材料费、施工机具使用费、企业管理费和利润以及一定范围的风险费用。

（二）措施项目费

措施项目费是指为完成建筑工程施工，发生于该工程施工前和施工过程中的技术、生活、安全、环境保护等方面的费用。内容包括。

1.安全文明施工费

（1）环境保护费

环境保护费指施工现场为达到环保部门要求所需要的各项费用。

（2）文明施工费

文明施工费指施工现场文明施工所需要的各项费用。

（3）安全施工费

安全施工费指施工现场安全施工所需要的各项费用。

安全文明施工费的计算方法如下：

$$安全文明施工费=计算基数×安全文明施工费费率（\%）\qquad（6-10）$$

计算基数应为定额基价（定额分部分项工程费+定额中可以计量的措施项目费）定额人工费或定额人工费+定额机械费，其费率由工程造价管理机构根据各专业工程的特点综合确定。

（4）临时设施费

临时设施费指施工企业为进行建筑工程施工所必须搭设的生活和生产用的临时建筑物、构筑物和其他临时设施费用。包括临时设施的搭设、维修、拆除、清理费或摊销费等。

（5）建筑工人实名制管理费

建筑工人实名制管理费指实施建筑工人实名制管理所需费用。

2.夜间施工增加费

它指因夜间施工所发生的夜班补助费、夜间施工降效、夜间施工照明设备摊销及照明用电等费用。

3.二次搬运费

二次搬运费指因施工场地条件限制而发生的材料、构配件、半成品等一次运输不能到达堆放地点，必须进行二次或多次搬运所发生的费用。

4.冬雨季施工增加费

冬、雨季施工增加费的内容由以下各项组成：

（1）冬雨（风）季施工时，增加的临时设施（防寒保温、防雨、防风设施）的搭设、拆除的费用。

（2）冬雨（风）季施工时，对砌体、混凝土等采用的特殊加温、保温和养护措施的费用。

（3）冬雨（风）季施工时，施工现场的防滑处理、对影响施工的雨雪的清除费用。

（4）冬雨（风）季施工时，增加的临时设施的摊销、施工人员的劳动保护用品、冬雨（风）季施工劳动效率降低等费用。

5.已完工程及设备保护费

其是指竣工验收前，对已完工程及设备采取的必要保护措施所发生的费用。

6.工程定位复测费

它是指工程施工过程中进行全部施工测量放线和复测工作的费用。

7.特殊地区施工增加费

它是指工程在沙漠或其边缘地区、高海拔、高寒、原始森林等特殊地区施工增加的费用。

8.大型机械设备进出场及安拆费

（1）安拆费包括施工机械、设备在现场进行安装拆卸所需人工、材料、机械和试运转费用以及机械辅助设施的折旧、搭设、拆除等费用。

（2）进出场费包括施工机械、设备整体或分体自停放地点运至施工现场或由一施工地点运至另一施工地点所发生的运输、装卸、辅助材料等费用。

（3）大型机械设备进出场及安拆费的计算方法。大型机械设备进出场及安拆费通常按照机械设备的使用数量以台次为单位计算。

9.脚手架工程费

脚手架工程费是指施工需要的各种脚手架搭、拆、运输费用以及脚手架购置费的摊销（或租赁）费用。措施项目及其包含的内容详见各类专业工程的现行国家或行业计量规范。

（三）其他项目费

1.暂列金额

暂列金额指建设单位在工程量清单中暂定并包括在工程合同价款中的一笔款项。用于施工合同签订时尚未确定或者不可预见的所需材料、工程设备、服务的采购，施工中可能发生的工程变更、合同约定调整因素出现时的工程价款调整以及发生的索赔、现场签证确认等的费用。

暂列金额由建设单位根据工程特点，按有关计价规定估算，施工过程中由建设单位掌握使用，扣除合同价款调整后如有余额，归建设单位。

2.计日工

计日工指在施工过程中，施工企业完成建设单位提出的施工图纸以外的零星项目或工作所需的费用。由建设单位和施工企业按施工过程中的签证计价。

3.总承包服务费

总承包服务费指总承包人为配合、协调建设单位进行的专业工程发包，对建设单位自行采购的材料、工程设备等进行保管以及施工现场管理，竣工资料汇总整理等服务所需的费用。总承包服务费由建设单位在招标控制价中根据总承包服务范围和有关计价规定编制，施工企业投标时自主报价，施工过程中按签约合同价执行。

（四）规费

定义同上。

（五）增值税

定义同上。

第三节　设备及工、器具购置费用

一、设备购置费的构成及计算

设备购置费是指为建设项目购置或自制的达到固定资产标准的各种国产或进口设备、工具、器具的购置费用。其中：设备原价是指国产标准设备、国产非标准设备、进口设备的原价；设备运杂费是指除设备原价之外的关于设备采购、运输、途中包装及仓库保管等方面支出费用的总和。如果设备是由设备成套公司供应的，成套公司的服务费也应计入设备运杂费中。

（一）国产设备原价的构成及计算

国产设备原价，一般指的是设备制造厂的交货价或订货合同价。分为国产标准设备原价和国产非标准设备原价。

（1）国产标准设备原价是指按照主管部门颁发的标准图纸和技术要求，由我国设备生产厂家批量生产的，符合国家质量检测标准的设备。国产标准设备原价，一般指的是设备制造厂的交货价，即出厂价。如果设备是由设备成套公司供应，则以订货合同价为设备原价。有的设备有两种出厂价，即带有备件的出厂价和不带有备件的出厂价。在计算时，一般采用带有备件的原价。

（2）国产非标准设备原价，是指国家尚无定型标准，各设备生产厂不可能采用批量生产，只能按一次订货，并根据具体的设计图纸制造的设备。非标准设备原价有多种不同的计算方法，如成本计算估价法、系列设备插入估价法、分部组合估价法、定额估价法等。但无论采用哪种方法都应该使非标准设备计价接近实际出厂价，并且计算方法要尽量简便。

（二）进口设备的交货类别及特点

进口设备的原价是指进口设备的抵岸价，即抵达买方边境港口或边境车站，且交完关税后形成的价格。在国际贸易中，进口设备抵岸价的构成与进口设备的交货类别有关。交易双方所使用的交货类别不同，则交易价格的构成内容也有差异。进口设备的交货类别可分为内陆交货类、目的地交货类、装运港交货类。

（1）内陆交货类，即卖方在出口国内陆的某个地点交货。在交货地点，卖方及时提交合同规定的货物和有关凭证，并负担交货前的一切费用和风险；买方按时接收货物，交付货款，负担交货后的一切费用和风险，并自行办理出口手续和装运出口。货物的所有权也在交货后由卖方转移给买方。

（2）目的地交货类，即卖方在进口国的港口或内地交货，有目的港船上交货价、目的港船边交货价、目的港码头交货价（关税已付）、完税后交货价（进口国的指定地点）四种交货价。它们的特点是：买卖双方承担的责任、费用和风险是以目的地约定交货点为界线，只有当卖方在交货点将货物置于买方控制下才算交货开始，才能向买方收取货款。这种交货类别对于卖方来说承担的风险较大，在国际贸易中卖方一般不愿采用。

（3）装运港交货类，即卖方在出口国装运港交货，主要有装运港船上交货价，习惯称离岸价格，运费在内价和运费、保险费在内价习惯称到岸价格。它们的特点是：卖方按照约定的时间在装运港交货，只要卖方把合同规定的货物装船后提供货运单据便完成交货任务，可凭单据收回货款。装运港船上交货是我国进口设备采用最多的一种货价，费用划分与风险转移的分界点相一致。

（三）设备运杂费的构成及计算

设备运杂费通常由下列各项构成。

1.运费和装卸费

国产设备由设备制造厂交货地点起至工地仓库（或施工组织设计指定的需要安装设备

的堆放地点）止所产生的运费和装卸费；进口设备则由我国到岸港口或边境车站起至工地仓库（或施工组织设计指定的需要安装设备的堆放地点）止所产生的运费和装卸费。

2.包装费

在设备原价中，没有包含的、为运输而进行的包装支出的各种费用。

3.设备供销部门的手续费

按有关部门规定的统一费率计算。

4.采购与仓库保管费

它是指采购、验收、保管和收发设备所发生的各种费用，包括设备采购人员、保管人员和管理人员的工资、工资附加费、办公费、差旅交通费、设备供应部门办公费和仓库所占固定资产使用费、工具用具使用费、劳动保护费、检验试验费等。这些费用可按主管部门规定的采购与保管费费率计算。设备运杂费按设备原价乘以设备运杂费率计算，其公式为：

$$设备运杂费=设备原价×设备运杂费率 \qquad （6-11）$$

其中，设备运杂费率按各部门及省、市等的规定计取。

二、工具、器具及生产家具购置费的构成及计算

工具、器具及生产家具购置费是指新建或扩建项目初步设计规定的，保证初期正常生产必须购置的没有达到固定资产标准的设备、仪器、工卡模具、器具生产家具和备品备件等的购置费用。一般以设备购置费为计算基数，按照部门或行业规定的工具、器具及生产家具的费率计算。其计算公式为：

$$工具、器具及生产家具购置费=设备购置费×定额费率 \qquad （6-12）$$

第四节　工程建设其他费用

一、建设用地费

任何一个建设项目都固定于一定地点与地面相连接，必须占用一定量的土地，也就必然要发生为获得建设用地而支付的费用，这就是建设用地费。它是指为获得工程项目建设

土地的使用权而在建设期内发生的各项费用，包括通过划拨方式取得土地使用权而支付的土地征用及迁移补偿费，或者通过土地使用权出让方式取得土地使用权而支付的土地使用权出让金。

（一）建设用地取得的基本方式

建设用地的取得，实质是依法获取国有土地的使用权。根据我国《房地产管理法》规定，获取国有土地使用权的基本方式有两种：一是出让方式；二是划拨方式。建设土地取得的其他方式还包括租赁和转让方式。

1.通过出让方式获取国有土地使用权

国有土地使用权出让，是指国家将国有土地使用权在一定年限内出让给土地使用者，土地使用者向国家支付土地使用权出让金的行为。

通过出让方式获取国有土地使用权又可以分成两种具体方式：一是通过招标、拍卖、挂牌等竞争出让方式获取国有土地使用权，按照国家相关规定，工业（包括仓储用地，但不包括采矿用地）、商业、旅游、娱乐和商品住宅等各类经营性用地，必须以招标、拍卖或挂牌方式出让。上述规定以外用途的土地的供地计划公布后，同一宗地有两个以上意向用地者的，也应当采用招标、拍卖或挂牌方式出让。二是通过协议出让方式获取国有土地使用权，以协议方式出让国有土地使用权的出让金不得低于按国家规定所确定的最低价，协议出让底价不得低于拟出让地块所在区域的协议出让最低价。

2.通过划拨方式获取国有土地使用权

国有土地使用权划拨，是指经县级以上人民政府依法批准，在土地使用者缴纳补偿、安置等费用后将该土地交付其使用，或者将土地使用权无偿交付给土地使用者使用的行为。

国家对划拨用地有着严格的规定，下列建设用地，经县级以上人民政府依法批准，可以划拨方式取得：

（1）国家机关用地和军事用地。

（2）城市基础设施用地和公益事业用地。

（3）国家重点扶持的能源、交通、水利等基础设施用地。

（4）法律、行政法规规定的其他用地。

（二）建设用地取得的费用

建设用地，如通过行政划拨方式取得，则须承担征地补偿费用或对原用地单位或个人的拆迁补偿费用；若通过市场机制取得，则不但承担以上费用，还须向土地所有者支付有偿使用费，即土地出让金。

1.征地补偿费用

征地补偿费用，是指建设项目通过划拨方式取得无限期的土地使用权，依照《中华人民共和国土地管理法》等规定所支付的费用。其总和一般不得超过被征土地年产值的30倍，土地年产值则按该地被征用前3年的平均产量和国家规定的价格计算。具体内容包括土地补偿费、青苗补偿费和地上附着物补偿费、安置补助费、新菜地开发建设基金、耕地占用税、土地管理费。

2.拆迁补偿费用

在城市规划区内国有土地上实施房屋拆迁，拆迁人应当对被拆迁人给予补偿、安置。拆迁补偿的方式可以实行货币补偿，也可以实行房屋产权调换。而搬迁、安置补助费是拆迁人对被拆迁人或者房屋承租人支付搬迁补助费和临时安置补助费的标准，此标准由省、自治区、直辖市人民政府规定。

（三）出让金、土地转让金

土地使用权出让金为用地单位向国家支付的土地所有权收益，出让金标准一般参考城市基准地价并结合其他因素制定。基准地价由市土地管理局会同市物价局、市国有资产管理局、市房地产管理局等部门综合平衡后报市级人民政府审定通过，它以城市土地综合定级为基础，用某一地价或地价幅度表示某一类别用地在某一土地级别范围的地价，以此作为土地使用权出让价格的基础。

二、与项目建设有关的其他费用

（一）建设管理费

建设管理费由建设单位管理费和工程监理费组成。建设单位管理费是指建设单位发生的管理性质的开支。建设单位管理费费率按照建设项目的不同性质、不同规模确定。有的建设项目按照建设工期和规定的金额计算建设单位管理费。工程监理费是指建设单位委托工程监理单位实施工程监理的费用，应根据委托的监理工作范围和监理深度在监理合同中商定或按当地或所属行业部门有关规定计算。如建设单位采用工程总承包方式，其总包管理费由建设单位与总包单位根据总包工作范围在合同中商定，从建设管理费中支出。

（二）可行性研究费

可行性研究费是指在工程项目投资决策阶段，依据调研报告对有关建设方案、技术方案或生产经营方案进行的技术经济论证，以及编制、评审可行性研究报告所需的费用。

（三）研究试验费

研究试验费是指为建设项目提供或验证设计数据、资料等进行必要的研究试验及按照相关规定在建设过程中必须进行试验、验证所需的费用。包括自行或委托其他部门研究试验所需人工费、材料费、试验设备及仪器使用费等。这项费用按照设计单位根据本工程项目的需要提出的研究试验内容和要求计算。在计算时要注意不应包括以下项目：

（1）应由科技三项费用（新产品试制费、中间试验费和重要科学研究补助费）开支的项目。

（2）应在建筑安装费用中列支的施工企业对建筑材料、构件和建筑物进行一般鉴定、检查所发生的费用及技术革新的研究试验费。

（3）应由勘察设计费或工程费用中开支的项目。

（四）勘察设计费

勘察设计费是指对工程项目进行工程水文地质勘察、工程设计所发生的费用。包括工程勘察费、初步设计费（基础设计费）、施工图设计费（详细设计费）、设计模型制作费。

（五）环境影响评价费

环境影响评价费是指按照《中华人民共和国环境保护法》《中华人民共和国环境影响评价法》等规定，在工程项目投资决策过程中，对其进行环境污染或影响评价所需的费用。包括编制环境影响报告书（含大纲）、环境影响报告表以及对环境影响报告书（含大纲）、环境影响报告表进行评估等所需的费用。

（六）劳动安全卫生评价费

劳动安全卫生评价费是指按照劳动部《建设项目（工程）劳动安全卫生监察规定》和《建设项目（工程）劳动安全卫生预评价管理办法》的规定，在工程项目投资决策过程中，为编制劳动安全卫生评价报告所需的费用。包括编制建设项目劳动安全卫生预评价大纲和劳动安全卫生预评价报告书，以及为编制上述文件所进行的工程分析和环境现状调查等所需费用。

（七）场地准备及临时设施费

建设项目场地准备费是指为使工程项目的建设场地达到开工条件，由建设单位组织进行的场地平整等准备工作而发生的费用。建设单位临时设施费是指建设单位为满足工程项目建设、生活、办公的需要，用于临时设施建设、维修、租赁、使用所发生或摊销的费用。此项费用不包括已列入建筑安装工程费用中的施工单位临时设施费用。

（八）引进技术和引进设备其他费

引进技术和引进设备其他费是指引进技术和设备发生的但未计入设备购置费中的费用。该费用包括引进项目图纸资料翻译复制费、备品备件测绘费、出国人员费用、来华人员费用和银行担保及承诺费。

（九）工程保险费

工程保险费是指为转移工程项目建设的意外风险，在建设期内对建筑工程、安装工程、机械设备和人身安全进行投保而产生的费用。包括建筑安装工程一切险、引进设备财产保险和人身意外伤害险等。根据不同的工程类别，分别以其建筑、安装工程费乘以建筑、安装工程保险费率计算。

（十）特殊设备安全监督检验费

特殊设备安全监督检验费是指安全监察部门对在施工现场组装的锅炉及压力容器、压力管道、消防设备、燃气设备、电梯等特殊设备和设施实施安全检验收取的费用。此项费用按照建设项目所在省（市、自治区）安全监察部门的规定标准计算。无具体规定的，在编制投资估算和概算时可按受检设备现场安装费的比例估算。

（十一）市政公用设施费

市政公用设施费是指使用市政公用设施的工程项目，按照项目所在地省级人民政府有关规定建设或缴纳的市政公用设施建设配套费用，以及绿化工程补偿费用。此项费用按工程所在地人民政府规定标准计列。

三、与未来生产经营有关的其他费用

（一）联合试运转费

联合试运转费是指新建或新增加生产能力的工程项目，在交付生产前按照设计文件规定的工程质量标准和技术要求，对整个生产线或装置进行负荷联合试运转所发生的费用净支出（试运转支出大于收入的差额部分费用）。

试运转支出包括试运转所需原材料、燃料及动力消耗、低值易耗品、其他物料消耗、工具用具使用费、机械使用费、保险金、施工单位参加试运转人员工资以及专家指导费等；试运转收入包括试运转期间的产品销售收入和其他收入。联合试运转费不包括应由设备安装工程费用开支的调试及试车费用，以及在试运转中暴露出来的因施工原因或设备缺陷等发生的处理费用。

（二）专利及专有技术使用费

专利及专有技术使用费的主要内容包括：国外设计及技术资料费，引进有效专利，专有技术使用费和技术保密费；国内有效专利，专有技术使用费；商标权、商誉和特许经营权费等。

（三）生产准备及开办费

该费用是指在建设期内，建设单位为保证项目正常生产而发生的人员培训费、提前进厂费以及投产使用必备的办公、生活家具用具及工器具等的购置费用。生产准备费一般根据需要培训和提前进厂人员的人数及培训时间按生产准备费指标进行估算；办公和生活家具及工器具等购置费用是按照设计定员人数乘以综合指标计算或按各部门人数计算。

第五节　预备费、贷款利息、投资方向调节税

一、预备费

按我国现行规定，预备费包括基本预备费和价差预备费。

（一）基本预备费

基本预备费是指在初步设计及概算内难以预料的工程费用，其费用内容包括：

（1）在批准的初步设计范围内，技术设计、施工图设计及施工过程中所增加的工程费用；设计变更、局部地基处理等增加的费用。

（2）一般自然灾害造成的损失和预防自然灾害所采取的措施费用。实行工程保险的工程项目费用应适当降低。

（3）竣工验收时为鉴定工程质量对隐蔽工程进行必要的挖掘和修复费用。

基本预备费=（建筑安装工程费+设备及工器具购置费+工程建设其他费用）×基本预备费费率　　　　　　　　　　　　　　　　　　　　　　　　（6-13）

（二）价差预备费

价差预备费是指建设项目在建设期间内由于材料、人工、设备等价格可能发生变化引起工程造价变化而事先预留的费用，亦称为价格变动不可预见费。价差预备费的内容包括：人工、设备、材料、施工机械的价差费、建筑安装工程费及工程建设其他费用调整，利率、汇率调整等增加的费用。

$$PF = \sum_{t-1}^{n} I_t [(1+f)^m (1+f)^{0.5} (1+f)^{t-1} - 1] \quad\quad （6-14）$$

式中：PF——价差预备费；

n——建设期年份数；

I_t——建设期中第t年的投资计划额，包括工程费用、工程建设其他费用及基本预备费，即第t年的静态投资；

f——年均投资价格上涨率；

m——建设前期年限（从编制估算到开工建设）。

二、建设期利息

建设期利息包括向国内银行和其他非银行金融机构贷款、出口信贷、外国政府贷款、国际商业银行贷款以及在境内外发行的债券等在建设期内应偿还的借款利息。

当总贷款是分年均衡发放时，建设期利息的计算可按当年借款在年中支用考虑。即当年贷款按半年计息，上年贷款按全年计息。计算公式为：

$$q_j = (P_{i-1} + \frac{1}{2} A_j) \cdot i \quad\quad （6-15）$$

式中：P_{i-1}——第i年以前所欠的本利和；

q_j——第j年的利息额；

A_j——当年的借款额；

i——年有效利率。

三、固定资产投资方向调节税

为了贯彻国家产业政策，控制投资规模，引导投资方向，调整投资结构，加强重点建设，促进国民经济持续、稳定、协调发展，对在我国境内进行固定资产投资的单位和个人（不含中外合资经营企业、中外合作经营企业和外商独资企业）征收固定资产投资方向调节税。

投资方向调节税根据国家产业政策和项目经济规模实行差别税率，税率为0%、5%、

10%、15%、30%五个档次。差别税率按两大类设计：一是基本建设项目投资；二是更新改造项目投资。对前者设计了四档税率，即0%、5%、15%、30%；对后者设计了两档税率，即0%、10%。

固定资产投资方向调节税的计算公式为：

$$应纳税额=（建筑安装工程费+设备及工、器具购置费+工程建设其他费用 \\ +预备费）\times 适用税率 \tag{6-16}$$

第七章
建筑工程项目造价计算与价格机制

第一节　建筑工程造价计算内容及方法

一、建筑工程造价的费用组成

建筑工程费用由分部分项工程费、措施项目费、其他项目费、规费和税金五大部分组成。

（一）分部分项工程费的组成及计算方法

分部分项工程费是指施工过程中耗费的构成工程实体性项目的各项费用，由人工费、材料费、施工机具使用费、企业管理费和利润五个部分内容组成。

$$分部分项工程费=工程量×（除税）综合单价 \qquad (7-1)$$

综合单价：指的是完成一个规定清单项目所需的人工费、材料费和设备费、施工机具使用费和企业管理费、利润以及一定范围内的风险费用。风险费用指的是隐含于已标价工程量清单综合单价中，用于化解发承包双方在工程合同中约定内容和范围内的市场价格波动风险的费用。综合单价的组成如下。

1.人工费

人工费是指按工资总额构成规定，支付给从事建筑安装工程施工的生产工人和附属生产单位工人的各项费用。

$$人工费=人工消耗量×人工单价 \qquad (7-2)$$

2.材料费

材料费是指施工过程中耗费的原材料、辅助材料、构配件、零件、半成品或成品、工程设备的费用。

$$材料费=材料消耗量×（除税）材料单价 \tag{7-3}$$

3.施工机具使用费

施工机具使用费是指施工作业所发生的施工机械、仪器仪表使用费或其租赁费。其包括以下内容。

施工机械使用费：以施工机械台班耗用量乘以施工机械台班单价表示。

仪器仪表使用费：是指工程施工所需使用的仪器仪表的摊销及维修费用。

$$施工机具使用费=施工机械台班消耗量×（除税）机械台班单价 \tag{7-4}$$

4.企业管理费

企业管理费是指施工企业组织施工生产和经营管理所需的费用。

$$企业管理费=（人工费+施工机具使用费）×费率 \tag{7-5}$$

5.利润

利润是指施工企业完成所承包工程获得的盈利。

$$利润=（人工费+施工机具使用费）×费率 \tag{7-6}$$

（二）措施项目费的组成及计算方法

措施项目费是指为完成建设工程施工，发生于该工程施工前和施工过程中的技术、生活、安全、环境保护等方面的费用。根据现行工程量清单计算规范，措施项目费分为单价措施项目与总价措施项目。

1.单价措施项目费的组成及计算方法

单价措施项目是指在现行工程量清单计算规范中有对应工程量计算规则，按人工费、材料费、施工机具使用费、管理费和利润形式组成综合单价的措施项目。单价措施项目内容根据专业不同而不同，建筑与装饰工程包括：脚手架工程；混凝土模板及支架（撑）；垂直运输；超高施工增加；大型机械设备进出场及安拆；施工排水、降水。单价措施项目中各措施项目的工程量清单项目设置、项目特征、计量单位、工程量计算规则及工作内容均按现行工程量清单计算规范执行。

$$单价措施项目费=工程量×（除税）综合单价 \tag{7-7}$$

2.总价措施项目费的组成及计算方法

总价措施项目是指在现行工程量清单计算规范中无工程量计算规则，以总价（或计算基础乘费率）计算的措施项目。总价措施项目费分为通用措施项目费（各专业都可能发生）和专业措施项目费（特定专业发生）。

（1）通用措施项目费的组成

①安全文明施工费。安全文明施工费是指为满足施工安全、文明、绿色施工及环境保护、职工健康生活所需要的各项费用，本项为不可竞争费用。

安全施工费包括：安全资料、特殊作业专项方案的编制，安全施工标志的购置及安全宣传的费用；"三宝"（安全帽、安全带、安全网）、"四口"（楼梯口、电梯井口、通道口、预留洞口）、"五临边"（阳台围边、楼板围边、屋面围边、槽坑围边、卸料平台两侧）、水平防护架、垂直防护架、外架封闭等防护的费用；施工安全用电的费用，包括配电箱三级配电、两级保护装置要求、外电防护措施；起重机、塔式起重机等起重设备（含井架、门架）及外用电梯的安全防护措施（含警示标志）费用及卸料平台的临边防护、层间安全门、防护棚等设施费用；建筑工地起重机械的检验检测费用；施工机具防护棚及其围栏的安全保护设施费用；施工安全防护通道的费用；工人的安全防护用品、用具购置费用；消防设施与消防器材的配置费用；电气保护、安全照明设施费用；其他安全防护措施费用。

文明施工费包括："五牌一图"的费用；现场围挡的墙面美化（包括内外粉刷、刷白、标语等）、压顶装饰费用；现场厕所便槽刷白、贴面砖，水泥砂浆地面或地砖费用，建筑物内临时便溺设施费用；其他施工现场临时设施的装饰装修、美化措施费用；现场生活卫生设施费用；符合卫生要求的饮水设备、淋浴、消毒等设施费用；生活用洁净燃料费用；防煤气中毒、防蚊虫叮咬等措施费用；施工现场操作场地的硬化费用；现场绿化费用、治安综合治理费用、现场电子监控设备费用；现场配备医药保健器材、物品费用和急救人员培训费用；用于现场工人的防暑降温费、电风扇、空调等设备及用电费用；其他文明施工措施费用。

绿色施工费包括：建筑垃圾分类收集及回收利用费用；夜间焊接作业及大型照明灯具的挡光措施费用；施工现场办公区、生活区使用节水器具及节能灯具增加费用；施工现场基坑降水储存使用、雨水收集系统、冲洗设备用水回收利用设施增加费用；施工现场生活区厕所化粪池、厨房隔油池设置及清理费用；从事有毒、有害、有刺激性气味和强光、噪声手工人员的防护器具；现场危险设备、地段、有毒物品存放地安全标志和防护措施；厕所、卫生设施、排水沟、阴暗潮湿地带定期消毒费用；保障现场施工人员劳动强度和工作时间符合国家标准《体力劳动强度分级》的增加费用等。

环境保护费包括：现场施工机械设备降低噪声、防扰民措施费用；水泥和其他易飞扬细颗粒建筑材料密闭存放或采取覆盖措施等费用；工程防扬尘洒水费用；土石方、建渣外运车辆冲洗、防洒漏等费用；现场污染源的控制、生活垃圾清理外运、场地排水排污措施的费用；其他环境保护措施费用。

②夜间施工增加费。规范、规程要求正常作业而发生的夜班补助、夜间施工降效、夜间照明设施的安拆、摊销、照明用电及夜间施工现场交通标志、安全标牌、警示灯安拆等费用。

③二次搬运费。由于施工场地限制而发生的材料、成品、半成品等一次运输不能到达堆放点，必须进行的二次或多次搬运所发生费用。

④冬、雨期施工增加费。在冬、雨期施工期间所增加的费用，包括冬季作业、临时取暖、建筑物门窗洞口封闭及防雨措施、排水、工效降低、防冻等费用；不包括设计要求混凝土内添加防冻剂的费用。

⑤已完工程及设备保护费。对已完工程及设备采取的覆盖、包裹、封闭、隔高等必要保护措施所发生的费用。

⑥临时设施费。施工企业为进行工程施工所必需的生活和生产用的临时建筑物、构筑物和其他临时设施的搭设、使用、拆除等费用。

临时设施包括临时宿舍、文化福利及公用事业房屋与构筑物、仓库、办公室、加工场等。

建筑、装饰、安装、修缮、古建园林工程规定范围内（建筑物沿边起50m以内，多幢建筑两幢间隔50m以内）围墙、临时道路、水电、管线和轨道垫层等。

市政工程施工现场在定额基本运距范围内的临时给水、排水、供电、供热线路（不包括变压器、锅炉等设备）、临时道路，不包括交通疏解分流通道、现场与公路（市政道路）的连接道路、道路工程的护栏（围挡），也不包括单独的管道工程或单独的驳岸工程施工需要的沿线简易道路。建设单位同意在施工就近地点临时修建混凝土构件预制场所发生的费用，应向建设单位结算。

⑦赶工措施费。赶工措施费是为了施工合同工期比现行工期定额提前，施工企业为缩短工期所发生的费用。如施工过程中，发包人要求实际工期比合同工期提前时，由发承包双方另行约定。

⑧工程按质论价。施工合同约定质量标准超过国家规定，施工企业完成工程质量达到经有权部门鉴定或评定为优质工程所必须增加的施工成本费。

⑨特殊条件下施工增加费。该项费用是指地下不明障碍物、铁路、航空、航运等交通干扰而发生的施工降效费用。

（2）专业措施项目费的组成

①非夜间施工照明费。为保证工程施工正常进行，在如地下室、地宫等特殊施工部位

施工时所采用的照明设备的安拆、维护、摊销及照明用电等费用。

②住宅工程分户验收费。该费用是按《住宅工程质量分户验收规程》的要求对住宅工程进行专门验收（包括蓄水、门窗淋水等）发生的费用。室内空气污染测试不包含在住宅工程分户验收费用中，由建设单位直接委托检测机构完成，由建设单位承担费用。

（3）总价措施项目费的计算方法

总价措施项目中以费率计算的措施项目费，其计费基础为：分部分项工程费+单价措施项目费–（除税）工程设备费；其他总价措施项目，按项计取（二次搬运费，地上、地下设施、建筑物的临时保护设施费用，特殊条件下施工增加费），综合单价按实际或可能发生的费用进行计算。

（三）其他项目费的组成及计算方法

1.其他项目费的组成

（1）暂列金额

暂列金额是建设单位在工程量清单中暂定并包括在合同价款中的一笔款项，用于施工合同签订时尚未明确或者不可预见的所需材料、工程设备、服务的采购；施工中可能发生的工程变更、合同约定调整因素出现时的工程价款调整；以及发生的索赔、现场签证确认等的费用；由建设单位根据工程特点，按有关计价规定估算；施工过程中由建设单位掌握使用，扣除合同价款调整后如有余额，归建设单位所有。

（2）暂估价

暂估价是建设单位在工程量清单中提供的用于支付必然发生但暂时不能确定价格的材料单价及专业工程的金额，包括材料暂估价和专业工程暂估价；材料暂估价在清单综合单价中考虑，不计入暂估价汇总。

（3）计日工

计日工是指在施工过程中，施工企业完成建设单位提出的施工图纸以外的零星项目或工作所需的费用。

（4）总承包服务费

总承包服务费是指总承包人为配合、协调建设单位进行的专业工程发包，对建设单位自行采购的材料、工程设备等进行保管及施工现场管理、竣工资料汇总整理等服务所需的费用。总承包服务范围由建设单位在招标文件中明示，并且发承包双方应在施工合同中约定。

2.其他项目费的计算方法

暂列金额、暂估价：按发包人给定的标准计取。

计日工：由发承包双方在合同中约定。

总承包服务费：应根据招标文件列出的内容和向总承包人提出的要求，参照下列标准计算：建设单位仅要求对分包的专业工程进行总承包管理和协调时，按分包的专业工程估算造价的1%计算；建设单位要求对分包的专业工程进行总承包管理和协调，并同时要求提供配合服务时，根据招标文件中列出的配合服务内容和提出的要求，按分包的专业工程估算造价的2%~3%计算。

注意：在一般计税方式下，暂列金额、暂估价、总承包服务费中均不包括增值税可抵扣进项税额。

（四）规费的组成

规费是指有权部门规定必须缴纳的费用，为不可竞争费。其内容包括：

（1）工程排污费

工程排污费包括废气、污水、固体及危险废物和噪声排污费等内容。

（2）社会保险费

社会保险是指企业应为职工缴纳的养老保险、医疗保险、失业保险、工伤保险和生育保险五项社会保障方面的费用。为确保施工企业各类从业人员社会保障权益落到实处，省、市有关部门可根据实际情况制定管理办法。

（3）住房公积金

住房公积金是企业应为职工缴纳的长期住房储金。

（五）税金的组成及计算方法

1.简易计税方法下税金的组成及计算方法

税金是指国家税法规定的应计入建筑安装工程造价内的增值税应纳税额、城市建设维护税、教育费附加及地方教育附加，为不可竞争费。

增值税应纳税额=包含增值税可抵扣进项税额的税前工程造价×适用税率，税率为3%。

城市建设维护税=增值税应纳税额×适用税率，税率：市区为7%、县镇为5%、乡村为1%。

教育费附加=增值税应纳税额×适用税率，税率为3%。

地方教育附加=增值税应纳税额×适用税率，税率为2%。

以上四项合计，以包含增值税可抵扣进项额的税前工程造价为计费基础，税金费率：市区为3.36%、县镇为3.30%、乡村为3.18%。如各市另有规定的，按各市规定计取。

2.一般计税方法下税金的组成及计算方法

税金是指根据建筑服务销售价格，按规定税率计算的增值税销项税额，为不可竞争费。税金以除税工程造价为计取基础，费率为11%。

二、建筑工程施工图预算的编制

施工图预算是施工图设计完成后，以施工图为依据，根据预算定额和设备、材料预算价格进行编制的预算造价，是确定建筑工程预算造价的文件。

（一）施工图预算的编制依据

1.经批准的初步设计概算

经批准的初步设计概算：文件是控制工程拨款和贷款的最高限额，也是控制单位预算的主要依据；若工程预算确定的投资总额超过设计概算，须补做调整设计概算，经原批准机构或部门批准后方可实施。

2.施工图纸及说明书和标准图集

经审定的施工图纸、说明书和标准图集，完整地反映了工程的具体内容，各分部分项的具体做法、结构、尺寸、技术特征和施工做法，是编制施工图预算的主要依据。

3.施工组织设计或施工方案

施工组织设计或施工方案，是由施工企业根据工程特点、现场状况及所具备的施工技术手段、队伍素质和经验等主客观条件制定的综合实施方案。施工图预算的编制应尽可能切合施工组织设计或施工方案的实际情况。施工组织设计或施工方案是编制施工图预算和确定措施项目费用的主要依据之一。

4.现行预算定额或企业定额

现行建筑工程预算定额或企业定额，是编制预算的基础资料，利用预算定额或企业定额，可以直接获得工程项目所需人工、材料、机械的消耗量及人工费、材料费、机械费、企业管理费、利润。

5.地区人工工资、材料预算价格及机械台班价格

预算定额中的工资、材料、机械的价格标准代表的是编制定额时期的水平，不是市场目前的实际水平，在编制预算时需要将定额水平价格换算成实际价格水平。

6.费用定额及各项取费标准

费用定额及各项取费标准由工程造价管理部门编制颁发。计算工程造价时，应根据工程性质和类别、承包方式及施工企业性质等不同情况分别套用。

7.预算工作手册和建材五金手册

预算工作手册中提供了工程量计算参考表、工程材料质量表、形体计算公式及编制计价表的一些参考资料；建材五金手册主要介绍了常见的五金商品（包括金属材料、通用配件及器材、工具、建材装潢五金四个大类）的品种、规格、性能、用途等实用知识。这些

资料可以在计算某些子目工程量、进行定额换算或工料分析时为我们提供帮助。

（二）施工图预算的编制方法

单位工程施工图预算，目前主要有工程量清单计价和计价定额计价两种施工图预算的计价方式。

1.工程量清单计价方式

它是指按照国家统一的工程量清单计价规范，配套使用建筑与装饰工程计价定额、费用计算规则，由招标人（发包人）提供工程数量，投标人（承包人）自主报价，按规定的评标方法评审中标（确定合同价格）的计价方式。这种计价方式是在招标投标的模式下进行的，投标人所报的分部分项工程单价中包含了人工费、材料费、机械费、企业管理费和利润，而且所有的价格都是市场价。因此，这种计价方式完全符合市场经济的需要和建筑计价市场化的要求。更重要的是，由于采用的是全国统一的计价模式，打破了以往定额计价所造成的地域封闭性，有利于形成一个开放的市场。

2.计价定额计价方式

它是指按照计价定额和费用计算规则，套用定额子目，计算出分部分项工程费、措施项目费、其他项目费、规费和税金的工程造价计价方式。其中，人工、机械台班单价按省造价管理部门规定，材料单价按市造价管理部门发布的市场指导价取定。

这种计价方式和传统计价的相同点是：仍然采用套定额的模式，由于套定额，就因而造成了一定的地域封闭性；其不同点是：费用计取的方法不同，现在的定额计价已具有市场化的特点。

（三）工程量清单计价的编制步骤

1.熟悉施工图纸

施工图纸是编制预算的基本依据。只有熟悉图纸，才能了解设计意图，正确地选用定额，准确地计算出工程量；对建筑物的平面布置、外部造型、内部构造、结构类型、应用材料、选用构配件等方面的熟悉程度，将直接影响编制预算的速度和准确性。

2.熟悉招标文件和工程量清单

工程量清单计价是在招标投标的情况下采用的计价方法，招标投标中的招标方将向符合条件的投标方发放招标文件和工程量清单。招标文件直接代表了招标方的意图，投标方的投标要做到有的放矢，熟悉招标文件是投标成功的不可缺少的一个步骤（在招标投标中，规定不实质性相应招标文件的投标文件一概作废标处理）；工程量清单作为招标文件的一个组成部分，对工程中的内容作了详细的描述，投标方只有在透彻了解工程量清单的基础上，才能准确报价。

3.熟悉现场情况和施工组织设计情况

工程的价格与施工现场的情况及施工方案是紧密相连的，施工现场条件不同，施工方案不同，同一个工程将产生不同的价格。作为计价人员，只有熟悉现场和施工组织设计，才能获得真正意义上的工程造价。

4.熟悉预算定额

招标方编制工程量清单，投标方填报单价。价格是在使用预算定额的基础上获得的，只有对预算定额的组成、说明和规则有了较准确的了解，才能结合图纸和清单，迅速而准确地确定价格。

5.列出工程项目

在熟悉图纸和预算定额的基础上，根据清单中的项目特征及预算定额的工程项目划分，列出所需计算的分部分项工程。

6.计算工程量

清单计价中投标方填报的是清单单价，根据：清单工程量×清单单价=Σ（计价表分项工程工程量×计价表分项工程综合单价），为了获取清单单价，首先要计算清单项所包含的计价表各分项工程的工程量、各分项工程的综合单价、清单工程量，然后利用清单单价=Σ（计价表分项工程量×计价表分项综合单价）/清单工程量的公式计算而得。

由上式可知：清单计价需要计算两次工程量，一次是按清单工程量计算规则计算的清单工程量，另一次是按计价表计算规则计算的计价表工程量。清单计价是针对招标投标工程而推出的计价形式，招标方在招标文件中会提供工程量清单，该清单中将给出各清单项的工程量（按清单工程量计算规则计算而得），报价方需要对应每个清单项计算各计价表分项工程的工程量，查定额，方能进行报价。

工程量是编制预算的原始数据，计算工程量是一项繁重而又细致的工作，不仅要求认真、细致、准确，而且要按照一定的计算规则和顺序进行，这样，不仅可以避免重算和漏算，也便于检查和审查。

7.套定额

在确定综合单价的过程中，常有以下三种情况：

（1）直接套用

如果分项工程的名称、材料品种、规格及做法等与定额取定完全一致（或虽不一致，但定额规定不换算者），可以直接使用定额中的消耗量及综合单价。

（2）换算套用

如果分项工程的名称、材料品种、规格及做法等与定额取定不完全一致，不一致的部分定额又允许换算，可以将定额中的消耗量或综合单价换算成需要的消耗量及综合单价，并在定额编号后加"换"字以示区别。

（3）编制补充定额

如果分项工程的名称、材料品种、规格及做法等与定额取定完全不同，则应采用定额测定的方法编制补充定额。

（四）计价定额计价的编制步骤

1.熟悉施工图纸

熟悉施工图纸是计价定额计价的根本。

2.熟悉现场情况和施工组织设计情况

计价定额计价主要针对的是不采用招标投标的工程。因此，计价采用的模式还是以往的套定额计价的方法，不需要甲方提供招标文件和工程量清单。

3.熟悉预算定额

计价定额就是预算定额，使用计价定额计价的首要工作就是要熟悉计价定额（预算定额）。

4.列出工程项目

在熟悉图纸和预算定额的基础上，根据预算定额的工程项目划分，列出所需计算的分部分项工程。对于初学者，可以按定额顺序进行列项，避免漏项或重项。

5.计算工程量

按照所列的项目在定额中对应的工程量计算规则计算工程量。

6.套定额

套定额有三种方式：直接套用、换算套用、编制补充定额。

7.装订成册

将工程的整套预算资料按顺序编排装订成册。

第二节　建筑工程造价的价格机制与信息管理

一、建立以市场形成价格为主的价格机制

（一）概预算"三超"现象

近年来，我国经济持续快速发展，固定资产投资数额逐年大幅增长，投资规模不断扩

大，尤其是一些政府投资的公益项目，基础设施的建设，大大改善了我国投资环境，提高了人民的生活水平。但是，随着政府投资项目建设对资金的需求量越来越大，超概算的现象层出不穷。预算超概算、决算超预算的严重情况，造成大量的拖欠工程款；导致施工企业资金匮乏，运转不灵，人力、物力、财力不能合理使用，国家投资不能发挥应有效益。造成项目建设超概算的原因是多方面的，有合理因素，也有不合理因素。政府投资项目超概算的现象有：

（1）项目立项审批前，没有科学合理的概算，靠粗略的估计数代替，或投资概算缺乏科学的依据；为了项目易审批，人为压低概算，有的人为扩大投资概算，给自己预留宽松的资金使用环境。

（2）由于地貌与设计图纸不符，或由于地质条件与设计不符，是工程造价增加的一个主要的原因；在勘察设计阶段缺少深入细致的调查，设计缺少全局概念，工程中敷衍了事；设计水平低下造成设计工作深度不够，导致项目实施过程变更频繁，漏项补充，因而增加额外投资。

（3）承包商在投标报价时，在不影响总价的情况下将工程预计会增加的项目的单价提高，以求在工程结算中得到更理想的造价，导致工程费用增加。因为建筑工程分部分项工程的人工、材料、机械台班的价格已不能准确反映当时当地以及价值规律所带来的各种价格变化，一些企业煞费苦心，想尽各种办法。很多企业在施工中偷工减料，导致各种建筑产品质量不过关，这些与建筑产品的价格有必然的联系。

在进入市场经济后，建立在高度集中的计划经济管理模式条件下的预算定额制度显然已不适应开放竞争的市场经济。其实，社会强烈要求放开价格和取消"定额"的呼喊声已多年了。随着《中华人民共和国价格法》的颁布实施，明确了建设主管部门对建筑产品价格管理权限，明确了工程造价管理机构具有对建筑产品价格实行管理、监督和必要的调控权力。工程造价管理体制改革的目标是在工程量规则和统一消耗量标准的基础上遵循价值规律，建立由市场形成价格为主的价格机制，工程造价的管理工作转移到建筑产品的价格管理上。

长期以来，我国工程建设项目的"三超"现象普遍存在，严重影响了工程项目的投资管理。

在我国工程建设领域，工程与经济分离。正如许多国外专家指出的，我国工程技术人员的技术水平、工作能力、知识面与国外相比，几乎不分上下。但我国的设计人员大多缺乏经济意识，设计思想保守；国外技术人员在做设计方案中时刻想着如何降低工程造价，而我国设计人员则把它看成与自己无关，认为这是概预算人员的职责；而工程概预算人员也很少了解设计和工程进度中的各种关系和存在的问题，常常只负责设计完成后的算账，不管设计，也不以工程造价价格来控制和约束设计。这就形成"你搞你的设计，我算我的账"，使技术与经济严重脱节，难以从根本上有效控制工程造价。

目前，为控制工程造价推行限额设计，就是按照批准的设计任务书和投资估算控制初步设计；按照批准的初步设计总概算控制施工图设计，同时各专业又要在达到使用功能的前提下；按分配的投资限额控制专业设计，严格控制技术设计和施工图的不合理变更以保证总造价不被突破。

（二）建筑产品价格的改革方向

建筑业发挥支柱产业作用的主导障碍是：长期受传统体制的影响在经济运行中忽视建筑业作为一个独立物质生产部门的地位和作用，基本建设投资与建筑业混而不分，导致管理体制不顺，全行业效益低下，盈利水平过低，后劲不足，很难自我积累，自我发展；企业技术进步能力不足，技术素质、管理水平、产品质量、生产效率与发达国家差距较大，参与国际竞争缺乏应有的优势；代表行业先进技术水准的大型国有企业活力不足，社会负担重，经济效益滑坡，走向市场步履艰难。

我国建筑造价费用的构成及计算程序和方法对招标投标有着极大的约束力，在取费方面，以直接费为取费基础，按照规定的费率取费。但是，以单位工程直接费来取间接费等费用的方法，使各分部工程的费率都一样，实质上是按直接费的大小来分摊其他费用和利润，这是不合理的，势必会限制建筑行业的分工协作，不利于工人专业技术水平的提高，也不利于管理水平、协调能力的提高。

目前，我国很多地区在建设工程招标投标过程中，报价和标底价的确定依然沿用计划经济体制下的工程价格计算模式，即以国家和省市的定额，单位估价表相配套的工程量计算规则和图纸计算工程量编制工程预算总价，然后根据费率得出最终的投标报价。这种工程价格的确定模式严重地影响了市场机制的作用。

二、我国建筑产品价格机制及其作用

在我国，建筑产品价格的概念，只是在经济体制改革后才逐步为人们所认识。随着社会主义市场经济体制的确立和投融资体制改革及企业改革的深化，投资方与建筑企业之间已经由计划经济下的附属关系转变为商品经济社会必有的市场契约关系。建筑工程承发包价格性质自然就成为一种社会价格行为。建筑产品价格的形成，将受到商品经济规律即价值规律、供求规律和竞争规律支配与制约。现在，这一系列的新观念已经为人们所共识，与此相适应，现有的工程造价理论体系，也就面临着重新构筑的形势；按照建立社会主义市场经济的要求，为适应入世后的国际市场惯例，建立以市场形成价格的工程造价运行机制势在必行。

以市场形成的价格，即市场价格，与传统体制下的计划价格相比有着极大的差异。

在高度集中的计划经济体制下，决定产品价格的主要因素实际上是一个时期的政治经济需求。所谓计划价格，基本上是长期不变的固定价格。价格根本不反映价值，不反映市场供求关系。随着理论与实践的发展，人们对市场和价值规律的认识也在不断深化。价格机制对市场的调节作用，实质上就是价值规律通过价格功能发挥的调节作用。由于价格机制的作用，市场价格受市场供求关系的影响不断变化，变化着的市场价格不断地向生产者发出价格信号，生产者又不断根据价格信号调整商品供给量和商品品种。这种过程不断地持续和反复，直至市场商品供求相对均衡。因此，价格机制的作用过程是：供小于求→市场价格提高→生产者增加供给量→供大于求→市场价格降低。通过价格机制的作用，市场价格调节着社会生产与消费。我国计划经济时期，不重视价值规律的作用，因而也把价格的调节功能封闭起来。随着我国社会主义市场经济的发展，价格在社会经济中的调节作用已经开始启动。实际上，价格在调节市场资源配置方面，像一只"无形的手"时刻发挥着作用。在市场经济体制下，只有把价格机制同市场资源配置联系起来，才能把握市场价格运动的规律，才能充分运用价值规律的杠杆作用，促进市场的发育和完善，促进经济结构的优化和调整。因此，必须逐步取消完全由政府计划定价的管理方式，切实把价格机制置于国民经济微观经济运行的核心部分，保证价格机制的正常调节作用。

（一）我国建筑产品价格

由于建筑产品具有单件性、固定性和劳动者的流动性，以及体积大、价值高、生产周期长的特点，决定了其定价活动比较复杂，往往是一个较长的过程。其中合同价是生产前的预定交易价，结算价是最终的成交价。从合同价签订到结算价形成，涵盖了整个建筑产品的生产过程，同时承发包双方的交易也贯穿这个过程之中。

因建筑产品具有单件性、体积大、工期长等特点，造成了特殊计价方法——工程估算、概算、预算、结算。建筑产品都是为特定用户一次性设计建造的，不能批量生产和事先确定价格，只能按分部分项套用技术经济参数如定额费率等进行测算，形成不同阶段的测算价，供定价做参考。

因建筑产品生产周期长和影响因素的不确定性特点造成的特殊定价过程——标底价、投标报价、中标价、合同价、结算价。建筑产品是需求在先、供给在后，定价也是分阶段进行的。标底价是发包方的测算价，投标报价是承包方的测算价，中标价是双方达成一致的测算价，合同价一般是中标价，结算价是包含了设计变更政策性调整和物价变化因素所形成的最终价。

建筑产品的固定性使建筑产品的价格具有较强的地区性——地区之间价格差别很大。由于建筑地点不同，各地的建筑材料、水电、运输、人工的价格及施工条件等有很大不同，所以地区间定额水平、工程价格均有较大差异。

因建筑产品计价的复杂性和市场主体的不成熟性造成的计价纠纷较多——工程定额解释、价格纠纷调解和仲裁仍是工程计价活动不可缺少的重要环节。

价格改革包括两个方面的内容：一是理顺价格关系，克服扭曲状态，使价格结构趋于合理；二是改革价格体制，除极少数重要的资源垄断性产品和公共产品的价格外，绝大多数商品和劳务的价格，多在市场竞争中形成。国家主要运用经济政策和经济手段，控制物价总水平的上涨幅度。在这两个方面的改革中，后一方面的改革，即价格形成机制和调控机制的改革，是更为重要的、更具实质性的。

市场经济具有许多共同的特性，在市场经济条件下，一切生产要素都是商品，市场经济是以市场机制配置社会资源，企业是市场的主体，凡是市场能够解决的问题，就不需要政府去解决，政府只需解决市场本身不能解决的问题，市场经济是法治经济，市场中的各方行为要由法律来规范；市场经济是一种竞争经济，利益驱动经济，竞争就会有风险，风险应当由人承担，在竞争中优胜劣汰，政府不保护落后；市场经济是开放性的外向经济。

在建筑市场中，并不是个别企业决定着建筑产品价格，而是由市场竞争形成价格。在目前情况下，国家规定由直接费定额、间接费和规定的取费程序标准，只允许企业在利润和投标策略上有自己的自主权，造成企业竞相压价，要么通过不合法手段弥补所受损失，要么使施工企业所创造的价值被其他部门无偿占有，是不利于施工发展的。建筑工程造价费用构成及计算程序和方法对招标投标有着极大的约束力。一方面，在取费方面，是以直接费为取费基础，按照规定的费率取费，各企业的报价在不考虑投标策略与技巧时都追求接近标底，使企业的自主权变得很小，竞争空间狭小。另一方面，以单位工程直接费等费用的方法，使各分部工程的费率都一样，其实质是按直接费的大小来分摊其他费用。而实际情况是就整个单位工程来讲，规定的费率可以使承包商有相应的管理费用和利润，但就某一分部工程如土石方工程，因定额直接费与市场价格相比相差甚远；同样的费率，就使该分部工程管理费用不足。如果允许分包的话，按照目前国有企业的状况，则分包商无利可图，甚至亏损，这样的结果会限制社会上尤其是建筑行业的分工协作和专业化程度的提高，不利于工人专业技术水平的提高，也不利于企业管理水平、协调能力的提高。目前我国在工程间接费取费问题上采取差别费率原则，有的省市按企业类别和工程类别取费，这实际上也是一种地方保护主义做法，给国有大型企业开绿灯，这种做法违背了市场经济的发展要求，不利于市场经济的健康发展。

市场经济最大的优点是能适应不断变化的社会经济条件，起到优化资源配置的基础作用，因此对于建筑方面，要从基本建筑产品也是商品的认识出发，以价值为基础，确定建筑安装工程的造价；通过建设市场的有序竞争，逐渐克服现行工程造价计价方式中的消极因素，建立市场机制下的造价体系。

强制推行全国性的统一工程量计算规则及计量标准，可覆盖或原则覆盖全国各地现行规则和标准，为解决量的统一问题打好基础。

遵循商品经济价值规律，建立以市场形成价格为主的价格机制，实现"量价"分离，由政府部门发布定额单价或指导价格为市场价格，企业根据政府和社会咨询服务机构提供的市场信息和造价指数，结合企业自身实际情况，自主报价，通过市场竞争予以定价并以合同的形式明确约定，也可随物价指数变动而调整的条件，解决定额单价法中争议较大的价格波动问题和由定额规定统一消耗量的问题。

落实建设工程招标投标制度，消除建设市场中的条块分割、地方保护、行政干预及违法挂靠、倒手转包等违规违法做法，通过招标投标竞争，使工程质量、工期和造价得到全面优化，提高投资效益。

企业根据自身管理情况和工程情况，自主确定投标报价取费标准，克服指令性的政府主管部门调控取费计取费率的不合理因素，从根本上消除工程施工中的层层转包、坐吃级差等妨碍市场发展的不规范现象，体现公平、公正的市场竞争原则。

政府部门实行工程建设中的宏观职能，规定政府投资项目的管理实施办法，指导而不干涉工程建设中的招标投标等法人行为，收集、管理并定期公布市场信息和物价指数，以及各种设备材料、工资、机械台班的价格指数以及工程造价指数，供建设单位、施工单位、造价咨询服务单位参考。

为建设市场提供工程造价咨询服务的社会中介机构，通过优质高效的服务、准确可靠的工程造价信息及较高的业务水平、较强的技术能力，为业主方、工程承包方等提供工程造价管理、控制等咨询服务。

工程造价的计价方式，最终应通过市场价格机制的运行，形成统一、协调、有序的工程造价管理体系，达到合理使用投资、有效控制工程造价、取得最佳投资效益的目的，逐步建立起适应社会主义市场经济体制，符合我国国情并与国际惯例接轨的工程造价管理体制。

建筑产品的固定性使建筑产品的价格具有较强的地区性—地区之间价格差别很大。由于建筑地点不同，各地的建筑材料、水电、运输、人工的价格及施工条件等有很大不同，所以，地区间定额水平、工程价格均有较大差异。

因建筑产品计价的复杂性和市场主体的不成熟性造成的计价纠纷较多。工程定额解释、价格纠纷调解和仲裁仍是工程计价活动不可缺少的重要环节。要适应社会主义市场经济的价格形成机制，必须达到三大目标：①绝大多数商品、劳务的价格和收费应由企业根据市场的供求决定产品价格。②要形成以合理的比价体系和差价体系。在市场经济条件下，总体上要由市场机制来配置资源，通过价格信号来配置资源，这是实现资源合理配置的主要途径。通过市场形成价格，实行优质优价、劣质低价，调节市场供求关系。③要形成合理的价格管理体制。产品定价的主体应由国家转向企业和经济单位；政府主要管好宏观调控，控制物价总水平，避免价格大起大落和通货膨胀。要促进市场体系的发展和成熟，必须进一步加快价格改革步伐，逐步建立起以市场形成价格为主的价格机制。

（二）建筑企业竞争方式的改变

施工企业的经济效益来源于一个具体的工程项目，而工程项目的承揽来源于市场。因此，充分研究市场，发挥企业在市场中的作用，对企业的发展具有重要的意义。长期以来，由于建筑产品采用政府定价、行政干预，价格机制严重扭曲；工程承发包中竞争不充分，施工企业缺乏活力和创新。

建筑市场是一个广阔的市场，对于每一个建筑企业来说，可利用的自然资源有限、人力资源有限、时间有限、资金有限；如果市场定位不准，就会造成资源浪费。因此，必须研究建筑市场，开拓建筑市场。

建筑产品实行市场定价是市场经济发展的产物。定额在编制时，使用的是已经发生的价格；而编好之后一般使用好几年，是一个静态价格。虽然每年各省出汇编，调整价格，那也是对有限的个别材料调整，不能对所有的材料作出全面的动态调整，也就不可能真实反映建筑产品的价格，因此根据定额编制出来的预算价格明显滞后于市场价格，存在严重的脱节。建设单位编制标底的依据是定额，施工企业编制标底的依据也是定额，并且计算口径都是统一的。从理论上分析，各投标单位编制的价格及标底价格应是完全相同的。按原有的评标办法，中标价控制在标底的合理幅度内，往往最靠近标底的中标价，而报价较低者反而缺乏竞争力，甚至成为废标。于是承发包市场招标投标竟成"预算比赛"，这样的制度显然不利于投标单位在价格上竞争，施工企业的自身技术专长和施工经验、施工设备配备情况、材料采购渠道的多样性和管理水平等优势均无从体现，而且容易引发标底泄密的严重问题。

成本价也是一个动态值，是一个可变因素，往往会随时间、环境、地点变化而变化。建筑产品不同于一般商品，它是先定价，后形成产品，且建设周期长，因时间的差异，当初中标时的成本价与最后竣工时的成本价存在差距，即使承包时不低于成本价，由于市场影响的原因或实际施工过程管理不当，最终价格难免要低于成本价。因此，采取"量价"分离，在统一计量单位、统一项目划分、统一工程量计算规则的基础上实行实物清单报价。在市场经济体制下，根据市场需求和内部定额，结合市场价格信息、管理技术水平，进行自主报价；开展充分竞争，发挥价值规律的作用；通过市场来调节供给需求，实现优胜劣汰，增进企业的创新性和活力。

以往，在工程招标投标中采用的是根据定额编制出来的预算价格，而定额是"政府定价、企业生产、政府报销"的计划经济的产物。如果定额在那个时代是适用的，那么时至今日则已落后，有着明显弊端。定额在编制时使用的是已经发生的价格；而编好之后又往往几年不动，只是一个静态价格，没有及时动态调整。因此，我们必须在统一计量单位、统一项目划分、统一工程量计算规则的原则下实行实物工程量清单报价。

实物工程量招标的出发点，并不是以牺牲施工企业的经济效益来换取业主节约投资的效益，而是要求施工企业通过先进的技术方案，提高管理水平来降低造价，所以在评标过程中也并不是一味地以低价作为唯一标准。

采用实物工程量，工程报价单是建设工程施工合同的组成文件，其作用是：为招标方编制工程量清单和投标方编制清单报价提供拟建招标工程的工程实物量，为投标方提供一个平等竞争投标的基础，符合商品交换要以质量为基础进行等价交换的原则；在工程实施过程中，工程款结算时可按照工程量清单表中序号对应的项目，按合同单价和有关合同条款计算工程款是工程款结算的依据；在工程变更增加项目或索赔时，可以选用或参照工程量清单中的单价来确定新项目或索赔项目的单价和价格。

工程量清单的编制应与投标须知、合同条件、合同协议条款、技术规范和图纸一起使用。工程量清单所列的工程量系指招标单位暂估的，作为投标标价的共同基础。付款以实际完成的符合合同要求工程量为依据。工程量由承包单位计量，监理工程师核准。工程量清单中所填入的单价和合价，应按照现行预算定额的工料机消耗标准及预算价格确定，作为直接费的基础。其他直接费、间接费、利润、有关文件规定的调价、材料差价、设备差价、现场因素费用、施工技术措施费及采用固定价格的工程所测算的风险金、税金等按现行的计算方法计取，计入相应的报价表中。

工程计价是统一的工程项目划分，统一的工程量计算规则，统一的计量单位，统一的项目编号，统一的消耗量标准。

招标方提供的实物量与招标图纸实际工程量不符，其工程量之差应给予调整，单价以工程投标中标后确定的单价为准。

三、工程造价的信息管理

（一）建筑工程造价信息管理概念

信息管理是一个现代化的组织机构实现其主旨目标的前提，它为管理和经营工作提供指令或依据。管理活动中的信息不会自动流向管理者，因此对原始的数据、信号加以收集、加工整理、存储、传递与应用，是管理工作的一项重要内容，即信息管理。其实质就是根据信息的特点，有计划地组织信息沟通，使决策者能及时、准确地获得所需要的信息，达到正确决策的目的。为了达到这一目的，就要把握信息管理的各个环节，并做到：了解和掌握信息来源，对信息进行分类；掌握和正确运用信息管理手段；掌握信息流程的不同环节，建立信息管理系统。

信息系统是指对数据进行收集、存储、加工整理并能提供使用信息的系统。具体地说，它是由一定的人、设备及信息处理过程、程序所组成的从内涵和外源两个方面提供有关信息的一个结构性综合体，涵盖了现代电子技术、管理科学、决策科学和信息科学等多门学科。信息系统主要研究系统中信息传递的逻辑顺序与数学模型，并利用计算机研究这些信息和描述数学模型的方法和手段。

对企业信息的管理过程，实质上是对企业生产经营活动信息的管理过程。信息管理工作的主要内容包括信息收集、信息处理、信息存储和信息传输四个环节，其核心是全面正确地把握信息管理的各个环节，正确应用信息管理的手段，对信息源、信息流、信息载体及信息接收进行系统、严格、细致、综合的管理。

（二）建筑工程造价信息管理内容

1.工程造价资料积累

建设工程造价资料积累是工程造价管理的一项重要的基础工作。经过认真挑选、整理、分析的工程造价资料是各类建设项目技术经济特点的反映，也是对不同时期基本建设工作各个环节（设计、施工、管理）技术、经济、管理水平和建设经验教训的综合反映。工程造价资料积累的目的是使不同的用户都可以使用这些资料来完成各自的工程造价控制的任务。工程造价资料积累，一方面要包括工程建设各阶段的工程造价资料，另一方面要体现建设项目组成的特点，既要包括建设项目、单项工程、单位工程的造价资料，也要包括有关新材料、新工艺、新设备、新技术的分部分项工程造价资料。而且这些工程造价资料的积累的内容，不仅要有价，还要有量。

2.主要设备和主要材料用量的价格管理

设备和材料的支出在整个工程造价中占很大的比例，因此必须存储它们的用量和价格。特别是用量，其与价格相比有相对的稳定性。只要掌握了设备和材料的用量，就可以随时套用最新价格，从而得到对设备和材料支出的最新估计。用这些估计与原价格体系下作出的估计相比较，还可以看出设备和材料支出的变化情况。

3.工程造价资料的分析与使用

（1）工程造价资料的分析与使用时积累资料的主要目的

资料分析可以研究每项工程在建设期间的造价变化，各单位工程在工程造价中所占的比例，各种主要材料的用量及使用情况，各种影响工程造价的因素如何发挥作用。另外，工程造价资料的分析可以研究同类工程在造价方面出现差异，以及引起这些差异的原因，找出同类工程所共同反映出的造价规律。对于工程项目主管部门来说，其主要考虑项目的投入及实施情况，因此可以利用工程造价资料进行建设成本分析，得出建设成本上升或下降的额度和比例。

（2）工程造价管理信息系统的作用

工程造价信息系统实质是运用计算机来完成工程造价信息的收集、传输、加工、保存、维护和使用的人机对话系统，它既包括代替人工烦琐工作的各种日常业务处理系统，也包括为管理人员提供有效信息，协助领导者进行决策的决策系统。

①将计算机用于定额管理是实现现代化的重要和关键一步，它使定额和估算指标的编制维护贯彻工作更为便利，也有利于进行全国范围的定额集中管理。

②用计算机进行价格管理，有利于价格进行宏观上的管理，减少重复收集价格信息的工作，有利于对价格的变化作出分析，使造价管理人员及时了解价格变化对工程造价的各种影响；便于对不同地区的造价水平进行比较，以及对价格的变化进行预测。

③用计算机进行工程造价估计，能够保证造价工作的及时性和准确性，很方便地产生工料分析、每平方米造价等附加信息，能对设计变动和价格变动作出及时的反应，同时为控制工程造价提供基础数据。

④用计算机进行造价控制可以使建设单位随时监督工程的进度和成本，及时发现存在的问题，施工单位能够按月得到正确可靠的进度和成本信息。及时发现成本的上升，以便采取积极的纠偏和防范措施，使甲乙双方能够根据建筑市场行情的变化实现对工程造价的动态控制。

合同管理中一个很复杂的问题是工程变更引起的工期、造价和材料需求的变化。由于工程变更在施工过程中经常出现，因此必须及时地将这些变化反映到合同文件中，并能及时有效地调整进度计划，成本计划及材料、设备供应计划等。这些工作都可以通过计算机自动完成。使用计算机管理系统的现代化管理不仅可以快速、有效、自动而又系统地存储修改、查找及处理大量数据，而且能够对施工过程中因受人为因素或其他因素影响而发生的变化及时分析，对工程进度、质量、成本、安全、资源等项目管理目标进行综合控制并主要通过管理工作实现。

在市场信息社会中，能否及时、准确地捕捉到市场价格信息是业主和承包商占有竞争优势和取得赢利的关键。政府定期发布工程造价资料信息，社会咨询部门也发布价格指数、成本指数、投入价格指数等造价信息来指导工程项目的估价。

我国目前造价信息是由政府建设主管部门发布的，这使得建筑产品价格确定中的竞争因素太少，造成遏制竞争、抑制投资者和发包方积极性与创造性的不良后果。目前为了加快全国统一的价格资料信息网建设，弥补定额中价格的不足，各地都定期发布各种价格信息资料或综合价格指数，这是定额调整的一种方法，但是由于地区性比较明显，而各地之间的价格差异较大，各地区价格不能适应市场需求。为了打破这种格局，由政府出面，分地区、分部门委托有能力的社会工程造价咨询机构，组建全国统一的价格信息网，多渠道收集、整理工程造价资料与信息，建立数据库，实现电算化，并实行网络化管理。这些价格资料及时准确地收集整理分析，建设工程成本分析、单位生产能力投资分析，成为编制估算、概算、预算、结算、标底的依据。最重要的是可以用以测定调整系数，编制造价指数，作为技术经济分析的基础资料，也可用于研究同类工程造价变化规律。

一切资料和信息的收集与整理的目的都在于应用。积极推广使用计算机建立资料与信息数据库，开发应用管理软件程序。按区域部门实现网络管理、资源共享，这样有利于对价格进行科学管理，有利于促进我国工程造价管理水平的总体提高。

随着社会主义经济的不断发展和改革的日益深化，工程造价管理的目标日益明确，最终将达到"量价"分离，能够按照经济规律的要求，通过有效平等的市场竞争，合理和有效地确定工程造价，以提高经济效益和建筑企业的经济效果。

工程造价的有效控制是建立在工程造价的合理确定的基础上的。无论是对工程建设项目的投资方、设计方还是承包方来讲，工程造价的合理确定，都是工程造价管理人员所面临的重要课题。特别是随着科学技术的不断进步，新材料、新技术、新工艺、新方案的出现，都要求工程造价管理人员及时掌握相关知识。客观、准确地进行估算和计价。工程造价资料作为信息资料的一部分，其基础数据的共享，是工程造价合理确定的有效方法。

在市场经济条件下，获取市场价格信息不仅是业主和承包商保持优势和取得盈利的关键，也是建筑产品估价和结算的重要依据，工程造价信息的编制合法性应与世界上一些发达国家和地区应形成较完整的体系，信息及时、完整、适用、适应市场快速、高效、多变的特点，基本上应满足建筑市场主体对价格信息的需要。

（三）信息管理程序与方法

1.信息系统

信息系统是指对数据进行收集、存储、加工整理并提供使用信息的系统。具体地说，它是由一定的人、设备及信息处理过程、程序所组成的从内涵和外源两个方面提供有关信息的一个结构性综合体，涵盖了现代电子技术、管理科学、决策科学和信息科学等多门学科。信息系统主要研究系统中信息传递的逻辑顺序与数学模型，并利用计算机研究这些信息和描述数学模型的方法和手段。

工程造价的合理控制是建立在工程造价的合理确定的基础上的。无论是对工程建设项目的投资方、设计方还是承包方来讲，工程造价的合理确定，都是工程造价管理人员所面临的重要课题。特别是随着科学技术的不断进步，新材料、新工艺、新方案的不断出现，都要求工程造价管理人员及时掌握相关知识，随时补充、更新自己的专业理论体系，客观、准确地进行估算和计价。工程造价资料作为信息资源的一部分，其基础数据的共享是工程造价合理确定的有效方法。

工程造价信息系统主要从以下几个方面进行：以房地产开发和工程项目建设投资为基

础的工程造价信息系统，对建设项目进行投资估算和财务评价，对投资规模、融资方案、设计水平、承包方式和招标手段等进行控制；以设计概算为基础的工程造价信息系统，对建设项目进行可行性研究，对设计方案进行经济技术论证分析和优化，推行限额设计，推行并不断修正本单位的设计概算指标；建立以投标报价为基础的工程造价信息系统，根据本企业的施工水平和工程特点，制定投标方案、编制投标文件、确定投标策略，最终形成开放式报价；建立以施工经营管理为基础的工程造价信息系统，对施工组织设计和施工方案进行比选，进行工程承包、成本计划、成本核算，对新工艺、新方法进行实际测算，从而有效控制成本，提高工效，增强竞争力。

以上四个系统不是相对独立的，而是紧密联系、互为参考的，每一个层次都为下一个层次提供了控制指标和控制限额；下一个层次则是上一个层次工程价格组成的基础，对上一层次进行反馈与补充。因此，工程造价管理人员必须全面了解工程每一过程的造价水平，才能真正对工程造价进行全面、准确的控制和确定。

2.信息管理的主要工作

对企业信息的管理过程，实质上是对企业生产经营活动信息流的管理过程。信息管理工作的主要内容包括信息收集、信息处理、信息存储和信息传输四个环节，其核心是全面正确地把握信息管理的各个环节，正确应用信息管理的手段，对信息源、信息流、信息载体及信息接收进行系统的、严格的、细致的、综合的管理。其主要工作内容如下。

信息收集主要指原始信息的获得，包括：确定企业的信息需要；规划信息收集的途径、方法、程序；组织实施收集工作。

信息处理对大量的原始信息进行筛选、分类、排列、比较和计算，是指系统化、条例化，提高信息的可靠性与适应性。

信息存储指加工整理后的信息全部存储起来，供以后参考备用，常用的方式有两种：一是手工建立信息资料档案；二是使用计算机将信息资料编码存储。

信息传输包括：建立有一定容量的信息通道；明确规定合理的信息流程。

第八章
建设项目结构设计阶段造价控制与管理

第一节　建筑结构设计与工程造价的关系

一、建筑结构设计与工程造价的联系

建筑工程结构设计时，对原材料、设备和施工工艺作出了详细的规定，而在工程造价的控制上，将重点放在施工材料和工艺的选择上，可以保障工程造价控制的同时，又能优化结构设计，两者有不可分离的联系。需要注意的是，工程造价的控制要点为建筑结构形式的选择，因此在施工前就要制定建筑结构设计。另外，对建筑工程来说，其中材料的数量需求较大，成本较高，对建筑材料的控制也就是对工程造价的重要形式。

（一）设计方案直接影响投资

据研究分析，设计费占建设工程全寿命费用不足1%，但正是这小于1%的费用对投资的影响最高却达到75%，在单项工程设计中，建筑和结构方案的选择及建筑材料的选用对投资都有较大影响。如结构设计中基础类型的选用、结构形式的选择、对于结构规范的理解应用等都存在技术经济分析问题。

（二）设计方案影响经常性费用

建筑结构设计不仅影响项目建设的一次性投资，而且影响使用阶段的经常性费用，如暖通、照明的能源消耗、清洁、保养、维修费等。一次性投资与经常性费用有一定的反比关系，但通过建筑结构设计人员努力可找到这两者的最佳结合，使项目建设的全寿命费用最低。

（三）设计质量间接影响投资

据统计，在工程质量事故的众多原因中，设计责任占40.1％，居第一位。不少建筑产品因设计时功能设计不合理，影响正常使用；有的设计图纸质量差，专业设计之间相互矛盾，造成施工返工、停工现象，有的造成质量缺陷和安全隐患，给国家和人民带来巨大损失，造成投资浪费，导致工程造价的增加。

二、优化建筑结构设计，降低工程造价

（一）运用价值工程原理优化结构设计

建筑结构设计对工程造价的影响是很明显的，因此可运用价值工程原理来优化工程结构设计。价值工程是一种提高产品及作业价值的有效方法，其涵盖范围广、涉及领域多、思想先进，该方法是以最低的成本来实现工程设计的功能，并且可以用$V=F/C$这个关系式来表达功能与成本的关系。其中的V代表的是价值，是产品为企业所创造的经济效益，反映了功能与成本的实现过程；C代表成本，包括企业的制造成本和用户的使用成本；F代表的是功能，主要体现的是产品在用户使用过程中的价值。由以上公式可以看出，功能与成本是价值产生的根源，要提高价值就要通过以下几种方式获得：保证功能不变，降低成本；稳定成本，提高功能；同时提高功能和降低成本。根据价值工程的原理我们可以看出，只有找到功能与成本的最佳契合点，在工程项目产品开发与设计阶段运用价值工程原理，促进功能与成本的结合，使企业以最低的工程造价获得最高的经济效益。

（二）开发适用设计，平衡工程造价

在设计实践中，设计者应最大限度地满足建筑内部平面、立面以及空间高度等功能进行总体结构的选择以及材料使用，正确树立美观意识，不要把不规则、复杂化的设计认为是美观、创新，要明确工程结构设计的核心是建筑的规则结构。结构传力设计中应坚持简单、直接的设计原则，避免多次转换结构构件，在保证安全的同时要有效控制工程造价。科学的设计与规范制度的规范是分不开的，在设计时要充分遵循有关规定要求并且结合工程的实际情况对设计方案作出适当的调整，对于混凝土与钢筋的用量进行合理的配比，真正实现工程造价控制的目标。地基基础是影响建筑施工质量的重要因素，其投资成本约占工程造价的30％以上，因此在结构设计中要本着安全、合理的原则选择地基类型，这样才能对工程造价进行适度的平衡，缩短建设工期。

（三）健全机制，抑制工程造价的提高

在采取措施对工程造价进行控制的同时要建立健全机制，引入竞争机制来考核与评价设计成果，对设计方案的经济性与可行性进行评估。管理部门要加强对设计市场的管理，避免出现无证设计、越权设计等现象。为了稳定建筑市场，在实践中不断促进工程结构设计与建造工程的融合，使这两个环节能够在共同的经济目标与施工中，发挥优化设计、平衡工程造价，进而构建建筑工程的全新格局。

三、控制工程造价的结构设计技术措施

（一）结构方案的布置

在选择了结构体系以后，就要对结构方案进行布置。在布置结构方案时应注意以下几点：一是最好不要采用短肢剪力墙结构；二是选择柱网时尽量规则，这样对于施工和抗震都有利，能够形成抗侧力体系；三是在大跨度时最好不要采用单向板设计，因为双向板与周边梁的整体性较强，可以使板厚和配筋降低；四是结构方案最好选择施工简单、快捷的。

（二）选用合理的计算模型和计算参数

虽然现在的结构内力计算是由计算机完成的，但与设计者的经验仍有关系。因为软件开发者为使用者提供了很多的干预接口，其中的很多系数是由设计者参与的。比如，特殊荷载值的输入、配筋放大系数等。在设计时，设计者一定要按照相关规定以及使用手册来确定计算参数，建立计算模型，尽量避免人为假定，减少人为干预系数。

（三）合理的构造设计

不需要人为加大现浇剪力墙结构构造配筋，这主要是因为剪力墙的面大量广，只要使钢筋直径以及间距之间提高一个等级，就会大幅增加主体结构的用钢量。如果只对非加强区剪力墙的钢筋质量进行提高是不能改变主体结构的抗震性能的。由于受轴压比的限制，框架结构的柱子断面较大，这就使得大部分楼层的配筋都采用的是构造配筋。柱轴压比的大小、强柱弱梁、楼层的水平位移以及强剪弱弯和强节点、弱构件等因素是影响抗震性能的主要因素，那些人为加大柱子主筋的做法是完全没有必要的，这样反而会对结构的抗震性能产生不利影响。

（四）合理的基础设计

合理的基础设计以及上部结构的设计能够满足建筑物的整体要求，并且便于施工、降低造价。设计者应该对地质资料进行认真解读，根据工程的实际情况设计多种方案，具体措施如下：一是地基首先应该选择天然地基，地基要满足整个建筑的全部荷载，可以设计成柱下独立基础的地质都要采用天然地基。核心基础最好设计成独立基础而不要设计成联合基础，在设计地基基础时，应按照相关的参数对其承载力进行修正。二是对于桩基础持力层的选择应根据上部结构传下的荷载的要求来确定，不能只按一种标准进行设计。三是中、微风化岩层上的基础在设计时要按照结构规范，其下地室底板可以不用设计成梁板结构。四是在地质条件允许的情况下，桩基础的选择应选用预应力管桩，最好是大小桩型混用。

第二节　建筑结构设计阶段工程造价的影响因素

一、造价的宏观影响因素

（一）建筑总长度

根据我国规范，当建筑物的长度超过规范规定的数值时，需要设置伸缩缝（框架结构长度超过55 mm，剪力墙结构长度超过45 mm），因为超长的结构混凝土内部的收缩应力和温度应力都比较大，这样钢筋的用量自然会增加，同时对结构的抗震性能也是不利的。在不设伸缩缝的情况下，一般都会设膨胀后浇带，带宽为2 mm，带内设置附加钢筋，这样也会使用钢量增加。

（二）平面长宽比

平面长宽比较大的建筑物由于两个主轴方向上的动力特性相差较大，在水平地震作用下，两个方向上的构件受力不均匀，结构扭转系数较大，导致构件配筋的增大。

（三）竖向高宽比

对于高层建筑，高宽比较大的结构倾覆力矩较大，从而导致结构整体稳定性较差，为了保证结构的整体稳定并控制结构的侧向位移，必须增加抗侧力构件或者提高抗侧力构件的刚度，这些都会增加混凝土和钢筋的用量，从而增加造价。

（四）立面形状

竖向体型规则均匀的建筑，刚度没有突变，其受力均匀，用钢量就小。如果出现竖向不规则，如悬挑结构，在受力上会增加计算配筋，在抗震构造上要求也更高，从而增加造价。

（五）平面形状

建筑平面形状越简单，受力越好，用钢量就越少。平面形状不规则不仅增加用钢量，对建筑结构的抗震性能也有很大影响。

（六）柱网尺寸

柱网的合理布置可使构件受力减少，从而减少用钢量。

（七）建筑层数

不同类型的建筑物，如别墅、多层、小高层、高层、超高层建筑等，它们都有不同的设计、施工规范要求，如小高层与高层的设计规范要求就不尽相同，具体地反映在抗震、抗风、防火、增压等方面。

（八）层高

在满足建筑功能的前提下，适当降低层高，会使工程造价降低。有资料表明：层高每下降10厘米，工程造价降低1%左右，墙体材料可节约10%左右。

（九）抗侧力体系

由于高层结构中水平力对结构的影响十分大，所以抗侧力体系成为高层结构体系的重要组成部分。单位建筑面积内，用于承担竖向荷载的结构材料用量与房屋的层数呈线性比例关系。其中，楼盖在其平面上的刚度一般都接近于无限大，影响其配筋的主要因素是楼板所承受的竖向荷载，所以在楼面荷载确定的情况下，楼盖结构的配筋是一定的，几乎与结构的层数没有关系。墙、柱等竖向承重构件的材料用量则随着房屋的层数呈线性比例增加，但是用于抵抗侧力的结构材料用量则按房屋的层数呈二次方的曲线关系增长。

二、造价的微观影响因素

（一）结构布置

（1）一般对于8层以上（含8层）住宅，剪力墙结构采用较多的结构形式。当剪力墙布置合理，肢长选择合适，则截面的配筋大部分都可以按照构造配筋。在进行抗震设计时，墙长在5~8倍的短肢剪力墙的抗震等级应比相应的剪力墙的抗震等级提高一级采用。所以，在平面布置上应尽量减少短肢墙的数量，相应地减少构造钢筋的用量。

（2）剪力墙结构的住宅在平面布置上尽可能与建筑专业协商减少转角处开窗，保留转角剪力墙，以控制整个建筑物的扭转。为满足周期比T3/T1<0.9及位移比<1.4的要求，角部墙肢削弱越多，其他构件需要增加的混凝土量也越大，相应的梁及墙配筋也会加大。

（3）抗侧力构件位置：刚度中心与质量中心重合或靠近可以减少结构的扭转效应，通过合理的布置抗侧力构件可以有效地调节扭转，从而减少用钢量。

（4）在布置梁、板、柱、墙等构件时，首先要考虑的就是使其受力合理、传力直接，尽量使楼面荷载的传递路径简单，避免出现多级次梁传力不明确；其次是满足正常使用要求。对于板上有隔墙的情况，可把隔墙的荷载转化为楼面均布荷载，采用在板底附加钢筋的办法，而不需要设置梁，降低造价。

（二）构件尺寸

（1）结构设计时要合理确定墙、柱的截面尺寸。墙、柱为压弯构件，其实际配筋量一般符合构造要求，所以在满足规范的前提下，柱的轴压比不宜过小，否则会使柱子的截面尺寸偏大，不但影响室内空间的使用，还会增加基础尺寸和造价。

（2）对于一般的现浇混凝土板，经济板跨为3~4m，板厚100~120mm。考虑到挠度及裂缝，板厚一般不小于90mm。

（三）剪力墙加强部位

一、二级剪力墙分为底部加强部位和非加强部位。加强部位按约束边缘构件配筋，非加强部位则按照构造边缘构件配筋，底部加强区的节点以及边缘构件的配筋量均远大于非加强部位，因此在结构设计中应按照规范，严格区分抗震等级和剪力墙部位，以免造成浪费。

（四）混凝土设计强度

由于住宅建筑的开间一般都较小，楼板的配筋均是按最小配筋率来控制的，使用C30

混凝土与使用C40混凝土相比：前者可节省19.5%（采用HRB335钢筋）和6.88%（采用HRB400钢筋）。同时，由于混凝土设计强度的降低，可以有效地降低墙及楼板的裂缝，特别是地下室外墙板，减少后期的修补费用以及由此产生的各种矛盾。

（五）钢筋种类选择

在满足结构设计的前提下，选择等级高的钢筋方案，可以达到降低工程造价的目的。如在一些大跨度无梁板设计中，过去常采用10-12Ⅰ级钢筋，若采用直径12Ⅱ级钢筋，可减少30%的钢筋用量。按现行材料价格信息，Ⅰ级钢筋和Ⅱ级钢筋价格基本相等。Ⅲ级钢筋、冷轧扭钢筋比普通Ⅱ级钢强度提高近20%，而每吨价格却增加不超过10%，而且可增加建筑物安全储备和砼结构强度，对高层和重要建筑作用尤其显著。

（六）减轻结构自重

在满足规范要求的前提下减少剪力墙数量控制结构刚度，减薄剪力墙，窗台墙改砌砖，长墙开洞，大开间设计等能取得较好的效益。

（七）基础形式的选择

基础形式的选择不仅关系到建筑物的直接工程造价，同时影响到基坑维护，以及施工周期。目前普通多层住宅的基础可选取天然地基、工程桩+条基、沉降控制复合桩基+条基。其中天然地基费用最省，但沉降量不易控制。当持力层土较好时可采用沉降控制复合桩基，采用纯工程桩费用相对较高。高层及小高层住宅常用的结构形式为短肢剪力墙结构，其基础形式一般采用筏板基础或条型基础，桩型的选择直接影响筏板的厚度及基础梁的截面尺寸，所以尽量宜采用单桩承载力较大的桩型，可做轴线布置，减少直接作用在基础上的荷载。

第三节　建筑结构设计阶段工程造价控制及优化方法

一、设计过程中工程造价控制理论及方法

（一）设计阶段的工程造价

根据我国目前的实际情况，建设项目的设计阶段分三个阶段即初步设计阶段、技术设计阶段、施工图设计阶段。如果是大型的项目，项目阶段又可分为四大阶段，即总体规划设计阶段、初步设计阶段、技术设计阶段、施工图设计阶段。各设计阶段主要工作内容如下。

1.初步设计阶段

各专业初步设计说明书，主要技术经济指标，总平面图，建筑平面图、立面图、剖面图、透视图、鸟瞰图、模型，投资估算。

2.技术设计阶段

各专业初步设计说明书，主要技术经济指标，总平面设计，竖向设计，交通组织，各专业平面图、立面图、剖面图、系统图，设计概算。

3.施工图设计阶段

各专业施工图设计说明书，主要技术经济指标，总平面设计，竖向设计，交通组织，各专业平面图、立面图、剖面图、系统图、结构详图，计算书，施工图预算（如合同要求）。

（二）寿命周期成本分析法在设计阶段控制造价的应用

当前建设领域存在"低价中标高价维修，低值购买高值使用，廉价重复修建"的现象，给社会带来持续性的资源损耗，寿命周期成本控制的引入将有效遏制这种现象。项目的决策与设计阶段影响项目造价的75%以上，所以项目决策与设计阶段工作的质量对项目建设标准、使用功能产生长期影响，进而影响项目运营维护与回收报废成本，故建设项目寿命周期成本控制的重点应在项目的决策与设计阶段。当把对项目成本开销及费用的关注点从项目建造阶段转移至项目整个寿命期，经过寿命周期成本控制后的项目，其经济价值、社会价值会大幅提升，其对资源的消耗、对环境的影响会大幅降低。

寿命周期成本管理是建筑设计的一种指导思想和手段，是计算工程项目整个服务期内所有成本以确定设计方案的一种技术方法。我们通过指导建筑设计者综合考虑工程项目的建造成本和运营与维护成本，从而实现更加科学的建筑设计和更为合理地选择建筑材料，以达到降低项目寿命周期成本的目标。

从设计方案合理性角度看，工程项目寿命周期成本管理的思想和方法可以指导设计者自觉地、全面地从项目的寿命周期出发，综合考虑工程项目的建设造价和运营与维护成本，从而实现更为科学的建筑设计和更加合理地选择建筑材料，以便在确保设计的前提下实现降低项目寿命周期成本的目标。

设计阶段是造价管理的重点，仅就工程造价费用而言，进行工程造价控制就是以投资估算控制初步设计工作，以设计概算控制施工图设计工作。如果设计概算超出投资估算，应对初步设计进行调整和修改。同理，如果施工图预算超过设计概算，应对初步设计进行修改或修正。我们要想在设计阶段有效地控制工程造价，就要从组织、技术、经济、合同等各方面采取措施，随时纠正发生的投资偏差。在设计阶段，要考虑地点、能源、材料、水、室内环境质量和运营维护等因素。同时，如果有多个设计方案，则需要进行设计方案的优选，设计方案优劣的标准就是寿命周期成本最小化。在寿命周期成本中，对设计成本、未来的运营和维护成本都可根据设计的寿命周期成本计算。

二、建筑结构设计阶段工程造价的优化方法

（一）结构设计优化的概念

结构优化设计原理与方法大致可以分为两种：第一种是准则法，从结构力学基本原理与内容出发，先选择出让结构形式达到优化的原则，如能量准则、满应力准则，再按照先前的准则找出结构的最优化方案，如满应力设计等；第二种是数学规划法，从高等数学中求解极值原理出发，使用数学规划等方法得出结构设计相应参数的最优化解。准则法的好处在于其收敛时间短，因其重新分析的次数跟变量参数的数量没有很大的关联，迭代的次数一般在10左右，就可以让它满足结构的优化目的。它的缺点为没有较为严格的理论和原理支持，所以得出的最后解可能就不是真正意义上的优化解，只是接近而已，一般该准则的优化指向只局限在最轻质量。近些年，国内外相关专家对该准则法进行了改进，它可以求解出高达具有百万个设计变量的结构设计问题。而对于数学规划法，它的优点是具有相对严格的理论和原理作为基础，以及具有很高的适应性，但它的缺点是求解会受到限制以及求解的速度会比较慢。

后来两种方法互相取长补短，从而形成了一种合二为一的方法，就是所谓的逼近概念，它将力学概念和各种逼近方法结合起来，将一些非线性的问题转化演变成那些逼近带

显式。约束问题，从而就会起到想要的简化作用，进而就可采用数学规划法用迭代的方法去求想要的解。

对于数学规划，由于具有上述优点，特别是其能够与有限元结构分析相结合，使它成为结构优化中使参数得以优化的重要途径之一。而伴随结构优化的不断发展，已经不只是简简单单的参数优化问题，我们的目标是方案优化。也就是说，优化的最终指向不单单是停留或者是局限于依据高等数学中函数极值理论的观点去求解极值点，更需要我们在系统上优化以及多目标优化高层次的优化上做足功夫。

在结构设计的实际工作当中，一方面既要考虑设计需要实现的功能，以及工程安全性和可靠性；另一方面要考虑工程造价的高低，要在这两者之间进行权衡，即要以最低的费用来实现设计产品的必要的功能。有关结构优化，如果单纯从数学的角度用数值计算的方法来操作的话，意义不大，可操作性也不强；在工程实践中结合土木工程结构设计的特点，一般还采用方案经济分析比较优化、概念优化、试验优化等可操作性强和比较实用快捷的方法来优化结构。本部分下面主要就概念优化方法作进一步的研究和分析。

（二）概念优化设计

计算机应用于建筑的结构设计中，促使设计的水平得以提高到一个新的高度。计算机将设计人员从繁杂公式运算中解放出来，设计师应该根据结构的基础理论知识以及自己的实践经验，将首要任务放在一些固定的公式不能解决的问题之上，通过自己的主观分析和判断从而得出自己的选择，进而得出较为经济、合理、适用的设计方案，将精力主要放在从事概念设计上。所谓概念设计，就是让设计人员从结构最初的选型、布置、分析、计算、截面设计一直到最后的细部构造处理的一整套设计方案形成的过程中，对所遇到的各种关于结构问题，根据结构在不同种类的情况下工作的规律，结合自己以及相关专家实践的经验，再综合考虑一些因素，最后得出合理的分析和处理方案，进而确立经济、合理、适用的设计方案。

一个建筑设计方案会有各种各样的结构布置方式，对于一个确定了结构布置的建筑，在相同的荷载作用下也会有不一样的分析方法。在建筑结构分析过程中，一些参数、材料、荷载的定义也不是一成不变的，对于建筑物细部结构的处理也相差甚远。软件只是一个没有思维的程序，对于上述问题它是无法独立解决的，这就要求设计人员概念清晰，能够根据实践经验或者已有的理论知识作出主观的、正确的判断。但是这些判断都是基于结构设计的一般规律和原则的基础之上的，是在自己及别人一些工程实践的经验之下进行的，即上述的概念设计。所以说，概念设计是寄存在设计人员对各种不同的结构方案进行选择的过程中。

概念设计要解决的问题有许多。如经过概念设计，结构可以在不同的意外作用下不产生破坏影响或者是将破坏影响降低到最低程度。概念设计的主要内容就是分析如何应对建筑物可能遭遇的各种不确定因素和作用。如地震力作用较难定义，而且对结构物的破坏力最大。在设计的过程中必须考虑这些因素，从计算分析及构造要求等方面采取能够提高建筑物抗震能力的措施。

例如，刚度均匀、结构对称可以降低地震力作用对结构产生的不利影响；结构设计中的延性设计可以防止结构发生不必要的脆性破坏，它是防止结构大震不倒的最根本途径；合理增加建筑物四周的抗扭刚度，使扭转周期靠后，避免结构在地震时出现扭转；还有多道设防及增加赘余杆件的概念设计方法，能够显著降低地震时建筑物的破坏程度，有效应对高烈度的地震作用。因此，在设计过程中，我们应高度重视概念设计。

第四节　建筑结构设计阶段有效控制工程造价实施

为了做好设计管理，实施有效的造价控制，首先应当解决怎样形成有效的投资控制机制和完善的配套制度。此外，在设计过程中，应当运用前文所述各种技术经济方法在设计管理过程中进行造价控制。为此，我们应该采取以下措施。

一、建立良好的设计管理机制

为了加强对设计过程的管理从而实现对项目造价的有效控制，我们必须建立合理的设计管理体制。对于国有投资而言，首先要明确造价控制的责任主体，而实行建设项目法人责任制就是有效开展设计管理的基础。建设项目法人制是指先有企业法人后定项目，由项目或企业法人对建设项目的筹划、筹资、建设实施直至生产经营、归还贷款和债务本息以及资产的保值增值实行全过程管理，承担投资风险的责任制度。建设项目法人责任制是强化投资风险的约束机制，它明确落实了项目投资的责任主体，只有当投资控制成为业主的自觉追求，才能迫使为业主服务的设计单位在设计阶段主动进行造价控制，从而达到提高建设项目综合效益的目的。

业主除建立自身的项目管理机构外，还应要求设计单位建立适应项目需要的组织管理体系。换句话说，设计单位应对设计过程实行项目管理，建立设计管理项目部，任命既懂技术又懂经济的得力的管理人才担任项目经理，对设计质量、进度和项目造价全面负责。运用项目管理原理对设计过程进行管理也是目前设计管理领域的一个热门话题。设计阶段是项目建设过程中的关键性阶段，涉及众多环节的管理与控制，我们完全可以将之视作一个项目来进行项目管理。设计单位从获取建设项目信息、准备设计投标、接受业主委托、签订设计合同、技术经济要求的商定到项目组织的建设、设计过程控制、施工服务的管理控制、事后服务及信息反馈收集的管理控制，都可以充分运用项目管理的理论去指导和实践。

二、引入招投标机制，进行设计方案优选工作

目前，我国的设计市场上对设计单位的选择确定主要采取三种方式，即公开招标、邀请招标和委托设计。这三种方式各有其利弊，业主应当根据项目的具体要求和特点来选择合适的招标方式。无论采用何种招标方式，业主都应当加大工程造价管理力度，把中标单位的确定同工程造价联系在一起。在设计过程中，设计人员应周密考虑、全面策划、精心设计，使设计方案获得最佳技术经济效果。

如何确定设计收费是业主同设计单位洽商合同的重要内容，合理的设计收费不但能节省项目开发费用，而且可以调动设计单位的积极性，使设计人员发挥主观能动性，在设计过程中能自觉地运用各种技术经济分析手段，使设计方案在满足功能的前提下降低造价。

运用市场竞争机制，积极开展工程设计招标，这是设计阶段控制工程造价的第一步，亦是被许多成功事例证实为行之有效的好办法。一方面，设计单位想要在竞争中获胜，其参选方案就得技术先进、创意独到、造价合理，这样才能增加设计单位的危机感、紧迫感和竞争意识，促进设计质量的提高。良好的竞争机制可以激发设计者以最优化的设计、最合理的造价，赢得市场，从而有效地控制造价。另一方面，建设单位可以邀请评委专家，充分斟酌比较，选择优秀的设计方案和设计单位。在这一过程中，要防止被大量的功能要求、技术措施等细节问题冲淡了对造价控制的要求。建设单位应该做到以下几点：一是对拟建项目应有明确的功能及投资要求，在招标文件中要鼓励投标单位应用价值工程的原理和方法进行方案优化；二是招标时应对投标单位的资质信誉等方面进行必要的资格审查；三是应严格按照国家设计招标实施细则，设立健全的评标机构和确定合理的评标办法，以保证设计单位公平竞争，并限制建设单位在项目上的随意性。设计招标不应仅仅局限于初步设计，更应大力推广初步设计和施工图设计的招标，将后段设计竞争机制引入设计单位，提高设计单位控制造价的积极性。

三、改变设计收取费用办法，实行设计质量优奖劣罚的制度

我国目前设计单位收取费用的方式主要有以下两种。

第一种：设计费=工程造价×费率。

第二种：设计费=建筑面积×单方费用标准（元/平方米）。

在第一种方法中，设计取费按标准投资额的百分比计算，使得造价越高，收费也越

多。这样的取费办法难以调动设计者主动地考虑降低造价、节约投资，更不利于工程造价的控制。

另外，在这两种方式中，费率（或单位费用标准）根据工程性质、结构类型的不同采用不同标准。由此可见，现行设计收费制度只考虑了工程规模和难易程度，有些设计单位为了多收设计费而故意提高设计标准，增加工程造价。显然，现行的设计收费制度不利于调动设计人员的主动性和积极性。如果设计单位在批准的项目投资限额内认真运用价值工程的原理，进行多方案的技术经济分析和比较，在保证安全和不降低功能的前提下，通过采用新方案、新技术、新材料、新工艺达到节约工程投资，并按其节约的投资额给予一定比例的奖励；反之，对超过投资限额的设计单位要给予一定的罚款，做到奖罚分明，这也是控制造价行之有效的办法。为此，我们可以在现有收费办法中加入对投资节约的奖励和投资超支的罚款部分。具体方法如下：设计费=概算数额×基本费率+（概算数额−预算数额）×奖罚费率。

采用该方法收取设计费，体现了优质优价的经济原则。如果因设计方案的优化而使得工程造价降低，设计单位和设计人员就会受到一定的奖励；相反，如果设计引起投资超额或浪费，设计单位和设计人员则要承担相应的经济责任。这种设计收费标准显然可以调动设计人员的主动性和创造性，使其在设计过程中应用各种技术经济手段降低工程造价，也有利于推动设计手段的进步。

四、配备专业造价人员、夯实责任、建立健全造价控制责任制

在设计阶段，为有效地控制工程造价，组织上要明确项目组织结构，明确造价控制及其任务，以使各部门的造价有专人负责；技术上要严格检查监督各阶段设计，用技术经济的观点审查设计方案，深入研究节约投资的可能。从组织上说，各部门（包括建设单位、设计单位及概算审批部门）应充分注重培养经济型的工程技术人员和工程型经济管理人员，提高工程造价人员的业务素质、综合能力及工作责任感。而作为设计单位则应建立健全造价控制技术责任制，层层把关，分工负责，为搞好设计阶段造价控制提供严格的组织保证和制度保证，即由主管院长、总工和总经济师对造价控制全面负责，定期指导、督促检查设计方案比选和设计限额的执行情况，重大问题及时研究解决，由项目设计负责人针对具体项目特征，编写设计及造价控制计划，分解限额指标并加以执行，掌握设计变更和方案论证的签订权，及时协调和平衡各专业设计和造价限额指标的矛盾；由各专业主任工程师根据限额设计指标提出对本专业造价控制的指导意见，并在执行过程中对照限额指标进行中间检查和图纸验收，其中最为关键的是打破重技术轻经验的旧观念，强化技术与经济间的互相反馈，在设计的各个层次、各个阶段吸引造价工程师参与全过程设计，使设计从一开始就能建立在经济基础上，在作出重要决定时能充分认识其经济后果。

当前，从技术上说，提高设计质量，使设计图纸符合设计深度的要求，这对于提高设计概算的质量是很必要的。为了确保概算能真实反映设计图纸的内容和标准，必须加强对设计图纸和概算的审查。概算审查不仅是设计单位的事，业主（建设单位）和概算审批部门也应增加人员配备，加大对设计概算的审查力度。设计部门要建立健全"三审"制度（自审、审核、审定）和概算抽查制度，进一步提高图纸设计的质量和深度，避免因设计图纸而引发的错、漏、缺现象，为进一步推行工程量清单计价方法招投标打好基础。

五、重视设计概算的编制

设计概算是初步设计文件的重要组成部分，是编制建设项目投资计划、确定和控制建设项目投资的依据。经批准的建设项目设计概算是该工程建设投资的最高限额，在工程建设过程中，未经批准不能突破这一限额，设计单位必须按照批准的初步设计和概算限额进行施工图设计，施工图预算不得突破设计概算。设计概算是衡量设计方案技术经济合理性和选择最佳设计方案的依据，是设计方案技术经济合理性的综合反映，可以用来对不同的设计方案进行技术与经济合理性的比较，以便选择最佳的设计方案。设计概算是考核建设项目投资效果的依据。设计概算要完整、准确地反映设计内容，还要反映工程所在地当时的价格水平。设计概算编制得偏高或偏低，都会影响投资计划的真实性，影响投资额的合理分配。

第九章
建设项目招标投标阶段造价控制与管理

第一节　招标文件的组成内容及其编制要求

一、施工招标文件的编制内容

（一）招标公告（或投标邀请书）

到单位进行资格预审时，应采用招标公告的方式，招标公告的发布应当充分公开，任何单位和个人不得非法限制招标公告的发布地点和发布范围。指定媒介发布依法必须发布的招标公告，不得收取费用。

招标公告的内容主要包括：

（1）招标人名称、地址、联系人姓名、电话。委托代理机构进行招标的，还应注明该机构的名称和地址。

（2）工程情况简介，包括项目名称、建筑规模、工程地点、结构类型、装修标准、质量要求、工期要求。

（3）承包方式、材料、设备供应方式。

（4）对投标人资质的要求及应提供的有关文件。

（5）招标日程安排。

（6）招标文件的获取办法，包括发售招标文件的地点、文件的售价及开始和截止出售的时间。

（7）其他需要说明的问题。当进行资格预审时，应采用投标邀请书的方式。邀请书内容包括招标条件、项目概况与招标范围、投标人资格要求、招标文件的获取、投标文件的递交和确认、联系方式等。该邀请书可代替资格预审通过通知书，以明确投标人已具备了在某具体项目标段的投标资格。

（二）投标人须知

投标人须知是依据相关的法律法规，结合项目和业主的要求，对招标阶段的工作程序进行安排，对招标方和投标方的责任、工作规则等进行约定的文件。投标人须知常常包括投标人须知前附表和正文部分。

投标人须知前附表用于进一步明确正文中的未尽事宜，由招标人根据招标项目具体特点和实际需要来编制和填写，但必须与招标文件中的其他内容相衔接，并且不得与正文内容矛盾，否则，抵触内容无效。

投标人须知正文部分内容如下。

1.总则

总则是要准确地描述项目的概况和资金的情况、招标的范围、计划工期和项目的质量要求；对投标资格的要求以及是否接受联合体投标和对联合体投标的要求；是否组织踏勘现场和投标预备会，组织的时间和费用的承担等的说明；是否允许分包以及分包的范围；是否允许投标文件偏离招标文件的某些要求，允许偏离的范围和要求等。

2.招标文件

投标人须知：要说明招标文件发售的时间、地点，招标文件的澄清和说明。

（1）招标文件发售的时间不得少于5个工作日，发售的地点应是详细的地址，如××市××路××大厦××房间，不能简单地说××单位的办公楼。

（2）投标人应仔细阅读和检查招标文件的全部内容。如发现缺页或附件不全，应及时向招标人提出，以便招标人补齐。如有疑问，应在投标人须知前附表规定的时间前以书面形式（包括信函、电报、传真等可以有形地表现所载内容的形式）要求招标人对招标文件予以澄清。招标文件的澄清将在投标人须知前附表规定的投标截止时间15天前以书面形式发给所有购买招标文件的投标人，但不指明澄清问题的来源。如果澄清发出的时间距投标截止时间不足15天，则要相应延长投标截止时间。投标人在收到澄清后，应在投标人须知前附表规定的时间内以书面形式通知招标人，确认已收到该澄清。

在投标截止时间15天前，招标人可以书面形式修改招标文件，并通知所有已购买招标文件的投标人。如果修改招标文件的时间距投标截止时间不足15天，则要相应延长投标截止时间。投标人收到修改内容后，应在投标人须知前附表规定的时间内以书面形式通知招标人，确认已收到该修改。

（3）对投标文件的组成、投标报价、投标有效期、投标保证金的约定，投标文件的递交、开标的时间和地点、开标程序、评标和定标的相关约定，招标过程对投标人、招人、评标委员会的纪律要求监督。

（三）评标办法

评标办法可选择经评审的最低投标价法和综合评估法。

（四）施工合同条款及格式

施工合同一般由合同协议书、通用合同条款和专用合同条款三部分组成。组成合同的各项文件应互相解释、互相说明。除专用合同条款另有约定外，解释合同文件的优先顺序一般如下。

（1）合同协议书。合同协议书是施工合同的总纲性法律文件，经过双方当事人签字盖章后合同即成立，具有最高的合同效力。合同协议书共计13条，主要包括工程概况、合同工期、质量标准、签约合同价和合同价格形式、项目经理、合同文件构成、承诺、词语含义、签订时间、签订地点、补充协议、合同生效、合同份数等重要内容，集中约定了合同当事人基本的合同权利义务。

（2）通用合同条款。通用合同条款是合同当事人根据法律法规的规定，就工程建设的实施及相关事项，对合同当事人的权利义务作出的原则性约定。

通用合同条款共计20条，具体条款分别为：一般约定，发包人，承包人，监理人，工程质量，安全文明施工与环境保护，工期和进度，材料与设备，试验与检验，变更，价格调整，合同价格，计量与支付，验收和工程试车，竣工结算，缺陷责任与保修，违约，不可抗力，保险，索赔和争议解决。前述条款安排既考虑了现行法律法规对工程建设的有关要求，也考虑了建设工程施工管理的特殊需要。

（3）专用合同条款。专用合同条款是对通用合同条款原则性约定的细化、完善、补充、修改或另行约定的条款。合同当事人可以根据不同建设工程的特点及具体情况，通过双方的谈判、协商对相应的专用合同条款进行修改补充。在使用专用合同条款时，应注意以下事项：

①专用合同条款的编号应与相应的通用合同条款的编号一致。

②合同当事人可以通过对专用合同条款的修改，满足具体建设工程的特殊要求，避免直接修改通用合同条款。

③在专用合同条款中有横道线的地方，合同当事人可针对相应的通用合同条款进行细化、完善、补充、修改或另行约定；如无细化、完善、补充、修改或另行约定，则填写"无"或画"/"。

（4）合同格式。合同格式主要包括合同协议书格式、履约担保格式和预付款担保格式。

（五）工程量清单

招标工程量清单必须作为招标文件的重要组成部分，其准确性（数量不算错）和完整性（不缺项漏项）应由招标人负责。招标人应将工程量清单连同招标文件一起发（售）给投标人。投标人依据工程量清单进行投标报价时，对工程量清单不负有核实的责任，更不具有修改和调整的权力。如招标人委托工程造价咨询人编制工程量清单，其责任仍由招标人负责。

招标工程量清单是工程量清单计价的基础，应作为编制招标控制价、投标报价、计算或调整工程量以及工程索赔等的依据之一。

招标工程量清单应以单位（项）工程为单位编制，应由分部分项工程项目清单、措施项目清单、其他项目清单、规费和税金项目清单组成。

（六）图纸

图纸是指应由招标人提供，是用于计算招标控制价和投标人计算投标报价所必需的各种详细程度的图纸。

（七）技术标准和要求

招标文件的标准和要求包括一般要求，特殊技术标准和要求，使用的国家、行业以及地方规范、标准和规程等内容。

1.一般要求

对工程的说明，相关资料的提供，合同界面的管理以及整个交易过程涉及问题的具体要求。

（1）工程说明。简要描述工程概况，工程现场条件和周围环境、地质及水文资料，以及资料和信息的使用。合同文件中载明的涉及本工程现场条件、周围环境、地质及水文等情况的资料和信息数据，是发包人现有的和客观的，发包人保证有关资料和信息数据的真实、准确。但承包人据此作出的推论、判断和决策，由承包人自行负责。

（2）发承包的承包范围、工期要求、质量要求及适用规范和标准。发承包的承包范围关键是对合同界面的具体界定，特别是对暂列金额和甲方提供材料等要详细地界定责任和义务。如果承包人在投标函中承诺的工期和计划的开工日期、竣工日期之间发生矛盾或者不一致时，以承包人承诺的工期为准。实际开工日期以通用合同条款约定的监理人发出的开工通知中载明的开工日期为准。如果承包人在投标函附录中承诺的工期提前于发包人在工程招标文件中所要求的工期，承包人在施工组织设计中应当制定相应的工期保证措施，由此而增加的费用，应当被认为已经包括在投标总报价中。除合同另有约定外，合同履约过程中发包人不会再向承包人支付任何性质的技术措施费用、赶工费用或其他任何性质的提前完工奖励等费用。工程要求的质量标准为符合现行国家有关工程施工验收规范和标准的要求（合格）。如果针对特定的项目、特定的业主，对项目有特殊的质量要求的，要详细约定。工程使用现行国家、行业和地方规范、标准和规程。

（3）安全防护和文明施工、安全防卫及环境保护。在工程施工、竣工、交付及修补任何缺陷的过程中，承包人应当始终遵守国家和地方有关安全生产的法律、法规、规范、标准和规程等，按照通用合同条款的约定履行其安全施工职责。现场应有安全警示标志，并进行检查工作。要配备专业的安全防卫人员，并制订详细的巡查管理细则。在工程施工、完工及修补任何缺陷的过程中，承包人应当始终遵守国家和工程所在地有关环境保护、水土保护和污染防治的法律、法规、规章、规范、标准和规程等，按照通用合同条款的约定，履行其环境与生态保护职责。

（4）有关材料、进度、进度款、竣工结算等的技术要求。用于工程的材料，应有说明书、生产（制造）许可证书、出厂合格证明或证书、出厂检测报告、性能介绍以及使用说明等相关资料，并注明材料和工程设备的供货人及品种、规格、数量和供货时间等，以供检验和审批。对进度报告和进度例会的参加人员、内容等的详细规定和要求。对于预付款、进度款及竣工结算款的详细规定和要求。

2.特殊技术标准和要求

为了方便承包人直观和准确地把握工程所用部分材料和工程设备的技术标准，承包人自行施工范围内的部分材料和工程设备技术要求，要具体描述和细化。如果有新技术、新工艺和新材料的使用，要有新技术、新工艺和新材料及相应使用的操作说明。

适用的国家、行业以及地方规范、标准和规程。需要列出规范、标准、规程等的名称、编号等内容，由招标人根据国家、行业和地方现行标准、规范和规程等，以及项目具体情况进行摘录。

（八）投标文件格式

投标文件格式提供各种投标文件编制所应依据的参考格式，包括投标函及投标函附录、法定代表人的身份证明、授权委托书、联合体协议书、投标保证金、已标价工程量清单、施工组织设计、项目管理机构、拟分包项目情况表、资格审查资料及其他材料等。

（九）投标人须知前附表规定的其他材料

如需要其他材料，应在"投标人须知前附表"中予以规定。

二、招标文件的澄清和修改

（一）招标文件的澄清

投标人应仔细阅读和检查招标文件的全部内容。如发现缺页或附件不全，应及时向招标人提出，以便补齐。如有疑问，应在投标人须知前附表规定的时间前，以书面形式（包括信函、电报、传真等可以有形地表现所载内容的形式），要求招标人对招标文件予以澄清。

招标文件的澄清将在投标人须知前附表规定的投标截止时间15天前，以书面形式发给所有购买招标文件的投标人，但不指明澄清问题的来源。如果澄清发出的时间距投标截止时间不足15天，则要相应延长投标截止时间。

投标人在收到澄清后，应在投标人须知前附表规定的时间内，以书面形式通知招标人，确认招标人已收到该澄清。

（二）招标文件的修改

在投标截止时间15天前，招标人可以书面形式修改招标文件，并通知所有已购买招标文件的投标人。如果修改招标文件的时间距投标截止时间不足15天，则要相应延长投标截止时间。

投标人收到修改内容后，应在投标人须知前附表规定的时间内，以书面形式通知招标人，确认招标人已收到该修改。

三、建设项目施工招标过程中其他文件的主要内容

（一）资格预审公告和招标公告的内容

1.资格预审公告的内容

资格预审公告具体内容包括以下几项：

（1）招标条件。明确拟招标项目已符合前述的招标条件。

（2）项目概况与招标范围。说明本次招标项目的建设地点、规模、计划工期、合同估算价、招标范围和标段划分（如果有）等。

（3）申请人资格要求。包括对申请人资质、业绩、人员、设备及资金等方面具备相应的施工能力的审查，以及是否接受联合体资格预审申请的要求。

（4）资格预审方法。明确采用合格制或有限数量制。

（5）申请报名。明确规定报名具体时间、截止时间及详细地址。

（6）资格预审文件的获取。规定符合要求的报名者应持单位介绍信购买资格预审文件并说明获取资格预审文件的时间、地点和费用。

（7）资格预审申请文件的递交。说明递交资格预审申请文件截止时间，并规定逾期送达或者未送达指定地点的资格预审申请文件，招标人不予受理。

（8）发布公告的媒介。

（9）联系方式。

2.招标公告的内容

采用公开招标方式的，招标人应当发布招标公告，邀请不特定的法人或其他组织投标。依法必须进行施工招标项目的招标公告，应当在国家指定的报刊和信息网络上发布。采用邀请招标方式的，招标人应当向三家以上具备承担施工招标项目能力、资信良好的特定的法人或其他组织发出投标邀请书。招标公告或投标邀请书应当至少载明下列内容：

（1）招标人的名称和地址；

（2）招标项目的内容、规模及资金来源；

（3）招标项目的实施地点和工期；

（4）获取招标文件或资格预审文件的地点和时间；

（5）对招标文件或资格预审文件收取的费用；

（6）对招标人资质等级的要求。

（二）资格审查文件的内容与要求

资格审查可分为资格预审和资格后审。资格预审是指在投标前对潜在投标人进行的资格审查；资格后审是指在开标后对投标人进行的资格审查。进行资格预审的，一般不再进行资格后审，但招标文件另有规定的除外。

1.资格预审文件的内容

采取资格预审的，招标人应当在资格预审文件中载明资格预审的条件、标准和方法；采取资格后审的，招标人应当在招标文件中载明对投标人资格要求的条件、标准和方法。

招标人不得改变载明的资格条件或者以没有载明的资格条件对潜在投标人或投标人进行资格审查。

经资格预审后，招标人应当向资格预审合格的潜在投标人发出资格预审合格通知书，告知获取招标文件的时间、地点和方法，并同时向资格预审不合格的潜在投标人告知资格预审结果。资格预审不合格的潜在投标人不得参加投标。对于经资格后审不合格的投标人的投标应予否决。

2.资格预审申请文件的内容

资格预审申请文件应包括下列内容：

（1）资格预审申请函；

（2）法定代表人身份证明或附有法定代表人身份证明的授权委托书；

（3）联合体协议书；

（4）申请人基本情况表；

（5）近年财务状况表；

（6）近年完成的类似项目情况表；

（7）正在施工和新承接的项目情况表；

（8）近年发生的诉讼及仲裁情况；

（9）其他材料。

3.资格审查的主要内容

资格审查应主要审查潜在投标人或投标人是否符合下列条件：

（1）具有独立订立合同的权利；

（2）具有履行合同的能力，包括专业、技术资格和能力，资金、设备和其他物质设施状况，管理能力，经验、信誉和相应的从业人员；

（3）没有处于被责令停业，投标资格被取消，财产被接管、冻结及破产状态；

（4）在最近三年内没有骗取中标和严重违约及重大工程质量问题；

（5）国家规定的其他资格条件。

资格审查时，招标人不得以不合理的条件限制、排斥潜在投标人或投标人，不得对潜在投标人或投标人实行歧视待遇。任何单位和个人不得以行政手段或其他不合理方式限制投标人的数量。

四、编制施工招标文件应注意的问题

编制出完整、严谨、科学、合理、客观公正的招标文件是招标成功的关键环节。一份完善的招标文件对承包商的投标报价、标书编制乃至中标后项目的实施均具有重要的指导作用，而一份粗制滥造的招标文件则会引起一系列的合同纠纷。因此，编制人员需要针对工程项目特点，对工程项目进行总体策划，选择恰当的编制方法，严格按照招标文件的编制原则，编制出内容完整、科学合理的招标文件。

（一）工程项目的总体策划

编制招标文件前，应做好充分的准备工作，最重要的工作之一就是工程项目的总体策划。总体策划重点考虑的内容有承发包模式的确定，计价模式的确定，合同类型的选择等。

1.承发包模式的确定

一个施工项目的全部施工任务可以只发一个合同包招标，即采取施工总承包模式。

在这种模式下，招标人仅与一个中标人签订合同，合同关系简单，业主合同管理工作也比较简单，但有能力参加竞争的投标人较少。若采取平行承发包模式，将全部施工任务分解成若干个单位工程或特殊专业工程分别发包，则需要进行合理的工程分标，拦标发包数量多，招标评标工作量就大。

工程项目施工是一个复杂的系统工程，影响因素众多。因此，采用何种承发包模式，如何进行工程分包，应从施工内容的专业要求、施工现场条件、对工程总投资的影响、建设资金筹措情况以及设计进度等多方面综合考虑。

2.计价模式的确定

采用工程量清单招标的工程，必须依据《建设工程工程量清单计价规范》（GB 50500—2013）的"四统一"原则，采用综合单价计价。招标文件提供的工程量清单和工程量清单计价格式必须符合国家规范的规定。

3.合同类型的选择

按计价方式不同，合同可分为总价合同、单价合同和成本加酬金合同。应依据招标时工程项目设计图纸和技术资料的完备程度、计价模式、承发包模式等因素确定采用哪一种合同类型。

（二）编制招标文件应注意的重点问题

1.重点内容的醒目标示

招标文件必须明确招标工程的性质、范围和有关的技术规格标准，对于规定的实质性要求和条件，应当在招标文件中用醒目的方式标明。

（1）单独分包的工程。招标工程中需要另行单独分包的工程必须符合政府有关工程分包的规定，且必须明确总包工程需要分包工程配合的具体范围和内容，将配合费用的计算规则列入合同条款。

（2）甲方提供材料。涉及甲方提供材料、工作等内容的，必须在招标文件中载明，并将明确的结算规则列入合同主要条款。

（3）施工工期。招标项目需要划分标段、确定工期的，招标人应当合理划分标段、确定工期，并在招标文件中载明。对工程技术上联系紧密、不可分割的单位工程不得分割标段。

（4）合同类型。招标文件应明确说明招标工程的合同类型及相关内容，并将其列入主要合同条款。

采用固定价合同的，必须明确合同价应包括的内容、数量、风险范围及超出风险范围的调整方法和标准。工期超过12个月的工程应慎用固定价合同，采用可调价合同的，必须明确合同价的可调因素、调整控制幅度及其调整方法；采用成本加酬金合同（费率招标）

的工程，必须明确酬金（费用）计算标准（或比例）、成本计算规则以及价格取定标准等所有涉及合同价的因素。

2.合同主要条款

合同主要条款不得与招标文件有关条款存在实质性的矛盾。如固定价合同的工程，在合同主要条款中不应出现"按实调整"的字样，而必须明确量、价变化时的调整控制幅度和价格确定规则。

3.关于招标控制价

招标项目需要编制招标控制价的，有资格的招标人可以自行编制或委托咨询机构编制。一个工程只能编制一个招标控制价。

施工图中存在的不确定因素，必须如实列出，并由招标控制价编制人员与发包方协商确定暂定金额，同时，应在《中华人民共和国招标投标法》规定的时间内作为招标文件的补充文件送达全部投标人。招标控制价不作为评标决标的依据，仅供参考。

4.明确工程评标办法

（1）招标文件应明确评标时除价格外的所有评标因素，以及如何将这些因素量化或者据以进行评价的方法。

（2）招标文件应根据工程的具体情况和业主需求设定评标的主体因素（造价、质量和工期），并按主体因素设定不同的技术标、商务标评分标准。

（3）招标文件中规定的评标标准和评标方法应当合理，不得含有倾向或者排斥潜在投标人的内容，不得设定妨碍或者限制投标人之间竞争的条件，不应在招标文件中设定投标人降价（或优惠）幅度作为评标（或废标）的限制条件。

（4）招标文件必须说明废标的认定标准和认定方法。

5.关于备选标

招标文件应明确是否允许投标人投备选标，并应明确备选标的评审和采纳规则。

6.明确询标事项

招标文件应明确评标过程的询标事项，规定投标人对投标函在询标过程的补正规则及不予补正时的偏差量化标准。

7.工程量清单的修改

采用工程量清单招标的工程，招标文件必须明确工程量清单编制偏差的核对、修正规则。招标文件还应考虑当工程量清单误差较大，经核对后，招标人与中标人不能达成一致调整意向时的处理措施。

8.关于资格审查

采取资格预审的，招标人应当在资格预审文件中载明资格预审的条件、标准和方法；采取资格后审的，招标人应当在招标文件中载明对投标人资格要求的条件、标准和审查方法。

9.招标文件修改的规定

招标文件必须载明招标投标各环节所需要的合理时间及招标文件修改必须遵循的规则。当对投标人提出的投标疑问需要答复，或者招标文件需要修改，不能符合有关法律法规要求的截标间隔时间规定时，必须修改截标时间，并以书面形式通知所有投标人。

10.有关盖章、签字的要求

招标文件应明确投标文件中所有需要签字、盖章的具体要求。

第二节　招标工程量清单与招标控制价的编制

一、招标工程量清单的编制

招标工程量清单是指招标人依据国家标准、招标文件和设计文件，以及施工现场实际情况编制的，随招标文件发布供投标报价的工程量清单，包括其说明和表格，是招标阶段供投标人报价的工程量清单，是对工程量清单的进一步具体化。

（一）招标工程量清单编制依据及准备工作

1.招标工程量清单的编制依据

建设工程招标工程量清单是招标文件的组成部分，也是编制招标控制价、投标报价、计算或调整工程量、索赔等的依据之一。招标工程量清单应由具有编制能力的招标人或受其委托具有相应资质的工程造价咨询人编制。

招标工程量清单编制应依据以下要求：

（1）《建设工程工程量清单计价规范》（GB 50500—2013）和相关工程的国家计量规范。

（2）国家或省级、行业建设主管部门颁发的计价定额和办法。

（3）建设工程设计文件及相关资料。

（4）与建设工程有关的标准、规范及技术资料。

（5）拟定的招标文件。

（6）施工现场情况、地勘水文资料、工程特点及常规施工方案。

（7）其他相关资料。

2.招标工程量清单编制的准备工作

招标工程量清单编制的相关工作在收集资料包括编制依据的基础上，需进行以下工作。

（1）初步研究。对各种资料进行认真研究，为工程量清单的编制做准备。主要包括以下几个方面：

①熟悉《建设工程工程量清单计价规范》（GB 50500—2013）"13计量规范"及当地计价规定及相关文件；熟悉设计文件，掌握工程全貌，便于清单项目列项的完整、工程量的准确计算及清单项目的准确描述，对设计文件中出现的问题应及时提出。

②熟悉招标文件和招标图纸，确定工程量清单编审的范围及需要设定的暂估价；收集相关市场价格信息，为暂估价的确定提供依据。

③对《建设工程工程量清单计价规范》（GB 50500—2013）缺项的新材料、新技术、新工艺，收集足够的基础资料，为补充项目的制定提供依据。

（2）现场踏勘。为了选用合理的施工组织设计和施工技术方案，需进行现场踏勘，以充分了解施工现场情况及工程特点，主要对以下两个方面进行调查。

①自然地理条件：工程所在地的地理位置、地形、地貌、用地范围等；气象、水文情况，包括气温、湿度、降雨量等；地质情况，包括地质构造及特征、承载能力等；地震洪水及其他自然灾害情况。

②施工条件：工程现场周围的道路、进出场条件、交通限制情况；工程现场施工临时设施、大型施工机具、材料堆放场地的安排情况；工程现场邻近建筑物与招标工程的间距结构形式、基础埋深、新旧程度、高度；市政给水排水管线位置、管径、压力，废水、污水处理方式，市政、消防供水管道管径、压力、位置等；现场供电方式、方位、距离、电压等；工程现场通信线路的连接和铺设；当地政府有关部门对施工现场管理的一般要求和特殊要求及规定等。

（3）拟订常规施工组织设计。施工组织设计是指导拟建工程项目的施工准备和施工的技术经济文件。根据项目的具体情况编制施工组织设计，拟定工程的施工方案、施工顺序施工方法等，便于工程量清单的编制及准确计算，特别是工程量清单中的措施项目。施工组织设计编制的主要依据是招标文件中的相关要求，设计文件中的图纸及相关说明，现场踏勘资料，有关定额，现行有关技术标准、施工规范或规则等。作为招标人，仅需拟订常规的施工组织设计即可。在拟定常规的施工组织设计时需注意以下问题：

①估算整体工程量。根据概算指标或类似工程进行估算，且仅对主要项目加以估算即可，如土石方、混凝土等。

②拟订施工总方案。施工总方案只需对重大问题和关键工艺作原则性的规定，不需要考虑施工步骤，主要包括施工方法、施工机械设备的选择、科学的施工组织、合理的施工

进度、现场的平面布置及各种技术措施。制订总方案要满足以下原则：从实际出发，符合现场的实际情况，在切实可行的范围内尽量做到先进和快速；满足工期的要求；确保工程质量和施工安全；尽量降低施工成本，使方案更加经济合理。

③确定施工顺序。合理确定施工顺序需要考虑以下几点：各分部分项工程之间的关系，施工方法和施工机械的要求；当地的气候条件和水文要求；施工顺序对工期的影响。

④编制施工进度计划。施工进度计划要满足合同对工期的要求，在不增加资源的前提下尽量提前。编制施工进度计划时要处理好工程中各分部工程、分项工程、单位工程之间的关系，避免出现施工顺序的颠倒或工种相互冲突。

⑤计算人工、材料、机具资源需求量。人工工日数量根据估算的工程量、选用的定额拟订的施工总方案、施工方法及要求的工期来确定，并考虑节假日、气候等的影响。材料需要量主要根据估算的工程量和选用的材料消耗定额进行计算。机具台班数量则根据施工方案确定选择机械设备方案及仪器仪表和种类的匹配要求，再根据估算的工程量和机具消耗定额进行计算。

⑥施工平面的布置。施工平面布置是指根据施工方案、施工进度要求，对施工现场的道路交通、材料仓库、临时设施等作出合理的规划布置，主要包括建设项目施工总平面图上的一切地上、地下已有和拟建的建筑物和构筑物以及其他设施的位置和尺寸；所有为施工服务的临时设施的布置位置，如施工用地范围、施工用的道路、材料仓库、取土与弃土位置，水源、电源位置；安全、消防设施位置；永久性测量放线标桩位置等。

（二）招标工程量清单的编制内容

1.分部分项工程项目清单编制

分部分项工程项目清单所反映的是拟建工程分部分项工程项目名称和相应数量的明细清单，招标人负责包括项目编码、项目名称、项目特征、计量单位和工程量计算在内的五项内容。

（1）项目编码。分部分项工程项目清单的项目编码，应根据拟建工程的工程量清单项目名称设置，同一招标工程的项目编码不得有重码。

（2）项目名称。分部分项工程项目清单的项目名称应按"13计量规范"附录的项目名称结合拟建工程的实际确定。

在分部分项工程项目清单中所列出的项目，应是在单位工程的施工过程中以其本身构成该单位工程实体的分项工程，但应注意以下几点：

①当在拟建工程的施工图纸中有体现，并且在"13计量规范"附录中也有相对应的项目时，则根据附录中的规定直接列项，计算工程量，确定其项目编码。

②当在拟建工程的施工图纸中有体现，但在"13计量规范"中没有相对应的项目，并

且在附录项目的"项目特征"或"工程内容"中也没有提示时，则必须编制针对这些分项工程的补充项目，在清单中单独列项并在清单的编制说明中注明。

（3）项目特征。工程量清单的项目特征是确定一个清单项目综合单价不可缺少的重要依据，在编制工程量清单时，必须对项目特征进行准确和全面的描述。但有些项目特征用文字往往难以准确和全面地描述。为达到规范、简洁、准确、全面描述项目特征的要求，在描述工程量清单项目特征时应按以下原则进行：

①项目特征描述的内容应按"13计量规范"附录中的规定，结合拟建工程的实际，满足确定综合单价的需要。

②若采用标准图集或施工图纸能够全部或部分满足项目特征描述的要求，项目特征的描述可直接采用"详见××图集或××图号"的方式。对不能满足项目特征描述要求的部分仍应用文字描述。

（4）计量单位。分部分项工程项目清单的计量单位与有效位数应遵守"13计量规范"的规定。当附录中有两个或两个以上计量单位的，应结合拟建工程项目的实际选择其中一个确定。

（5）工程量的计算。分部分项工程项目清单中所列工程量应按专业工程量计算规范规定的工程量计算规则计算。另外，对补充项的工程量计算规则必须符合其计算规则要具有可计算性，计算结果要具有唯一性的原则。

工程量的计算是一项繁杂而又细致的工作，为了计算得快速准确，并尽量避免漏算或重算，必须依据一定的计算原则及方法：

①计算口径一致。根据施工图列出的工程量清单项目，必须与专业工程量计算规范中相应清单项目的口径相一致。

②按工程量计算规则计算。工程量计算规则是综合确定各项消耗指标的基本依据，也是具体工程测算和分析资料的基准。

③按图纸计算。工程量按每一分项工程，根据设计图纸进行计算，计算时采用的原始数据必须以施工图纸所标示的尺寸或施工图纸能读出的尺寸为准进行计算，不得任意增减。

④按一定顺序计算。计算分部分项工程量时，可以按照定额编目顺序或按照施工图专业顺序依次进行计算。计算同一张图纸的分项工程量时，一般可采用以下几种顺序：按顺时针或逆时针顺序计算；按先横后纵顺序计算；按轴线编号顺序计算；按施工先后顺序计算；按定额分部分项顺序计算。

2.措施项目清单编制

措施项目清单是指为完成工程项目施工，发生于该工程施工准备和施工过程中的技术生活、安全、环境保护等方面的项目清单，措施项目分为单价措施项目和总价措施项目。

措施项目清单的编制需考虑多种因素，除工程本身的因素外，还涉及水文、气象、环境、安全等因素。措施项目清单应根据拟建工程的实际情况列项，若出现《建设工程工程量清单计价规范》（GB 50500—2013）中未列的项目，可根据工程实际情况补充。项目清单的设置要考虑拟建工程的施工组织设计、施工技术方案，相关的施工规范与施工验收规范，招标文件中提出的某些必须通过一定的技术措施才能实现的要求，设计文件中一些工作内容不足以写进技术方案的，但是要通过一定的技术措施才能实现。

一些可以精确计算工程量的措施项目可采用与分部分项工程项目清单相同的编制方式，编制"分部分项工程和单价措施项目清单与计价表"，而有一些措施项目费用的发生与使用时间、施工方法或者两个以上的工序相关并大多与实际完成的实体工程量的大小关系不大，如安全文明施工，冬、雨期施工，已完工程设备保护等，应编制"总价措施项目清单与计价表"。

3.其他项目清单的编制

其他项目清单是应招标人的特殊要求而发生的与拟建工程有关的其他费用项目和相应数量的清单。工程建设标准的高低、工程的复杂程度、工程的工期长短、工程的组成内容、发包人对工程管理要求等都直接影响其具体内容。当出现未包含在表格中的内容项目时，可根据实际情况补充，其中：

（1）暂列金额。暂列金额是指招标人暂定并包括在合同中的一笔款项。用于工程合同签订时尚未确定或者不可预见的所需材料、工程设备、服务的采购，施工中可能发生的工程变更、合同约定调整因素出现时的合同价款调整以及发生的索赔、现场签证确认等的费用。此项费用由招标人填写其项目名称、计量单位、暂定金额等，若不能详列，也可只列暂定金额总额。由于暂列金额由招标人支配，实际发生后才得以支付，因此，在确定暂列金额时应根据施工图纸的深度、暂估价设定的水平、合同价款约定调整的因素以及工程实际情况合理确定。一般可按分部分项工程项目清单的10%～15%确定，不同专业预留的暂列金额应分别列项。

（2）暂估价。暂估价是招标人在招标文件中提供的用于支付必然要发生但暂时不能确定价格的材料、工程设备的单价以及专业工程的金额。一般来说，为方便合同管理和计价，需要纳入分部分项工程量项目综合单价中的暂估价，应只是材料、工程设备暂估单价，以方便投标与组价。以"项"为计量单位给出的专业工程暂估价一般应是综合暂估价，即应当包括除规费、税金外的管理费、利润等。

（3）计日工。计日工是为了解决现场发生的工程合同范围以外的零星工作或项目的计价而设立的。计日工为额外工作的计价提供了一条一个方便快捷的途径。计日工对完成零星工作所消耗的人工工时、材料数量、机具台班进行计量，并按照计日工表中填报的适用项目的单价进行计价支付。编制计日工表格时，一定要给出暂定数量，并且需要根据经验，尽可能估算一个比较贴近实际的数量，且尽可能把项目列全，以消除因此而产生的争议。

（4）总承包服务费。总承包服务费是为了解决招标人在法律法规允许的条件下，进行专业工程发包以及自行采购供应材料、设备时，要求总承包人对发包的专业工程提供协调和配合服务，对供应的材料、设备提供收、发和保管服务，以及对施工现场进行统一管理，对竣工资料进行统一汇总整理等服务并向承包人支付的费用。招标人应当按照投标人的投标报价支付该项费用。

4.规费、税金项目清单的编制

规费、税金项目清单应按照规定的内容列项，当出现规范中没有的项目时，应根据省级政府或有关部门的规定列项。税金项目清单除规定的内容外，如国家税法发生变化或增加税种，应对税金项目清单进行补充。规费、税金的计算基础和费率均应按国家或地方相关部门的规定执行。

5.工程量清单总说明的编制

工程量清单总说明编制包括以下内容：

（1）工程概况。工程概况中要对建设规模、工程特征、计划工期、施工现场实际情况、自然地理条件、环境保护要求等作出描述。其中，建设规模是指建筑面积；工程特征应说明基础及结构类型、建筑层数、高度、门窗类型及各部位装饰、装修做法；计划工期是指按工期定额计算的施工天数；施工现场实际情况是指施工场地的地表状况；自然地理条件是指建筑场地所处地理位置的气候及交通运输条件；环境保护要求是针对施工噪声及材料运输可能对周围环境造成的影响和污染所提出的防护要求。

（2）工程招标及分包范围。招标范围是指单位工程的招标范围，如建筑工程招标范围为"全部建筑工程"，装饰装修工程招标范围为"全部装饰装修工程"，或招标范围不含桩基础幕墙、门窗等。工程分包是指特殊工程项目的分包，如招标人自行采购安装"铝合金门窗"等。

（3）工程量清单编制依据。工程量清单编制依据包括建设工程工程量清单计价规范、设计文件、招标文件、施工现场情况、工程特点及常规施工方案等。

（4）工程质量、材料、施工等的特殊要求。工程质量的要求是指招标人要求拟建工程的质量应达到合格或优良标准；对材料的要求，是指招标人根据工程的重要性、使用功能及装饰装修标准提出的要求，诸如对水泥的品牌、钢材的生产厂家、花岗石的出产地、品牌等的要求；施工要求，一般是指建设项目中对单项工程的施工顺序等的要求。

（5）其他需要说明的事项。

6.招标工程量清单汇总

在分部分项工程项目清单、措施项目清单、其他项目清单、规费和税金项目清单编制完成以后，经审查复核，与工程量清单封面及总说明汇总并装订，由相关责任人签字和盖章，形成完整的招标工程量清单文件。

二、招标控制价编制

（一）招标控制价的概念

招标控制价是指招标人根据国家或省级、行业建设主管部门颁发的有关计价的依据和办法，以及招标文件和设计图纸计算的，对招标工程限定的最高工程造价。招标控制价应由具有编制能力的招标人，或受其委托具有相应资质的工程造价咨询人编制。工程造价咨询人接受招标人委托编制招标控制价，不得再就同一工程接受投标人委托编制投标报价。招标控制价应该编制得符合实际，力求准确、客观，不超出工程投资概算金额。当招标控制价超过批准的概算时，招标人应将其报原概算部门审核。

招标控制价应按照《建设工程质量管理条例》中有关"建设工程发包单位不得迫使承包方以低于成本的价格竞标"的规定编制，不应对所编制的招标控制价进行上浮或下调。当招标控制价超过批准的概算时，招标人应将其报原概算审批部门审核。

招标人应在发布招标文件时公布招标控制价，同时应将招标控制价及有关资料报送工程所在地或有该工程管辖权的行业管理部门工程造价管理机构备查。

招标控制价的编制依据招标控制价应根据以下依据编制与复核：

（1）《建设工程工程量清单计价规范》（GB 50500—2013）；

（2）国家或省级、行业建设主管部门颁发的计价定额和计价办法；

（3）建设工程设计文件及相关资料；

（4）拟定的招标文件及招标工程量清单；

（5）与建设项目相关的标准、规范、技术资料；

（6）施工现场情况、工程特点及常规施工方案；

（7）工程造价管理机构发布的工程造价信息，当工程造价信息没有发布时，参照市场价；

（8）其他的相关资料。

（二）招标控制价的编制内容

1.招标控制价计价程序

建设工程的招标控制价反映的是单位工程费用，各单位工程费用由分部分项工程费、措施项目费、其他项目费、规费和税金组成。

2.分部分项工程费的编制

分部分项工程费应根据招标文件中的分部分项工程项目清单及有关要求，按《建设工程工程量清单计价规范》（GB 50500—2013）中的有关规定确定综合单价计价。

（1）综合单价的组价过程。招标控制价的分部分项工程费应由各单位工程的招标工程量清单中给定的工程量乘以其相应综合单价汇总而成。综合单价应按照招标人发布的分部分项工程项目清单的项目名称、工程量、项目特征描述，依据工程所在地区颁发的计价定额和人工、材料、机具台班价格信息等进行组价确定。首先，依据提供的工程量清单和施工图纸，按照工程所在地区颁发的计价定额的规定，确定所组价的定额项目名称，并计算出相应的工程量。其次，依据工程造价政策规定或工程造价信息确定其人工、材料、机具台班单价。同时，在考虑风险因素确定管理费费率和利润率的基础上，按规定程序计算出所组价定额项目的合价，然后将若干项所组价的定额项目合价相加再除以工程量清单项目工程量，便得到工程量清单项目综合单价，未计价材料费（包括暂估单价的材料费）应计入综合单价。

（2）综合单价中的风险因素。为使招标控制价与投标报价所包含的内容一致，综合单价中应包括招标文件中要求投标人所承担的风险内容及其范围（幅度）产生的风险费用。

①对于技术难度较大和管理复杂的项目，可考虑一定的风险费用，并纳入综合单价中。

②对于工程设备、材料价格的市场风险，应依据招标文件的规定，工程所在地或行业工程造价管理机构的有关规定，以及市场价格趋势考虑一定率值的风险费用，纳入综合单价中。

③税金、规费等法律、法规、规章和政策变化的风险及人工单价等风险费用不应纳入综合单价。

3.措施项目费的编制

（1）措施项目费中的安全文明施工费应当按照国家或省级、行业建设主管部门的规定标准计价，该部分不得作为竞争性费用。

（2）措施项目应按招标文件中提供的措施项目清单确定，措施项目分为以"量"计算和以"项"计算两种。对于可精确计量的措施项目，以"量"计算即按其工程量用与分部分项工程项目清单单价相同的方式确定综合单价；对于不可精确计量的措施项目，则以"项"为单位，采用费率法按有关规定综合取定，采用费率法时需确定某项费用的计费基数及其费率，结果应是包括除规费、税金以外的全部费用。

4.其他项目费的编制

（1）暂列金额。暂列金额由招标人根据工程特点、工期长短，按有关计价规定进行估算，一般可以分部分项工程费的10%～15%作为参考。

（2）暂估价。暂估价中的材料单价应按照工程造价管理机构发布的工程造价信息中的材料单价计算，工程造价信息未发布的材料单价，其单价参考市场价格估算；暂估价中的专业工程暂估价应分不同专业，按有关计价规定估算。

（3）计日工。在编制招标控制价时，对计日工中的人工单价和施工机具台班单价应按省级、行业建设主管部门或其授权的工程造价管理机构公布的单价计算，材料应按工程造价管理机构发布的工程造价信息中的材料单价计算，工程造价信息未发布单价的材料，其价格应按市场调查确定的单价计算。

（4）总承包服务费。总承包服务费应按照省级或行业建设主管部门的标准计算，在计算时可参考以下标准：

①招标人仅要求对分包的专业工程进行总承包管理和协调时，应按分包的专业工程估算造价的1.5%计算；

②招标人要求对分包的专业工程进行总承包管理和协调，并要求提供配合服务时，根据招标文件中列出的配合服务内容和提出的要求，按分包的专业工程估算造价的3%～5%计算；

③招标人自行供应材料的，按招标人供应材料价值的1%计算。

5.规费和税金的编制

规费和税金必须按照国家或省级、行业建设主管部门的标准计算。

第三节　投标报价的编制

投标报价不仅是投标的关键性工作，也是投标书的核心组成部分，招标人往往将投标人的报价作为主要标准来选择中标人，同时是招标人与中标人就工程标价进行谈判的基础。

一、投标报价的概念

投标报价是投标人投标时报出的工程造价。它是在工程采用招标发包的过程中，由投标人按照招标文件的要求，根据工程特点，并结合自身的施工技术、装备和管理水平，依据有关计价规定自主确定的工程造价，是投标人希望达成工程承包交易的期望价格，它不能高于招标人设定的招标控制价。

投标报价应由投标人或受其委托具有相应资质的工程造价咨询人编制。

二、投标报价的原则

投标报价编制和确定的最基本特征是投标人自主报价，它是市场竞争形成价格的体现。投标人自主决定投标报价应遵循以下几个原则：

（1）遵守有关规范、标准和建设工程设计文件的要求。

（2）遵守国家或省级、行业建设主管部门及其工程造价管理机构制定的有关工程造价政策要求。

（3）遵守招标文件中的有关投标报价的要求。

（4）遵守投标报价不得低于成本的要求。

三、投标报价的依据

投标报价应根据招标文件中的计价要求，按照以下依据自主报价：

（1）工程量清单计价规范。

（2）国家或省级、行业建设主管部门颁发的计价办法。

（3）企业定额，国家或省级、行业建设主管部门颁发的计价定额。

（4）招标文件、工程量清单及其补充通知、答疑纪要。

（5）建设工程设计文件及相关资料。

（6）施工现场情况、工程特点及拟定的招投标施工组织设计或施工方案。

（7）与建设项目相关的标准、规范等技术资料。

（8）市场价格信息或工程造价管理机构发布的工程造价信息。

（9）其他的相关资料。

四、投标报价的步骤

投标报价有以下几个步骤：

（1）熟悉招标文件，对工程项目进行调查与现场考察。

（2）制定投标策略。

（3）核算招标项目实际工程量。

（4）编制施工组织设计。

（5）考虑工程承包市场的行情，确定各分部分项工程单价。

（6）分摊项目费用，编制单价分析表。

（7）计算投标基础价。

（8）进行获胜分析、盈亏分析。

（9）提出备选投标报价方案。

（10）编制出合理的报价，以争取中标。

五、投标报价的编制方法

根据《建筑工程施工发包与承包计价管理办法》（建设部令第107号）的规定，发包与承包价的计算方法分为工料单价法和综合单价法。

（一）工料单价法

工料单价法是指计算出分部分项工程量后乘以工料单价，合计得到直接工程费，直接工程费汇总后再加上措施费、间接费、利润和税金生成工程承发包价格。工料单价法是我国长期以来一直采用的一种报价方式。但随着工程量清单招标方式在全国的广泛实施，这种计价模式逐步被综合单价法所替代。

（二）综合单价法

综合单价法分为全费用综合单价和部分费用综合单价，全费用综合单价其单价内容包括直接工程费、措施费、间接费、利润和税金。由于大多数情况下措施费由投标人单独报价，而规费和税金则属于不可竞争费用，不包括在综合单价中，此时综合单价仅包括人工费、材料费、机械费、企业管理费、利润和一定范围内的风险费用，这就是我国目前执行的部分费用综合单价。

第四节　中标价及合同价款的约定

一、中标人的确定

（一）评标报告

评标报告是评标委员会评标结束后提交给招标人的一份重要文件。评标委员会完成评标后，应当向招标人提出书面评标报告，并推荐合格的中标候选人。招标人也可以授权评标委员会直接确定中标人。在评标报告中，评标委员会不仅要推荐中标候选人，而且要说明这种推荐的具体理由。评标报告作为招标人定标的重要依据，一般应包括以下内容：

（1）对投标人的技术方案评价，技术和经济风险分析。

（2）对投标人承担能力与工作基础评价。

（3）对满足评标标准的投标人，对其投标进行排序。

（4）需进一步协商的问题及协商应达到的指标和要求。

招标人根据评标委员会的评标报告，在推荐的中标候选人（一般为1~3个）中最后确定中标人；在某些情况下，招标人也可以直接授权评标委员会直接确定中标人。

评标报告应当由评标委员会全体成员签字。对评标结果有不同意见的评标委员会成员应当以书面形式说明其不同意见和理由，评标报告应当注明该不同意见。评标委员会成员拒绝在评标报告上签字又不书面说明其不同意见和理由的，视为同意评标结果。

（二）废标、否决所有投标和重新招标

1.废标

废标，一般是评标委员会在履行评标职责过程中，对投标文件依法作出的取消其中标资格、不再予以评审的处理决定。

除非法律有特别规定，废标是评标委员会依法作出的处理决定。其他相关主体，如招标人或招标代理机构，无权对投标作废标处理。废标应符合法定条件。评标委员会不得任意废标，只能依据法律规定及招标文件的明确要求，对投标进行审查决定是否应予以废标。被作废标处理的投标，不再参加投标文件的评审，也完全丧失了中标的机会。

2.否决所有投标

评标委员会经评审，认为所有投标都不符合招标文件要求的，可以否决所有投标。评标委员会否决不合格投标或者界定为废标后，因有效投标不足3个使得投标明显缺乏竞争的，评标委员会可以否决全部投标。从上述规定可以看出，否决所有投标包括两种情况：一是所有的投标都不符合招标文件要求，因为每份投标均被界定为废标、被认为无效或不合格，所以，评标委员会否决了所有的投标；二是部分投标被界定为废标、被认为无效或不合格之后，仅剩余不足3个的有效投标，使得投标明显缺乏竞争的，违反了招标采购的根本目的，所以，评标委员会可以否决全部投标。对于个体投标人而言，无论其投标是否合格有效，都可能发生所有投标被否决的风险，即使投标符合法律和招标文件要求，但结果却是无法中标。对于招标人而言，上述两种情况下，结果都是相同的，即所有的投标被依法否决，当次招标结束。

3.重新招标

如果到投标截至时间为止，投标人少于3个或经评标专家评审后否决所有投标的，评标委员会可以建议重新招标。《中华人民共和国招标投标法》第二十八条第一款规定："投标人应当在招标文件要求提交投标文件的截止时间前，将投标文件送达投标地点。招

标人收到投标文件后，应当签收保存，并不得开启。投标人少于三个的，招标人应当依照本法重新招标。"第四十二条第二款规定："依法必须进行招标的项目的所有投标被否决的，招标人应当依照本法重新进行招标。"

重新招标是一个招标项目发生法定情况无法继续进行评标并推荐中标候选人，当次招标结束后，如何开展项目采购的一种选择。所谓法定情况，包括于投标截止时间到达时投标人少于3个、评标中所有投标被否决或其他法定情况。

（三）定标方式

确定中标人前，招标人不得与投标人就投标价格及投标方案等实质性内容进行谈判。除投标人须知前附表授权评标委员会直接确定中标人外，招标人依据评标委员会推荐的中标候选人确定中标人，评标委员会推荐中标候选人的人数应符合招标文件的要求，并标明排列顺序。中标人的投标应当符合以下条件之一：

（1）能够最大限度地满足招标文件中规定的各项综合评价标准。

（2）能够满足招标文件的实质性要求，并且经评审的投标价格最低，但是投标价格低于成本的除外。

对使用国有资金投资或国家融资的项目，招标人应当确定排名第一的中标候选人为中标人。排名第一的中标候选人放弃中标，或因不可抗力提出不能履行合同，或者招标文件规定应当提交履约保证金而在规定的期限内未能提交的，招标人可以确定排名第二的中标候选人为中标人。排名第二的中标候选人因上述同样原因不能签订合同的，招标人可以确定排名第三的中标候选人为中标人。

（四）公示和中标通知

1.公示中标候选人

为维护公开、公平、公正的市场环境，鼓励各种招投标当事人积极参与监督，依法必须进行招标的项目，招标人应当自收到评标报告之日起3日内公示中标候选人，公示期不得少于3天。投标人或其他利害关系人对依法必须进行招标项目的评标结果有异议的，应当在中标候选人公示期间提出。招标人应当自收到异议之日起3天内作出答复，作出答复前，应当暂停招标投标活动。

对中标候选人的公示需明确以下几个方面：

（1）公示范围。公示的项目范围是依法必须进行招标的项目，其他招标项目是否公示中标候选人由招标人自主决定。公示的对象是全部中标候选人。

（2）公示媒体。招标人在确定中标人之前，应当将中标候选人在交易场所和指定媒体上公示。

（3）公示时间（公示期）。公示由招标人统一委托当地招投标中心在开标当天发布。公示期从公示的第二天开始算起，在公示期满后招标人才可以签发中标通知书。

（4）公示内容。对中标候选人全部名单及排名进行公示，而不是只公示排名第一的中标候选人。同时，对有业绩信誉条件的项目，在投标报名或开标时提供作为资格条件或业绩信誉的情况，应一并进行公示，但不含投标人各评分要素的得分情况。

（5）异议处置。公示期间，投标人及其他利害关系人应当先向招标人提出异议，经核查后发现在招投标过程中确有违反相关法律法规且影响评标结果公正性的，招标人应当重新组织评标或招标。

2.发出中标通知书

中标人确定后，在规定的投标有效期内，招标人以书面形式向中标人发出中标通知书，同时将中标结果通知未中标的投标人。中标通知书对招标人和中标人具有法律效力。中标通知书发出后，招标人改变中标结果，或者中标人放弃中标项目的，应当依法承担法律责任。依据《中华人民共和国招标投标法》的规定，依法必须进行招标的项目，招标人应当自确定中标人之日起15日内，向有关行政监督部门提交招标投标情况的书面报告。书面报告中至少应包括以下几方面内容：

（1）招标范围。

（2）招标方式和发布招标公告的媒介。

（3）招标文件中投标人须知、技术条款、评标标准和方法以及合同主要条款等内容。

（4）评标委员会的组成和评标报告。

（5）中标结果。

3.履约担保

在签订合同前，中标人以及联合体的中标人应按照招标文件有关规定的金额、担保形式和招标文件规定的履约担保格式，向招标人提交履约担保。履约担保有现金、支票、履约担保书和银行保函等形式，可以选择其中的一种作为招标项目的履约保证金，履约保证金不得超过中标合同金额的10%。

中标人不能按要求提交履约保证金的，视为放弃中标，其投标保证金不予退还，给招标人造成的损失超过投标保证金数额的，中标人还应当对超过部分予以赔偿。中标后的承包人应保证其履约保证金在发包人颁发工程接收证书前一直有效。发包人应在工程接收证书颁发后28天内把履约保证金退还给承包人。

二、合同价款类型的选择

招标人和中标人应当自中标通知书发出之日起30天内，根据招标文件和中标人的投标文件订立书面合同。中标人无正当理由拒签合同的，招标人取消其中标资格，其投标保证金不予退还；给招标人造成的损失超过投标保证金数额的，中标人还应当对超过部分予以赔偿。发出中标通知书后，招标人无正当理由拒签合同的，招标人向中标人退还投标保证金；给中标人造成损失的，还应当赔偿损失。

发承包双方在确定合同价款时，应当考虑市场环境和生产要素价格变化对合同价款的影响。实行工程量清单计价的建筑工程，鼓励发承包双方采用单价方式确定合同价款。建设规模较小、技术难度较低、工期较短的建筑工程，发承包双方可以采用总价方式确定合同价款。紧急抢险、救灾以及施工技术特别复杂的建筑工程，发承包双方可以采用成本加酬金的方式确定合同价款。

三、合同价款的约定

合同价款是合同文件的核心要素，建设项目无论是招标发包还是直接发包，合同价款的具体数额均在"合同协议书"中载明。

（一）签约合同价与中标价的关系

签约合同价是指合同双方签订合同时在协议书中列明的合同价格，对于以单价合同形式招标的项目，工程量清单中各种价格的总计即为合同价。合同价就是中标价，因为中标价是指评标时经过算术错误修正的并在中标通知书中申明招标人接受的投标价格。法理上，经公示后招标人向投标人所发出的中标通知书（投标人向招标人回复确认中标通知书已收到），中标的中标价就受到法律保护，招标人不得以任何理由反悔。这是因为，合同价格属于招标投标活动中的核心内容，根据《中华人民共和国招标投标法》第四十六条有关规定指出"招标人和中标人应当按照招标文件和中标人的投标文件订立书面合同，招标人和中标人不得再行订立背离合同实质性内容的其他协议"之规定，发包人应根据中标通知书确定的价格签订合同。

（二）工程合同价款约定一般规定

（1）实行招标的工程合同价款应在中标通知书发出之日起30天内，由发承包双方依据招标文件和中标人的投标文件在书面合同中约定。

合同约定不得违背招标、投标文件中关于工期、造价和质量等方面的实质性内容。招标文件与中标人投标文件不一致的地方，应以投标文件为准。

工程合同价款的约定是建设工程合同的主要内容，根据有关法律条款的规定，工程合同价款的约定应满足以下几个方面的要求：

①约定的依据要求：招标人向中标的投标人发出的中标通知书。

②约定的时间要求：自招标人发出中标通知书之日起30天内。

③约定的内容要求：招标文件和中标人的投标文件。

④合同的形式要求：书面合同。

在工程招标投标及建设工程合同签订过程中，招标文件应视为要约邀请，投标文件为要约，中标通知书为承诺。因此，在签订建设工程合同时，若招标文件与中标人的投标文件有不一致的地方，应以投标文件为准。

（2）不实行招标的工程合同价款，应在发承包双方认可的工程价款基础上，由发承包双方在合同中约定。

（三）合同价款约定内容

1.工程价款进行约定的基本事项

建筑工程造价应当按照国家有关规定，由发包单位与承包单位在合同中约定。公开招标发包的，其造价的约定，须遵守招标投标法律的规定。发承包双方应在合同中对工程价款进行以下基本事项的约定：

（1）预付工程款的数额、支付时间及抵扣方式。预付工程款是发包人为解决承包人在施工准备阶段资金周转问题提供的协助。如使用的水泥、钢材等大宗材料，可根据工程的具体情况设置工程材料预付款。应在合同中约定预付款数额：可以是绝对数，如50万元、100万元，也可以是额度，如合同金额的10%、15%等；约定支付时间：如合同签订后一个月支付、开工日前7天支付等；约定抵扣方式：如在工程进度款中按比例抵扣；约定违约责任：如不按照合同约定支付预付款的利息计算，违约责任等。

（2）安全文明施工措施的支付计划，使用要求等。

（3）工程计量与进度款支付。应在合同中约定计量时间和方式，可按月计量，如每月30天，可按工程形象部位（目标）划分分段计量。进度款支付周期与计量周期保持一致，约定支付时间，如计量后7天、10天支付；约定支付数额，如已完工作量的70%、80%等；约定违约责任，如不按合同约定支付进度款的利率，违约责任等。

（4）合同价款的调整。约定调整因素，如工程变更后综合单价调整，钢材价格上涨超过投标报价时的3%，工程造价管理机构发布的人工费调整等；约定调整方法，如结算时一次调整，材料采购时报发包人调整等；约定调整程序，承包人提交调整报告交发包人，由发包人现场代表审核签字等；约定支付时间与工程进度款支付同时进行等。

（5）索赔与现场签证。约定索赔与现场签证的程序，如由承包人提出、发包人现场代表或授权的监理工程师核对等；约定索赔提出时间，如索赔事件发生后的28天内等；约定核对时间，如收到索赔报告后7天以内、10天以内等；约定支付时间，如原则上与工程进度款同期支付等。

（6）承担风险。约定风险的内容范围，如全部材料、主要材料等；约定物价变化调整幅度，如钢材、水泥价格涨幅超过投标报价的3%，其他材料超过投标报价的5%等。

（7）工程竣工结算。约定承包人在什么时间提交竣工结算书，发包人或其委托的工程造价咨询企业，在什么时间内核对，核对完毕后，在多长时间内支付等。

（8）工程质量保证金。在合同中约定数额，如合同价款的3%等；约定预付方式，如竣工结算一次扣清等；约定归还时间，如质量缺陷期退还等。

（9）合同价款争议。约定解决价款争议的办法：是协商还是调解，如调解由哪个机构进行调解；如在合同中约定仲裁，应标明具体的仲裁机关名称，以免仲裁条款无效，约定诉讼等。

（10）与履行合同、支付价款有关的其他事项等。需要说明的是，合同中涉及价款的事项较多，能够详细约定的事项应尽可能具体约定，约定的用词应尽可能唯一，如有几种解释，最好对用词进行定义，尽量避免因理解上的歧义造成合同纠纷。

2.合同中未约定事项或约定不明事项

合同中没有按照工程价额进行基本要求约定或约定不明确的，若发承包双方在合同履行中发生争议由双方协商确定；当协商不能达成一致时，应按以下规定执行：

（1）合同生效后，当事人就质量、价款或者报酬、履行地点等内容没有约定或者约定不明确的，可以协议补充；不能达成补充协议的，按照合同有关条款或交易习惯确定。

（2）因设计变更导致建设工程的工程量或质量标准发生变化，当事人对该部分工程价款不能协商一致的，可以参照签订建设工程施工合同时，当地建设行政主管部门发布的计价方式或计价标准结算工程价款。

第十章
建设项目施工阶段的工程造价管理

第一节　建设项目施工与工程造价的关系

  建设项目的工程造价控制是一个全过程的造价控制，从项目建议书和可行性研究阶段（决策阶段）开始到项目的设计阶段，从进入项目招投标阶段一直到项目的施工阶段、竣工验收阶段和运营阶段，在整个的建设项目程序中，各个阶段、各个环节的工作及对应的工程造价有着一定的关联和不同的内在规律。

  施工阶段造价控制是指施工前的合同签订及施工全过程这个阶段，主要通过对工程项目的现场跟踪，就施工过程中较容易产生争议的合同管理、工程变更、现场签证、材料价格及形象进度等涉及工程费用方面的问题进行控制，使工程造价符合实际情况，科学地利用建设资金，最大限度地发挥投资效益。施工阶段是在工程项目建设过程中将工程转化为实体的重要阶段，也是建设资金直接投入最大的一个阶段，是否控制得当将对整个工程造价的影响是巨大的。

第二节　工程变更与合同价调整

一、工程变更

（一）工程变更的概念

在工程项目的实施过程中，由于种种原因，常常会出现设计、工程量、计划进度、使用材料等方面的变化，这些变化统称为工程变更，它包括设计变更、进度计划变更、施工条件变更及原招标文件和工程量清单中未包括的"新增工程"。

（二）工程变更产生的原因

工程变更是建筑施工生产的特点之一，主要原因有以下几方面：

（1）由于业主方对项目提出新的要求；

（2）由于现场施工环境发生了变化；

（3）由于设计上的错误，必须对图纸作出修改；

（4）由于使用新技术，有必要改变原设计；

（5）由于招标文件和工程量清单不准确引起工程量增减；

（6）由于发生不可预见的事件，引起停工和工期拖延。

（三）工程变更分类

实践中，施工期间会出现与合同签订时情况不符合的各种变更，以这些变更是否影响工程造价为标准，可分为以下几种：

1.条件变更

条件变更是指施工过程中因发包人未能按合同约定提供必需的施工条件，以及发生不可抗力导致工程无法按预定计划实施。例如，发包人承诺交付的后续施工图纸未到，致使工程中途停工；发包人提供的施工临时用电，因社会电网紧张而断电，导致施工无法正常进行。需要注意的是，在合同条款中，这类变更通常在发包人义务中约定。

2.计划变更

计划变更是指施工过程中建设单位因上级指令、技术因素或经营需要，调整原定施工进度计划，改变施工顺序和时间安排。例如，在小区群体工程施工中，根据销售进展情况，一部分房屋需提前竣工，另一部分房屋适当延迟交付。需要注意的是，这类变更通常在施工中需要双方签订补充协议来约定。

3.设计变更

设计变更是指在建设工程施工合同履约过程中，对原设计内容进行的修改、完善和优化。设计变更的内容十分广泛，是工程中变更的主体内容，占有工程变更的较大比例。常见的设计变更有：因设计错误或图纸错误而进行的设计变更；因设计遗漏或设计深度不够而进行的设计补充或变更；应发包人、监理人请求或承包人建议对设计所做的优化调整等。在合同条款中约定的变更主要是指这类变更。

4.施工方案变更

施工方案变更是指在施工过程中承包人因工程地质条件变化、施工环境和施工条件的改变等因素影响，向监理工程师或发包人提出的改变原施工措施方案的过程。施工措施方案的变更，一般应根据合同约定经监理工程师或发包人审查同意后方可实施，否则引起的费用增加和工期延误将由承包人自行承担。实践中，重大施工方案的变更还应征求设计单位的意见。在建设工程施工合同履约过程中，施工方案变更存在于工程施工的全过程。例如，某项工程原定深排水工程采用钢板支撑方式进行施工，后施工过程中由于现场地质条件的变化，已不能采用原定的方案，修改为大开挖方式进行施工。在合同条款中约定的变更包括这类变更。

5.新增工程

新增工程是指施工过程中，因建设单位扩大建设规模，增加原招标工程量清单之外的施工内容。在合同条款中约定的变更包括这类变更。

（四）工程变更引起分部分项工程费变化的调整方法

1.变更量的确定

施工中进行工程计量，当发现招标工程量清单中出现缺项、工程量偏差，或因工程变更引起工程量增减时，应按承包人在履行合同义务中完成的工程量计算。由此规定可知，工程变更量应按照承包人在变更项目中实际完成的工程量计算。

2.变更综合单价的确定

（1）合同中已有适用子目综合单价的确定。采用"合同中已有适用子目"的前提有以下几方面：

①变更项目与合同中已有项目性质相同，即两者的图纸尺寸、施工工艺和方法、材质完全一致。

②变更项目与合同中已有项目施工条件一致。

③变更工程的增减工程量在执行原有单价的合同约定幅度范围内。

④合同已有项目的价格没有明显偏高或偏低。

⑤不因变更工作增加关键线路工程的施工时间。实践中，这类变更主要包括以下两种情况：

A.工程量的变化。由于设计图纸深度不够或者招标工程量清单计算有偏差，导致在施工过程中工程量产生变化。

B.工程量的变更。施工中由于工程变更使某些工作的工程量单纯地进行增减，不改变施工工艺、材质等，如某办公楼工程墙面贴瓷砖，合同中约定工程量是3000m²，在实际施工中业主进行工程量变更，增加了墙面贴瓷砖工程量，使面积增加至3200m²。

（2）合同中有类似子目综合单价的确定。实践中，此类变更主要包括以下两种情况：

①变更项目与合同中已有的工程量清单项目，两者的施工图纸虽然改变，但施工方法、材料、施工环境不变，只是尺寸更改引起工程量变化。如水泥砂浆找平层厚度的改变。这种情形常用比例分配法。具体为：单位变更工程的人工费、机械费、材料费的消耗量按比例进行调整，人工单价、材料单价、机械台班单价不变；变更工程的管理费及利润执行原合同确定的费率。

②变更项目与合同中已有项目，两者的施工方法、施工环境、尺寸不变，只是材料改变，如混凝土强度等级由C20变为C25。这种情形下，由于变更项目只改变材料，变更项目的综合单价只需将原有综合单价中材料的组价进行替换，即变更项目的人工费、机械费执行原清单项目，单位变更项目的材料消耗量执行原清单项目中的消耗量，对原清单报价中的材料单价按市场价进行调整；变更工程的管理费执行原合同确定的费率。

（3）合同中无适用或类似子目综合单价的确定。采用"合同中无适用子目或类似子目"的前提有以下几方面：

①变更项目与合同中已有的项目性质不同，因变更产生新的工作，从而形成新的单价，原清单单价无法套用。

②因变更导致施工环境不同。

③承包商对原有合同项目单价采用明显不平衡报价。

④变更工作增加了关键路线的施工时间。

对于此类变更综合单价的确定，通常按照"成本加利润"原则，并考虑报价浮动率的方法。为何要考虑报价浮动率因素？原因是若单纯以"成本加利润"原则确定综合单价，会导致一部分应由承包人承担的风险转移到发包人，这是由于承包人在进行投标报价时中标价往往低于招标控制价，降低价格中有一部分是承包人为了低价中标自愿承担的让利风险；另一部分是承包人实际购买和使用的材料价格往往低于市场上的询价价格，承包人自愿承担的正常价差风险。前面关于工程量变化超过15%时综合单价调整公式中引入报价浮动率，也是基于同样的原因。

（五）工程变更引起措施项目费变化的调整方法

措施项目费包括总价措施项目费和单价措施项目费。总价措施项目费一般包括安全文明施工费，夜间施工增加费，二次搬运费，冬、雨期施工增加费，已完工程及设备保护费等；单价措施项目费包括脚手架、模板、垂直运输、超高施工增加、大型机械进出场、施工排水降水等。通常能够引起措施费变化的情况有工程量变更、招标工程量清单缺失、工程量偏差等情况。

措施项目要按照一定的调整程序，对三种情况（单价计算的措施项目费、总价计算的措施项目费、安全文明施工费）分别进行调整。

1.单价计算的措施项目费的调整方法

采用单价计算的措施项目费包括脚手架费、混凝土模板及支架费、垂直运输费、超高施工增加费、大型机械设备进出场及安拆费、施工排水降水费六项。

此类费用确定方法与工程变更分部分项工程费的确定方法相同。

2.总价计算的措施项目费的调整方法

采用总价计算的措施项目费包括夜间施工增加费、非夜间施工照明费、二次搬运费、地上地下建筑物的临时保护费、已完工程及设备保护费。计算方法为：当变更导致计算基数（如分部分项工程费）变化时，总价措施项目费按计算基数增加或减少的比例进行据实调整，费率和计算基数按照各省、市规定计算。但要考虑承包人的报价浮动率。

3.安全文明施工费的确定方法

安全文明施工费必须按照国家、行业建设主管部门的规定计算，不得作为竞争性费用，除非变更导致其计价基数的变化。

（六）工程变更的控制

工程变更按照发生的时间划分，有以下几种：

（1）工程尚未开始：这时的变更只需对工程设计进行修改和补充。

（2）工程正在施工：这时变更的时间通常很紧迫，甚至可能发生现场停工，等待变更通知。

（3）工程已完工：这时进行变更，就必须做返工处理。

因此，应尽可能避免工程完工后进行变更，既可以防止浪费，又可以避免一旦处理不好引起纠纷，损害投资者或承包商的利益，对项目目标控制不利。承包工程实际造价=合同价+索赔额。承包方为了适应日益竞争的建设市场，通常在合同谈判时让步而在工程实施过程中通过索赔获取补偿；由于工程变更所引起的工程量的变化、承包方的索赔等，都有可能使最终投资超出原来的预计投资，因此造价工程师应密切注意对工程变更价款的处理。工程变更容易引起停工、返工现象，会延迟项目的完工时间，对施工进度不利；变更的频繁还会增加工程师的组织协调工作量（协调会议、联席会的增多）；而且，变更频繁对合同管理和质量控制也不利。因此，对工程变更进行有效控制和管理十分重要。

工程变更中除了对原工程设计进行变更、工程进度计划进行变更外，施工条件的变更往往比较复杂，需要特别重视，尽量避免索赔的发生。施工条件的变更，往往是指未能预见的现场条件或不利的自然条件，即在施工中实际遇到的现场条件同招标文件中描述的现场条件有本质的差异，使承包商向业主提出施工单价和施工时间的变更要求。在土建工程中，现场条件的变更一般出现在基础地质方面，如厂房基础下发现流沙或淤泥层、隧洞开挖中发现新的断层破碎等。

在施工实践中，控制由于施工条件变化所引起的合同价款变化，主要是把握施工单价和施工工期的科学性、合理性。这是因为，在施工合同条款的理解方面，对施工条件的变更并没有十分严格的定义，往往会造成合同双方各执一词。所以，应充分做好现场记录资料和试验数据库的收集整理工作，使以后在合同价款的处理方面，更具有科学性和说服力。

（七）工程变更的处理程序

（1）建设单位需对原工程设计进行变更，根据《建设工程施工合同文本》的规定，发包方应不迟于变更前14天以书面形式向承包方发出变更通知。变更超过原设计标准或批准的建设规模时，须经原规划管理部门和其他有关部门审查批准，并由原设计单位提供变更的相应图纸和说明。发包方办妥上述事项后，承包方根据发包方变更通知并按工程师要求进行变更。因变更导致合同价款的增减及造成的承包方损失，由发包方承担，延误的工期相应顺延。

合同履行中发包方要求变更工程质量标准及发生其他实质性变更，由双方协商解决。

（2）承包商（施工合同中的乙方）要求对原工程进行变更：

①施工中乙方不得擅自对原工程设计进行变更。因乙方擅自变更设计产生的费用和由此导致甲方的直接损失，由乙方承担，延误的工期不予顺延。

②乙方在施工中提出的合理化建议涉及对设计图纸或施工组织设计的更改及对原材料、设备的换用，须经工程师同意。未经同意擅自更改或换用时，乙方承担由此产生的费用，并赔偿甲方的有关损失，延误的工期不予顺延。

③工程师同意采用乙方的合理化建议，所产生的费用或获得的收益，甲乙双方另行约

定分担或分享。

工程变更程序一般由合同规定，最好的变更程序是在变更执行前，双方就办理工程变更中涉及的费用增加和造成损失的补偿进行协商，以免因费用补偿的争议影响工程的进度。

（八）工程变更价款的计算方法

工程变更价款的确定应在双方协商的时间内，由承包商提出变更价格，报工程师批准后方可调整合同价或顺延工期。造价工程师对承包方（乙方）所提出的变更价款，应按照有关规定进行审核、处理，主要有以下几方面：

（1）乙方在工程变更确定后14天内，提出变更工程价款的报告，经工程师确认后调整合同价款。变更合同价款按以下方法进行：

①合同中已有适用于变更工程的价格，按合同已有的价格计算变更合同价款；

②合同中只有类似于变更工程的价格，可以参照类似价格变更合同价款；

③合同中没有适用或类似于变更工程的价格，由乙方提出适当的变更价格，经工程师确认后执行。

（2）乙方在双方确定变更后14天内没有向工程师提出变更工程报告时，可视该项变更不涉及合同价款的变更。

（3）工程师收到变更工程价款报告之日起14天内，应予以确认。工程师无正当理由不确认时，自变更价款报告送达之日起14天后变更工程价款报告自行生效。

（4）工程师不同意乙方提出的变更价款，可以进行和解或者要求有关部门（如工程造价管理部门）调解。和解或调解不成的，双方可以采用仲裁或以向法院起诉的方式解决。

（5）工程师确认增加的工程变更价款作为追加合同价款，与工程款同期支付。

（6）因乙方自身原因导致的工程变更，乙方无权追加合同价款。

（九）工程变更申请

在工程项目管理中，工程变更通常要经过一定的手续，如申请、审查、批准、通知等。申请表的格式和内容可根据具体工程需要设计。对国有资金投资项目，施工中发包人需对原工程设计进行变更，如设计变更涉及概算调增的，应报原概算批复部门批准，其中涉及新增财政性投资的项目应经同级财政部门同意，并明确新增投资的来源和金额。承包人按照发包人发出并经原设计单位同意的变更通知及有关要求进行变更施工。

（十）工程变更中应注意的问题

1.工程师的认可权应合理限制

在国际承包工程中，业主常常通过工程师对材料的认可权，提供材料的质量标准；通过对设计的认可权，提供设计质量标准；通过对施工的认可权，提供施工质量标准。如果施工合同条文规定比较含糊，就变为业主的修改指令，承包商应办理业主或工程师的书面确认，然后提出费用的索赔。

2.工程变更不能超出合同规定的工程范围

工程变更不能超出合同规定的工程范围。如果超出了该范围，承包商有权不执行变更或坚持先商定价格，后进行变更。

3.变更程序的对策

国际承包工程中，经常出现变更已成事实后，再进行价格谈判，这对承包商很不利。当遇到这种情况时，可采取以下对策：

（1）控制施工进度，等待变更谈判结果。这样不仅损失较小，而且谈判回旋余地较大。

（2）争取以计时工或按承包商的实际费用支出计算费用补偿，也可采用成本加酬金的方法计算，以避免价格谈判中的争执。

（3）应有完整的变更实施的记录和照片，并由工程师签字，为索赔做准备。

4.承包商不能擅自做主进行工程变更

对任何工程问题，承包商不能自作主张进行工程变更。如果施工中发现图纸错误或其他问题需要进行变更，应首先通知工程师，经同意或通过变更程序后再进行变更。否则，不仅得不到应有的补偿，还会带来不必要的麻烦。

5.承包商在签订变更协议过程中必须提出补偿问题

在商讨变更工程、签订变更协议过程中，承包商必须提出变更索赔问题。在变更执行前双方就应对补偿范围、补偿办法、索赔值的计算方法、补偿款的支付时间等问题达成一致。

二、合同价款的调整

（一）合同价款调整的事项

1.法律法规变化引起的合同价款调整

法律法规变化属于发包人完全承担的风险，因此在合同签订时，应事前约定风险分担原则，详细规定调价范围、基准日期、价款调整的计算方法等；政策性调整发生后，应按照事前约定的风险分担原则确定价款调整的数额，如在施工期内出现多次政策性调整现象，最终的价款调整数额应依据调整时间分阶段计算。

2.项目特征描述不符引起的合同价款调整

（1）项目特征描述不符的主要表现。项目特征是构成分部分项工程项目、措施项目自身价值的本质特征。由此可知，项目特征是区分清单项目的依据；是确定综合单价的前提；是履行合同义务的基础。

实践中，项目特征不符主要表现在以下几个方面：

①招标工程量清单与实际施工要求不符。例如，某办公楼工程，招标时墙体的清单特征描述为M5.0水泥砂浆砌筑清水砖墙厚240mm，实际施工图纸中该墙体为M5.0混合砂浆砌筑混水墙厚240mm。

②清单项目特征的描述与实际施工要求不符。例如，在进行实心砖墙的特征描述时，要从砖品种、规则、强度等级、墙体类型、墙体厚度、勾缝要求、砂浆强度等级等方面描述，其中任何一项描述错误都会构成对实心砖墙项目特征的描述与实际施工要求不符。

项目特征描述不符的形成原因主要有以下几项：

A.工程量清单编制人员主观因素。例如，项目特征描述与设计图纸不符、计算部位表述不清晰、材料规格描述不完整、工程做法简单指向图集代码。

B.招标时施工图的设计深度和质量问题。这主要是设计人员的责任。

C.项目特征描述方法不合理。主要表现在对项目特征进行描述时，没有明确的工作目标和要求以及合理的描述程序，造成项目特征描述不准确。

（2）项目特征描述不符的责任划分。发包人在招标工程量清单中对项目特征的描述应被认为是准确和全面的，并且与实际施工要求相符合。承包人应按图纸施工。若施工图纸与项目特征描述不符，发包人应承担由该风险导致的损失。

（3）项目特征描述不符调整价款的方法。招投标过程中，承包人发现项目特征不符时应及时与发包人沟通，请发包人对该问题予以澄清。在施工过程中，发现项目特征描述与实际不符，应按照变更程序，由承包人提出有争议的地方，并上报发包人新的方案，并要求变更直到其改变为止。经发包人同意后，承包人应按照实际施工的项目特征，重新确定新的综合单价，调整合同价款。

3.工程量清单缺项引起的合同价款调整

（1）工程量清单缺项的原因及主要表现。导致工程量清单缺项的原因：一是设计变更；二是施工条件改变；三是工程量清单编制错误。实践中，工程量清单缺项主要表现在以下几个方面：

①若施工图表达出的工程内容，在现行国家计量规范的附录中有相应的"项目编

码"和"项目名称",但清单并没有反映出来,则应当属于清单漏项。

②若施工图表达出的工程内容,在现行国家计量规范附录及清单中均没有反映,理应由清单编制者进行补充的清单项目,也属于清单漏项。

③若施工图表达出的工程内容,虽然在现行国家计量规范附录的"项目名称"中没有反映,但在招标工程量清单项目已经列出的某个"项目特征"中有所反映,则不属于清单漏项,而应当作为主体项目的附属项目,并入综合单价计价。

(2)工程量清单缺项的责任划分。由于招标人应对招标文件中工程量清单的准确性和完整性负责,故工程量清单缺项导致的变更引起合同价款的增减,应由发包人承担此类风险。

4.工程量偏差引起的合同价款调整

(1)工程量偏差的含义。工程量偏差是指承包人按照合同工程的图纸(含经发包人批准由承包人提供的图纸)实施,按照现行国家计量规范规定的工程量,计算规则计算得到的完成合同工程项目应予计量的工程量与相应的招标工程量清单项目列出的工程量之间出现的量差。

(2)工程量偏差引起合同价款调整的方法。由于工程量偏差引起合同价款调整时,应按照"工程变更引起分部分项工程费变化的调整方法",重新确定新的综合单价,调整合同价款。

5.计日工引起的合同价款调整

(1)计日工的含义:计日工是指在施工过程中,承包人完成发包人提出的工程合同范围以外的零星项目或工作,按合同中约定的单价计价的一种方式。

计日工以完成零星工作所消耗的人工工时、材料数量、机械台班进行计量,并按照计日工表中填报的适用项目的单价进行计价支付。计日工适用的所谓零星工作一般是指合同约定之外的或者因变更而产生的、工程量清单中没有相应项目的额外工作,尤其是那些因时间紧迫不允许事先商定价格的额外工作。计日工为额外工作和变更的计价提供了一个方便快捷的途径。

(2)计日工的计价原则:

①招标控制价中计日工的计价原则。由以上规定可知,在编制招标控制价时,计日工的"项目名称""计量单位""暂估数量"由招标人填写。

②投标报价中计日工的计价原则。编制投标报价时,计日工中的人工、材料、机械台班单价由投标人自主确定,按已给暂定数量计算合价并计入投标总价中。

计日工单价的报价:如果是单纯报计日工单价,而且不计入总价中,可以报高一些,以便在招标人额外用工或使用施工机械时可多盈利。但如果计日工单价要计入总报价时,则需要具体分项是否报高价,以免抬高总报价。总之,要分析招标人在开工后可能使用的计日工数量，再来确定报价方针。

6.物价波动引起的合同价款调整

物价波动引起的合同价款调整可以看作发承包双方的一种博弈。发包人通常倾向于不调价，因为允许调价增大了发包人承担的风险，增加了不确定性。而承包人则希望调价，以保障自身利益不受损害，甚至在物价波动引起的合同价款调整中实现盈利。这时，发承包双方就进入了一种僵持状态，博弈加剧，需要寻找一个双方都可以接受的均衡点。这个均衡点就是双方约定一个涨跌幅度，幅度以内不调价，承包人承担风险；幅度以外予以调价，发包人承担风险。

（二）调整

由于建设工程的特殊性，常常会在施工中变更设计，带来合同价款的调整；在市场经济条件下，物价的异常波动，会带来合同材料价款的调整；国家法律、法规或政策的变化，会带来规费、税金等的调整，影响工程造价并随之调整。因此，在施工过程中，合同价款的调整是十分正常的现象。

1.工程变更的价款调整

变更合同价款的方法，合同专用条款中有约定的按约定计算，无约定的按以下方法进行计算：

（1）合同中已有适用于变更工程的价格，按合同已有的价格计算变更合同价款。

（2）合同中只有类似于变更工程的价格，可以参照类似价格变更合同价款。

（3）合同中没有适用或类似于变更工程的价格，由承包商提出适当的变更价格，经造价工程师确认后执行。如双方不能达成一致的，双方可提请工程所在地工程造价管理机构进行咨询，或按合同约定的争议或纠纷解决程序办理。

2.综合单价的调整

当工程量清单中工程量有误或工程变更引起实际完成的工程量增减超过工程量清单中相应工程量的10%或合同中约定的幅度时，工程量清单项目的综合单价应予以调整。

3.材料价格调整

由承包人采购的材料，材料价格以承包人在投标报价书中的价格进行控制。

施工期内，当材料价格发生波动，合同有约定时超过合同约定涨幅的，承包人采购材料前应报经发包人复核采购数量，确认用于本合同工程时，发包人应认价并签字同意。发包人在收到资料后，在合同约定日期到期后，不予答复的可视为认可，作为调整该种材料价格的依据。如果承包人未报经发包人审核即自行采购，再报发包人调整材料价格，若发包人不同意，则不做调整。

4.措施费用调整

施工期内，措施费用按承包人在投标报价书中的措施费用进行控制，有以下情况之一者，措施费用应予以调整：

（1）发包人更改承包人的施工组织设计（修正错误除外），造成措施费用增加的应予以调整；

（2）单价合同中，实际完成的工作量超过发包人所提供工程量清单的工作量，造成措施费用增加的应予以调整；

（3）因发包人原因并经承包人同意顺延工期，造成措施费用增加的应予以调整；

（4）施工期间因国家法律、行政法规及有关政策变化导致措施费中工程税金、规费等变化的，应予以调整。

措施费用具体调整办法要在合同中约定，合同中没有约定或约定不明确的，由发包、承包双方协商，双方协商不能达成一致的，可以按工程造价管理部门发布的组价办法计算，也可按合同约定的争议解决办法处理。

第三节　工程索赔

一、工程索赔的概念

工程索赔是指在合同履行过程中，对于并非自己的过错，而是应由对方承担责任的情况造成的实际损失向对方提出经济补偿和（或）时间补偿的要求。

索赔是工程承包中经常发生的现象。由于施工现场条件、气候条件的变化，施工进度、物价的变化，以及合同条款、规范、标准文件和施工图纸的变更、差异、延误等因素的影响，工程承包中不可避免地会出现索赔。

对于施工合同的双方来说，索赔是维护自身合法利益的权利。它同合同条件中双方的合同责任一样，构成严密的合同制约关系。承包商可以向业主提出索赔，业主也可以向承包商提出索赔。本节主要结合合同和价款结算办法讨论承包商向业主的索赔。

索赔的性质属于经济补偿行为，而不是惩罚，所以称为"索补"可能更容易被人们所接受，工程实际中一般多称为"签证申请"。只有先提出了"索"才有可能"赔"，如果不提出"索"就不可能有"赔"。

二、索赔的起因和条件

（一）索赔的起因

索赔主要由以下几个方面引起：

1.由现代承包工程的特点引起

现代承包工程的特点是工程量大、投资大、结构复杂、技术和质量要求高、工期长等，再加上工程环境因素、市场因素、社会因素等影响工期和工程成本。

2.合同内容的有限性

施工合同是在工程开始前签订的，不可能对所有问题作出预见和规定，也不可能对所有的工程问题作出准确的说明。

另外，合同中难免有考虑不周的条款，有缺陷和不足之处，如措辞不当、说明不清楚、有歧义性等，都会导致合同内容的不完整性。

上述原因会导致双方在实施合同中对责任、义务和权利的争议，而这些争议往往与工期、成本、价格等经济利益相联系。

3.业主要求

业主可能会在建筑造型、功能、质量、标准、实施方式等方面提出合同以外的要求。

4.各承包商之间的相互影响

完成一项工程往往需若干个承包商共同工作。由于管理上的失误或技术上的原因，当一方失误不仅会造成自己的损失，而且会殃及其他合作者，会影响整个工程的实施。因此，在总体上应按合同条件，平等对待各方利益，坚持"谁过失，谁赔偿"的索赔原则。

5.对合同理解的差异

由于合同条件十分复杂，内容又多，而且双方看问题的立场和角度不同，会造成对合同权利和义务的范围界限划分的理解不一致，最终造成合同上的争执，引起索赔。

在国际承包工程中，合同双方来自不同的国度，使用不同的语言，适应不同的法律参照体系，有不同的工程施工习惯。所以，双方对合同责任理解的差异也是引起索赔的主要原因之一。

上述这些情况，在工程承包合同实施过程中都有可能发生，所以，索赔也不可避免。

（二）索赔的条件

索赔是受损失者的权利，其根本目的在于保护自身利益，挽回损失，避免亏本。要想取得索赔的成功，提出的索赔要求必须符合以下基本条件：

1.客观性

客观性是指客观存在不符合合同或违反合同的干扰事件，并对承包商的工期和费用造成影响，这些干扰事件还需要有确凿的证据说明。

2.合法性

当施工过程产生的干扰非承包商自身责任引起时，按照合同条款对方应给予补偿。索赔要求必须符合本工程施工合同的规定。按照合同法律文件，可以判定干扰事件的责任由谁承担、应承担什么样的责任、应赔偿多少等。所以，不同的合同条件，索赔要求具有不同的合法性，因而会产生不同的结果。

3.合理性

合理性是指索赔要求合情合理，符合实际情况，真实反映由于干扰事件引起的实际损失、采用合理的计算方法等。

承包商不能为了追求利润，滥用索赔，或者采用不正当手段提出索赔，否则会产生以下不良影响：

（1）合同双方关系紧张，互不信任，不利于合同的继续实施和双方的进一步合作。

（2）承包商信誉受损，不利于将来的继续经营活动。在国际工程承包中，不利于在工程所在国继续扩展业务。任何业主在招标中都会对上述承包商存有戒心，敬而远之。

（3）在工程施工中滥用索赔，对方会提出反索赔的要求。如果索赔违反法律，还会受到相应的法律处罚。

综上所述，承包商应该正确地、辩证地对待索赔问题。

三、索赔的分类

（一）按发生索赔的原因分类

由于发生索赔的原因很多，根据工程施工索赔实践，通常有以下几种索赔：

（1）增加（或减少）工程量索赔；

（2）地基变化索赔；

（3）工期延长索赔；

（4）加速施工索赔；

（5）不利于自然条件及人为障碍索赔；

（6）工程范围变更索赔；

（7）合同文件错误索赔；

（8）工程延期索赔；

（9）暂停施工索赔；

（10）终止合同索赔；

（11）设计图纸拖延交付索赔；

（12）拖延付款索赔；

（13）物价上涨索赔；

（14）业主风险索赔；

（15）特殊风险索赔；

（16）不可抗拒因素索赔；

（17）业主违约索赔；

（18）法令变更索赔等。

（二）按索赔的目的分类

就施工索赔的目的而言，施工索赔有以下两类范畴，即工期索赔和经济索赔。

1.工期索赔

工期索赔即承包商向业主要求延长施工的时间，使原定的工程竣工日期顺延一段合理的时间。

如果施工中发生计划进度拖后的原因在承包商方面，如实际开工日期较工程师指定的开工日期拖后、施工机械缺乏、施工组织管理不善等，承包商无权要求工期延长，唯一的出路是自费采取赶工措施把延误的工期赶回来。否则，必须承担工程误期损害赔偿费。

2.经济索赔

经济赔偿就是承包商向业主要求补偿不应该由承包商自己承担的经济损失或额外开支，即取得合理的经济补偿。通常，人们将经济索赔具体地称为"费用索赔"。承包商取得经济补偿的前提是：在实际施工过程中发生的施工费用超过了投标报价书中该项工作所预算的费用，而这些费用超支的责任不在承包商方面，也不属于承包商的风险范围。具体地说，施工费用超支的原因主要来自两种情况：一是施工受到了干扰，导致工作效率降低；二是业主指令工程变更产生额外工程，导致工程成本增加。由于这两种情况所增加的施工费用，即新增费用或额外费用，承包商有权索赔。因此，经济索赔有时也被称为额外费用索赔，简称为费用索赔。

（三）按索赔的合同依据分类

合同依据分类法在国际工程承包界是众所周知的。它是在确定经济补偿时，根据工程合同文件来判断，在哪些情况下承包商拥有经济索赔的权利。

1.合同规定的索赔

合同规定的索赔是指承包商所提出的索赔要求，在该工程项目的合同文件中有文字依据，承包商可以据此提出索赔要求，并取得经济补偿。这些在合同文件中有文字规定的合同条款，在合同解释上被称为明示条款，或称为明文条款。

2.非合同规定的索赔

非合同规定的索赔也被称为超越合同规定的索赔，即承包商的该项索赔要求虽然在工程项目的合同条件中没有专门的文字叙述，但可以根据该合同条件的某些条款的含义推断出承包商有索赔权。这种索赔要求同样具有法律效力，有权得到相应的经济补偿。这种有经济补偿含义的合同条款，在合同管理工作中被称为默示条款，或称为隐含条款。

3.道义索赔

这是一种罕见的索赔形式，是指通情达理的业主目睹承包商为完成某项困难的施工，承受了额外费用损失，因而出于善良意愿，同意给承包商以适当的经济补偿。因在合同条款中找不到此项索赔的规定，故这种经济补偿称为道义上的支付，或称优惠支付。道义索赔俗称通融的索赔或优惠索赔。这是施工合同双方友好信任的表现。

（四）按索赔的有关当事人分类

1.工程承包商同业主之间的索赔

这是承包施工中最普遍的索赔形式。在工程施工索赔中，最常见的是承包商向业主提出的工期索赔和经济索赔；有时，业主也向承包商提出经济补偿的要求，即"反索赔"。

2.总承包商同分包商之间的索赔

总承包商是向业主承担全部合同责任的签约人，其中包括分包商向总承包商所承担的那部分合同责任。

总承包商和分包商，按照他们之间所签订的分包合同，都有向对方提出索赔的权利，以维护自己的利益，获得额外开支的经济补偿。

分包商向总承包商提出的索赔要求，经过总承包商审核后，凡是属于业主方面责任范围内的事项，均由总承包商汇总加工后向业主提出；凡属于总承包商责任的事项，则由总承包商同分包商协商解决。有的分包合同规定：所有的属于分包合同范围内的索赔，只有当总承包商从业主方面取得索赔款后，才拨付给分包商。这是对总承包商有利的保护性条款，在签订分包合同时，应由签约双方具体商定。

3.承包商同供货商之间的索赔

承包商在中标以后，根据合同规定的质量和工期要求，向设备制造厂家或材料供应商询价订货，签订供货合同。如果供货商违反供货合同的规定，使承包商受到经济损失，承包商有权向供货商提出索赔，反之亦然。承包商同供货商之间的索赔一般称为商务索赔，无论施工索赔或商务索赔，都属于工程承包施工的索赔范围。

（五）按索赔的处理方式分类

1.单项索赔

单项索赔就是采取一事一索赔的方式，即在每一起索赔事项发生后，报送索赔通知书，编报索赔报告书，要求单项解决支付，不与其他的索赔事项混在一起。单项索赔是施工索赔通常采用的方式，它避免了多项索赔的相互影响制约，所以解决起来比较容易。

2.综合索赔

综合索赔又称总索赔，俗称一揽子索赔，即将整个工程（或某项工程）中所发生的数起索赔事项综合在一起进行索赔。

采取这种方式进行索赔，是在特定的情况下被迫采用的一种索赔方法。有时，在施工过程中受到非常严重的干扰，以致承包商的全部施工活动与原来的计划大不相同，原合同规定的工作与变更后的工作相互混淆，承包商无法为索赔保持准确而详细的成本记录资料，无法分辨哪些费用是原定的，哪些费用是新增的，在这种条件下，无法采用单项索赔的方式。

综合索赔也就是总成本索赔，它是对整个工程（或某项工程）的实际总成本与原预算成本之差额提出的索赔。

采用综合索赔时，承包商必须事前征得工程师的同意，并提出以下证明：

（1）承包商的投标报价是合理的；

（2）实际发生的总成本是合理的；

（3）承包商对成本增加没有任何责任；

（4）不可能采用其他方法准确地计算出实际发生的损失数额。

虽然如此，承包商也应该注意，采用综合索赔的方式应尽量避免，因为它涉及的争论因素太多，一般很难成功。

（六）按索赔的对象分类

索赔是指承包商向业主提出的索赔，反索赔是指业主向承包商提出的索赔。

四、索赔的基本程序及其规定

（一）索赔的基本程序

在工程项目施工阶段，每出现一起索赔事件，都应按照国家有关规定、国际惯例和工程项目合同条件的规定，认真及时地协商解决。

（二）索赔时限的规定

（1）业主未能按合同约定履行自己的各项义务或发生错误，以及应由业主承担责任的其他情况，造成工期延误和（或）承包商不能及时得到合同价款及承包商的其他经济损失，承包商可按以下程序以书面形式向业主索赔：

①索赔事件发生后28天内，向业主方发出索赔意向通知；

②发出索赔意向通知后28天内，向业主提交补偿经济损失和（或）延长工期的赔偿报告及有关资料；

③业主方在收到承包商提交的索赔报告和有关资料后，于28天内给予答复，或要求承包商进一步补充索赔理由和证据；

④业主方在收到承包商提交的索赔报告和有关资料后，于28天内未予答复或未对承包商做进一步要求，视为该项索赔已经认可；

⑤当该索赔事件持续进行时，承包商应当阶段性地向业主方发出索赔意向书，在索赔事件终了后28天内，向业主方递交索赔的有关资料和最终索赔报告。

（2）承包商未能按合同约定履行自己的各项义务或发生错误，给业主造成经济损失，业主也按以上的时限向承包商提出索赔。

双方如果在合同中对索赔的时限有约定的从其约定。

第四节　建设工程价款的结算

一、预付款及期中支付

（一）预付款

预付款是由发包人按照合同约定，在正式开工前由发包人预先支付给承包人，用于购买工程施工所需的材料和组织施工机械与人员进场的价款。

1.预付款的支付

对工程预付款额度的规定，各地区、各部门不完全相同，主要是保证施工所需材料和构件的正常储备。工程预付款额度一般是根据施工工期、建安工作量、主要材料和构件费用占建安工程费的比例以及材料储备周期等因素经测算来确定。

（1）百分比法。发包人根据工程的特点、工期长短、市场行情、供求规律等因素，招标时在合同条件中约定工程预付款的百分比。包工包料工程的预付款支付比例不得低于签约合同价（扣除暂列金额）的10%，不得高于签约合同价（扣除暂列金额）的30%。

（2）公式计算法。公式计算法是根据主要材料（含结构件等）占年度承包工程总价的比重，材料储备定额天数和年度施工天数等因素，通过公式计算预付款额度的一种方法。

2.预付款的扣回

发包人支付给承包人的工程预付款属于预支性质，随着工程的逐步实施后，原已支付的预付款应以充抵工程价款的方式陆续扣回，抵扣方式应当由双方当事人在合同中明确约定。扣款的方法主要有以下两种：

（1）按合同约定扣款。预付款的扣款方法由发包人和承包人通过洽商后在合同中予以确定，一般是在承包人完成金额累计达到合同总价的一定比例后，由承包人开始向发包人还款，发包人从每次应付给承包人的金额中扣回工程预付款，发包人至少在合同规定的完工期前将工程预付款的总金额逐次扣回。国际工程中的扣款方法一般为：当工程进度款累计金额超过合同价格的10%~20%时开始起扣，每月从进度款中按一定比例扣回。

（2）起扣点计算法。从未施工工程尚需的主要材料及构件的价值相当于工程预付款数额时起扣，此后每次结算工程价款时，按材料所占比重扣减工程价款，至工程竣工前全部扣清。

3.预付款担保

（1）预付款担保的概念及作用。预付款担保是指承包人与发包人签订合同后领取预付款前，承包人正确、合理使用发包人支付的预付款而提供的担保。其主要作用是保证承包人能够按合同规定进行施工并及时偿还发包人已支付的全部预付金额。如果承包人中途毁约，中止工程，使发包人不能在规定期限内从应付工程款中扣除全部预付款，则发包人有权从该项担保金额中获得补偿。

（2）预付款担保的形式。预付款担保的主要形式为银行保函。预付款担保的担保金额通常与发包人的预付款是等值的。预付款一般逐月从工程进度款中扣除，预付款担保的担保金额也相应逐月减少。承包人的预付款保函的担保金额应根据预付款扣回的数额相应扣减，但在预付款全部扣回之前一直保持有效。

预付款担保也可以采用发承包双方约定的其他形式，如由担保公司提供担保，或采取抵押等担保形式。

4.安全文明施工费

发包人应在工程开工后的28天内预付不低于当年施工进度计划的安全文明施工费总额的60%，其余部分按照提前安排的原则进行分解，与进度款同期支付。

发包人没有按时支付安全文明施工费的，承包人可催告发包人支付；发包人在付款期满后的7天内仍未支付的，若发生安全事故，发包人应承担连带责任。

（二）期中支付

合同价款的期中支付，是指发包人在合同工程施工过程中，按照合同约定对付款周期内承包人完成的合同价款给予支付的款项，也就是工程进度款的结算支付。发承包双方应按照合同约定的时间、程序和方法，根据工程计量结果，办理期中价款结算，支付进度款。进度款支付周期，应与合同约定的工程计量周期一致。

（1）已完工程的结算价款。已标价工程量清单中的单价项目，承包人应按工程计量确认的工程量与综合单价计算。如综合单价发生调整的，以发承包双方确认调整的综合单价计算进度款。

已标价工程量清单中的总价项目，承包人应按合同中约定的进度款支付分解，分别列入进度款支付申请中的安全文明施工费和本周期应支付的总价项目的金额中。

（2）结算价款的调整。承包人现场签证和得到发包人确认的索赔金额列入本周期应增加的金额中。由发包人提供的材料、工程设备金额，应按照发包人签约提供的单价和数量从进度款支付中扣除，列入本周期应扣减的金额中。

（3）进度款的支付比例。进度款的支付比例按照合同约定，按期中结算价款总额计算，不得低于60%，不得高于90%。

二、竣工结算

工程竣工结算是指工程项目完工并经竣工验收合格后，发承包双方按照施工合同的约定对所完成的工程项目进行合同价款的计算、调整和确认。工程竣工结算分为单位工程竣工结算、单项工程竣工结算和建设项目竣工总结算，其中，单位工程竣工结算和单项工程竣工结算也可看作分阶段结算。

（一）工程竣工结算的编制和审核

单位工程竣工结算由承包人编制，发包人审查；实行总承包的工程，由具体承包人编制，在总包人审查的基础上，发包人审查。单项工程竣工结算或建设项目竣工总结算由总（承）包人编制，发包人可直接进行审查，也可以委托具有相应资质的工程造价咨询机构进行审查。政府投资项目，由同级财政部门审查。单项工程竣工结算或建设项目竣工总结算经发、承包人签字盖章后有效。承包人应在合同约定期限内完成项目竣工结算编制工作，未在规定期限内完成的并且没有正当理由延期的，责任自负。

（二）竣工结算款的支付

工程竣工结算文件经发、承包双方签字确认的，应当作为工程结算的依据，未经对方同意，另一方不得就已生效的竣工结算文件委托工程造价咨询企业重复审核。发包人应当按照竣工结算文件及时支付竣工结算款。竣工结算文件应当由发包人报工程所在地县级以上地方人民政府住房城乡建设主管部门备案。

1.承包人提交竣工结算款支付申请

承包人应根据办理的竣工结算文件，向发包人提交竣工结算款支付申请。该申请应包括以下几方面内容：

（1）竣工结算合同价款总额；

（2）累计已实际支付的合同价款；

（3）应扣留的质量保证金；

（4）实际应支付的竣工结算款金额。

2.发包人签发竣工结算支付证书

发包人应在收到承包人提交竣工结算款支付申请后规定时间内予以核实，向承包人签发竣工结算支付证书。

3.支付竣工结算款

发包人签发竣工结算支付证书后的规定时间内，按照竣工结算支付证书列明的金额向承包人支付结算款。

发包人在收到承包人提交的竣工结算款支付申请后，规定时间内不予核实，不向承包人签发竣工结算支付证书的，视为承包人的竣工结算款支付申请已被发包人认可；发包人应在收到承包人提交的竣工结算款支付申请规定时间内，按照承包人提交的竣工结算款支付申请列明的金额向承包人支付结算款。

发包人未按照规定程序支付竣工结算款的，承包人可催告发包人支付，并有权获得延迟支付的利息。发包人在竣工结算支付证书签发后或者在收到承包人提交的竣工结算款支付申请规定时间内仍未支付的，除法律另有规定外，承包人可与发包人协商将该工程折价，也可直接向人民法院申请将该工程依法拍卖。承包人就该工程折价或拍卖的价款优先受偿。

（三）合同解除的价款结算与支付

发、承包双方协商一致解除合同的，按照达成的协议办理结算和支付合同价款。

1.不可抗力解除合同

由于不可抗力解除合同的，发包人除应向承包人支付合同解除之日前已完成工程，但尚未支付的合同价款，还应支付以下金额：

（1）合同中约定应由发包人承担的费用。

（2）已实施或部分实施的措施项目应付价款。

（3）承包人为合同工程合理订购且已交付的材料和工程设备货款。发包人一经支付此项货款，该材料和工程设备即成为发包人的财产。

（4）承包人撤离现场所需的合理费用，包括员工遣送费和临时工程拆除、施工设备运离现场的费用。

（5）承包人为完成合同工程而预期开支的任何合理费用，且该项费用不包括在本款其他各项支付之内。

发承包双方办理结算合同价款时，应扣除合同解除之日前发包人应向承包人收回的价款。当发包人应扣除的金额超过了应支付的金额时，则承包人应在合同解除后的56天内将其差额退还给发包人。

2.违约解除合同

（1）承包人违约。因承包人违约解除合同的，发包人应暂停向承包人支付任何价款。发包人应在合同解除后规定时间内核实合同解除时承包人已完成的全部合同价款，以及按施工进度计划已运至现场的材料和工程设备货款，按合同约定核算承包人应支付的违约金以及造成损失的索赔金额，并将结果通知承包人。发、承包双方应在规定时间内予以确认或提出意见，并办理结算合同价款。如果发包人应扣除的金额超过了应支付的金额，则承包人应在合同解除后的规定时间内将其差额退还给发包人。发、承包双方不能就解除合同后的结算达成一致的，按照合同约定的争议解决方式处理。

（2）发包人违约。因发包人违约解除合同的，发包人除应按照有关不可抗力解除合同的规定向承包人支付各项价款外，还需按合同约定核算发包人应支付的违约金，以及给承包人造成损失或损害的索赔金额费用。该笔费用由承包人提出，经发包人核实后在与承包人协商确定后的规定时间内向承包人签发支付证书。协商不能达成一致的，按照合同约定的争议解决方式处理。

三、最终结清

所谓最终结清，是指合同约定的缺陷责任期终止后，承包人已按合同规定完成全部剩余工作且质量合格的，发包人与承包人结清全部剩余款项的活动。

（一）最终结清申请单

缺陷责任期终止后，承包人已按合同规定完成全部剩余工作且质量合格的，发包人签发缺陷责任期终止证书，承包人可按合同约定的份数和期限向发包人提交最终结清申请单，并提供相关证明材料，详细说明承包人根据合同规定已经完成的全部工程价款金额以及承包人认为根据合同规定应进一步支付的其他款项。发包人对最终结清申请单内容有异议的，有权要求承包人进行修正和提供补充资料，由承包人向发包人提交修正后的最终结清申请单。

（二）最终支付证书

发包人收到承包人提交的最终结清申请单后在规定时间内予以核实，向承包人签发最终支付证书。发包人未在约定时间内核实，又未提出具体意见的，视为承包人提交的最终结清申请单已被发包人认可。

（三）最终结清付款

发包人应在签发最终结清支付证书后的规定时间内，按照最终结清支付证书列明的金额向承包人支付最终结清款。承包人按合同约定接受了竣工结算支付证书后，应被认为已无权再提出在合同工程接收证书颁发前所发生的任何索赔。承包人在提交的最终结清申请中，只限于提出工程接收证书颁发后发生的索赔。提出索赔的期限自接受最终支付证书时终止。发包人未按期支付的，承包人可催告发包人在合理的期限内支付，并有权获得延迟支付的利息。

第五节　资金使用计划的编制和控制

一、编制施工阶段资金使用计划的相关因素

前序阶段的资金投入与策划直接影响到后序工作的进程与效果，资金的不断投入过程就是工程造价的逐步实现过程。施工阶段工程造价的计价和控制与其前序阶段的众多因素密切相关。

可行性研究报告、设计方案、施工图预算是施工阶段造价计价与控制的关键因素。

与施工阶段造价计价、控制有直接关系的是施工组织设计，其任务是实现建设计划和实际要求，对整个工程施工选择科学的施工方案以及合理安排施工进度。它是施工过程控制的依据，也是施工阶段资金使用计划编制的依据之一。

总进度计划的相关因素为：项目工程量、建设总工期、单位工程工期、施工程序与

条件、资金资源和需要与供给的能力与条件。总进度计划成为确定资金使用计划与控制目标，编制资源需要与调度计划最为直接的重要依据。

确定施工阶段资金使用计划时还应考虑施工阶段出现的各种风险因素对于资金使用计划的影响。在制订资金使用计划时要考虑计划工期与实际工期、计划投资与实际投资、资金供给与资金调度等多方面的关系。

二、施工阶段资金使用计划的作用与编制方法

（一）施工阶段资金使用计划的作用

施工阶段资金使用计划的编制与控制，在整个工程造价管理中处于重要而独特的地位，它对工程造价的重要影响表现在以下几个方面：

（1）通过编制资金使用计划，合理确定工程造价施工阶段目标值，使工程造价的控制有所依据，并为资金的筹集与协调打下基础。

（2）资金使用计划的科学编制，可以对未来工程项目的资金使用和进度控制有所预测，消除不必要的资金浪费和进度失控，也能够避免在今后工程项目中由于缺乏依据而进行轻率判断所造成的损失，有利于减少盲目性，增加自觉性，使现有资金充分地发挥作用。

（3）资金使用计划的严格执行，可以有效地控制工程造价的上升，最大限度地节约投资，提高投资效益。

对脱离实际的工程造价目标值和资金使用计划，应在科学评估的前提下，允许修订和修改，使工程造价更加趋于合理，从而保障建设单位和承包商各自的合法权益。

（二）施工阶段资金使用计划的编制方法

施工阶段资金使用计划的编制方法，主要有以下几种：

1.按不同子项目编制资金使用计划

一个建设项目往往由多个单项工程组成，每个单项工程还可能由多个单位工程组成，而每个单位工程总是由若干个分部分项工程组成。按不同子项目划分资金的使用，进而做到合理分配，必须对工程项目进行合理划分，划分的粗细程度根据实际需要而定。例如，为了满足建设项目分解管理的需要，某建设项目可分解为单项工程、单位工程、分部工程和分项工程。

2.按时间进度编制资金使用计划

建设项目的投资总是分阶段、分期支出的，资金应用是否合理与资金时间安排有密切关系。为了编制资金使用计划，并据此筹集资金，应尽可能减少资金占用和利息支付，那

么有必要将总投资目标按照使用时间进行分解，确定分目标值。

按时间进度编制的资金使用计划，通常可利用项目进度网络图进一步扩充后得到。利用网络图控制投资，即要求在拟订工程项目执行计划时，一方面要确定完成某项施工活动所需的时间，另一方面也要确定完成这一工作的合适的支出预算。

资金使用计划也可以采用S形曲线与香蕉图的形式，其对应数据的产生依据是施工计划网络图中时间参数（如工序最早开工时间、工序最早完工时间、工序最迟开工时间、工序最迟完工时间，关键工序、关键路线、计划总工期等）的计算结果与对应阶段资金的使用要求。按时间进度编制资金使用计划时可以使用横道图和时标网络图。

利用确定的网络计划便可计算各项活动的最早及最迟开工时间，获得项目进度计划的横道图。在横道图的基础上可编制按时间进度划分的投资支出预算，进而绘制时间—投资累计曲线（S形图线）。

三、施工阶段投资偏差分析

（一）投资偏差的概念

施工阶段投资偏差的形成过程，是由于施工过程随机因素与风险因素的影响形成了实际投资与计划投资、实际工程进度与计划工程进度的差异。这些差异称为投资偏差与进度偏差，这些偏差是施工阶段工程造价计算与控制的对象。

投资偏差结果为正，表示投资超支；投资偏差结果为负，表示投资节约。但需要注意的是，进度偏差对投资偏差分析的结果有重要影响。如某阶段的投资超支，可能是因为进度超前导致的，也可能是由于物价上涨导致的，所以进度偏差必须考虑。

所谓拟完工程计划投资，是指根据进度计划安排在某一确定时间内所应完成的工程内容的计划投资。进度偏差为正值时，表示工期拖延；为负值时，表示工期提前。

（二）偏差的分析方法

常用的偏差分析方法有横道图法、表格法、时标网络图法和曲线法等。

1.横道图法

用横道图进行投资偏差分析时，用不同的横道标识已完工程计划投资和实际投资以及拟完工程计划投资，横道的长度与其数额成正比。

2.表格法

这种方法根据项目的具体情况、数据来源、投资控制工作的要求等条件来设计表格，因而适用性较强。表格法的信息量很大，可以反映各种偏差变量和指标，对全面深入了解项目投资的实际情况非常有益。

3.时标网络图法

时标网络图是在确定施工网络图的基础上，将施工的工程实施进度与日历工期完美结合的网络图。根据时标网络图可以得到每一时间段的拟完工程计划投资，已完工程实际投资可以根据实际工作情况测得，在时标网络图上考虑实际进度前锋线就可以得到每一阶段的已完工程计划投资。实际进度前锋线表示整个项目目前实际完成的工作面情况，将某一确定时点下的时标网络图中的各个工序的实际进度点相连就可以得到实际进度前锋线了。

四、偏差形成原因的分类及纠正方法

（一）偏差形成的原因

一般来讲，引起投资偏差的原因主要有四个方面：客观原因、业主原因、设计原因和施工原因。

偏差的类型可以分为以下四种形式：

（1）投资增加且工期拖延；

（2）投资增加但工期提前；

（3）工期拖延但投资节约；

（4）工期提前且投资节约。

（二）偏差的纠正方法

通常把纠偏措施分为组织措施、经济措施、技术措施和合同措施四个方面。

1.组织措施

组织措施是指从投资控制的组织管理方面采取的措施。例如，落实投资控制的组织机构和人员，明确各级投资控制人员的任务、职能分工、权利和责任，改善投资控制工作流程等。组织措施往往容易被人忽视，其实它是其他措施的前提和保障，而且一般也无须增加费用，效果却良好。

2.经济措施

这里的经济措施不是工程价款的问题，而是从全局考虑的，如检查投资目标的分解合理性、资金使用计划的保障性、施工进度计划的协调性。另外，通过偏差分析和未完工程预测还可以发现潜在的问题，以便及时采取预防措施，从而取得造价控制的主动权。

3.技术措施

从造价控制的要求来看，如果出现了较大的投资偏差，往往需要采用一些技术手段来纠偏，不同的技术措施往往会有不同的经济效果，因此运用技术措施进行纠偏时，要对不同的技术方案综合评价后加以选择。

4.合同措施

合同措施在纠偏方面主要指索赔管理。在施工过程中，索赔事件的发生或多或少。在发生索赔事件后，要认真审查有关索赔依据是否符合合同规定、索赔计算是否合理等，从主动控制的角度出发，加强日常的合同管理。

第十一章
建设项目竣工验收阶段造价管理

第一节　工程竣工验收

一、建设项目竣工验收的概念和作用

（一）建设项目竣工验收的概念

建设项目竣工验收是指由发包人、承包人和项目验收委员会，以项目批准的设计任务书和设计文件，以及国家或部门颁发的施工验收规范和质量检验标准为依据，按照一定的程序和手续，在项目建成并试生产合格后（工业生产性项目），对工程项目的总体进行检验和认证、综合评价和鉴定的活动。

建设项目竣工验收，按被验收的对象划分，可以分为单位工程验收、单项工程验收和工程整体验收（称为"动用验收"）。通常，建设项目竣工，指的是"动用验收"，是指发包人在建设项目按批准的设计文件所规定的内容全部建成后，向使用单位交工的过程。其验收程序是整个建设项目按设计要求全部建成，经过第一阶段的交工验收，符合设计要求，并具备竣工图、竣工结算、竣工决算等必要的文件资料后，由建设项目主管部门或发包人，按照国家有关部门关于《建设项目竣工验收办法》的规定，及时向负责验收的单位提出竣工验收申请报告，并按现行验收组织规定，接受由银行、物资、环保、劳动、统计、消防及其他有关部门组成的验收委员会或验收组的验收，办理固定资产移交手续。验收委员会或验收组负责建设项目的竣工验收工作，听取有关单位的工作报告，审阅工程技术档案资料，并实地查验建筑工程和设备安装情况，对工程设计、施工和设备质量等方面提出全面的评价。

（二）建设项目竣工验收的作用

（1）全面考核建设成果，检查设计、工程质量是否符合要求，确保项目按设计要求的各项技术经济指标正常使用。

（2）通过竣工验收办理固定资产使用手续，可以总结工程建设经验，为提高建设项目的经济效益和管理水平提供重要依据。

（3）建设项目竣工验收是项目施工阶段的最后一道程序，是建设成果转入生产使用的标志，是审查投资使用是否合理的重要环节。

（4）建设项目建成投产交付使用后，能否取得良好的宏观效益，需要经过国家权威管理部门按照技术规范、技术标准组织验收确认，因此，竣工验收是建设项目转入投产使用的必要环节。

二、建设项目竣工验收的条件、范围、依据和标准

（一）建设项目竣工验收的条件

《建设工程质量管理条例》（2019修正）规定，建设工程竣工验收应当具备以下条件：

（1）完成建设工程设计和合同约定的各项内容。主要是指设计文件所确定的、在承包合同中载明的工作范围，也包括监理工程师签发的变更通知单中所确定的工作内容。

（2）有完整的技术档案和施工管理资料。

（3）有工程的主要建筑材料、建筑构配件和设备的进场试验报告。对建设工程使用的主要建筑材料、使用建筑构配件和设备的进场，除具有质量合格证明资料外，还应当有试验、检验报告。试验、检验报告中应当注明其规格、型号、用于工程的哪些部位、批量、批次、性能等技术指标，其质量要求必须符合国家规定的标准。

（4）有勘察、设计、施工、工程监理等单位分别签署的质量合格文件。勘察、设计、施工、工程监理等有关单位依据工程设计文件及承包合同所要求的质量标准，对竣工工程进行检查和评定，符合规定的，签署合格文件。

（5）有施工单位签署的工程保修书。

建设工程项目竣工经验收合格的，方可交付使用。

（二）建设项目竣工验收的范围

国家颁布的建设法规规定，凡新建、扩建、改建的基本建设项目和技术改造项目（所有列入固定资产投资计划的建设项目或单项工程），已按国家批准的设计文件所规定的内容建成，符合验收标准，即工业投资项目经负荷试车考核，试生产期间能够正常生产

出合格产品，形成生产能力的；非工业投资项目符合设计要求，能够正常使用的，无论属于哪种建设性质，都应及时组织验收，办理固定资产移交手续。

有的工期较长、建设设备装置较多的大型工程，为了及时发挥其经济效益，对其能够独立生产的单项工程，也可以根据建成时间的先后顺序，分期分批地组织竣工验收；对能生产中间产品的一些单项工程，不能提前投料试车，可按生产要求与生产最终产品的工程同步建成竣工后，再进行全部验收。

对于某些特殊情况，工程施工虽未全部按设计要求完成，也应进行验收，这些特殊情况主要有以下几项：

（1）因少数非主要设备或某些特殊材料短期内不能解决，虽然工程内容尚未全部完成，但已可以投产或交付使用的工程项目。

（2）规定要求的内容已完成，但因外部条件的制约，如流动资金不足、生产所需原材料不能满足等，而使已建工程不能投入使用的项目。

（3）有些建设项目或单项工程，已形成部分生产能力，但近期内不能按原设计规模续建，应从实际情况出发，经主管部门批准后，可缩小规模对已完成的工程和设备组织竣工验收，移交固定资产。

（三）建设项目竣工验收的依据

（1）上级主管部门对该项目批准的各种文件。

（2）可行性研究报告。

（3）施工图设计文件及设计变更洽商记录。

（4）国家颁布的各种标准和现行的施工验收规范。

（5）工程承包合同文件。

（6）技术设备说明书。

（7）建筑安装工程统一规定及主管部门关于工程竣工的规定。

（8）从国外引进的新技术和成套设备的项目，以及中外合资建设项目，要按照签订的合同和进口国提供的设计文件等进行验收。

（9）利用世界银行等国际金融机构贷款的建设项目，应按世界银行规定，按时编制项目完成报告。

（四）建设项目竣工验收的标准

1.工业建设项目竣工验收标准

根据国家规定，工业建设项目竣工验收、交付生产使用，必须满足以下要求：

（1）生产性项目和辅助性公用设施，已按设计要求完成，能满足生产使用。

（2）主要工艺设备配套经联动负荷试车合格，形成生产能力，能够生产出设计文件所规定的产品。

（3）有必要的生活设施，并已按设计要求建成且检验合格。

（4）生产准备工作能适应投产的需要。

（5）环境保护设施，劳动、安全、卫生设施，消防设施已按设计要求与主体工程同时建成使用。

（6）设计和施工质量已经过质量监督部门检验并作出评定。

（7）工程结算和竣工决算通过有关部门审查和审计。

2.民用建设项目竣工验收标准

（1）建设项目各单位工程和单项工程，均已符合项目竣工验收标准。

（2）建设项目配套工程和附属工程，均已施工结束，达到设计规定的相应质量要求，并具备正常使用条件。

三、建设项目竣工验收的内容

不同的建设项目，其竣工验收的内容不完全相同，但一般均包括工程资料验收和工程内容验收两个部分。

（一）工程资料验收

工程资料验收包括工程技术资料验收、工程综合资料验收和工程财务资料验收。

1.工程技术资料验收

工程技术资料验收的内容如下：

（1）工程地质、水文、气象、地形、地貌、建筑物、构筑物及重要设备安装位置、勘察报告、记录。

（2）初步设计、技术设计或扩大初步设计、关键的技术试验、总体规划设计。

（3）土质试验报告、基础处理。

（4）建筑工程施工记录、单位工程质量检验记录、管线强度、密封性试验报告、设备及管线安装施工记录及质量检查、仪表安装施工记录。

（5）设备试车、验收运转、维修记录。

（6）产品的技术参数、性能、图纸、工艺说明、工艺规程、技术总结、产品检验、包装、工艺图。

（7）设备的图纸、说明书。

（8）涉外合同、谈判协议、意向书。

（9）各单项工程及全部管网竣工图等资料。

2.工程综合资料验收

工程综合资料验收的内容包括项目建议书及批件，可行性研究报告及批件，项目评估报告，环境影响评估报告书，设计任务书，土地征用申报及批准的文件，承包合同，招标、投标文件，施工执照，项目竣工验收报告，验收鉴定书。

3.工程财务资料验收

工程财务资料验收的内容如下：

（1）历年建设资金供应（拨、贷）情况和应用情况。

（2）历年批准的年度财务决算。

（3）历年年度投资计划、财务收支计划。

（4）建设成本资料。

（5）支付使用的财务资料。

（6）设计概算、预算资料。

（7）施工决算资料。

（二）工程内容验收

工程内容验收包括建筑工程验收和安装工程验收两个部分。

1.建筑工程验收

建筑工程验收主要是如何运用有关资料进行审查验收，包括以下几项：

（1）建筑物的位置、标高、轴线是否符合设计要求。

（2）对基础工程中的土石方工程、垫层工程、砌筑工程等资料的审查，因为这些工程在"交工验收"时已验收。

（3）对结构工程中的砖木结构、砖混结构、内浇外砌结构、钢筋混凝土结构的审查验收。

（4）对屋面工程的木基、望板油毡、屋面瓦、保温层、防水层等的审查验收。

（5）对门窗工程的审查验收。

（6）对装修工程的审查验收（抹灰、油漆等工程）。

2.安装工程验收

安装工程验收可分为建筑设备安装工程验收、工艺设备安装工程验收、动力设备安装工程验收。

（1）建筑设备安装工程是指民用建筑物中的上下水管道、暖气、天然气或煤气、通风、电气照明等安装工程。验收时应检查这些设备的规格、型号、数量、质量是否符合设计要求，检查安装时的材料、材质、材种，检查试压、闭水试验、照明情况。

（2）工艺设备安装工程包括生产、起重、传动、实验等设备的安装，以及附属管线铺设和油漆、保温等。检查设备的规格、型号、数量、质量，设备安装的位置、标高、机座尺寸、质量，单机试车、无负荷联动试车、有负荷联动试车，管道的焊接质量，洗清、吹扫、试压、试漏，油漆、保温及各种阀门等。

（3）动力设备安装工程验收是指有自备电厂的项目，或变配电室（所）、动力配电线路的验收。

四、建设项目竣工验收的方式与程序

（一）建设项目竣工验收的组织

1.成立竣工验收委员会或验收组

大、中型和限额以上建设项目及技术改造项目，由国家发改委或国家发改委委托项目主管部门、地方政府部门组织验收；小型和限额以下建设项目及技术改造项目，由项目主管部门或地方政府部门组织验收。建设主管部门和建设单位（业主）、接管单位、施工单位、勘察设计及工程监理等有关单位参加验收工作；根据工程规模大小和复杂程度组成验收委员会或验收组，其人员构成应由银行、物资、环保、劳动、统计、消防及其他有关部门的专业技术人员和专家组成。

2.验收委员会或验收组的职责

（1）负责审查工程建设的各个环节，听取各有关单位的工作报告。

（2）审阅工程档案资料，实地考察建筑工程和设备安装工程情况。

（3）对工程设计、施工和设备质量、环境保护、安全卫生、消防等方面客观地作出全面的评价。

（4）处理交接验收过程中出现的有关问题，核定移交工程清单，签订交工验收证书。

（5）签署验收意见，对遗留问题应提出具体解决意见并限期落实完成。不合格工程不予验收，并提出竣工验收工作的总结报告和国家验收鉴定书。

（二）建设项目竣工验收的方式

为了保证建设项目竣工验收的顺利进行，验收必须遵循一定的程序，并按照建设项目总体计划的要求以及施工进展的实际情况分阶段进行。建设项目竣工验收，按被验收的对象划分，可分为单位工程验收（中间验收）、单项工程验收（交工验收）及工程整体验收（动用验收），见表11–1。

表11-1　建设项目竣工验收的方式

类　型	验收条件	验收组织
单位工程验收（中间验收）	（1）按照施工承包合同的约定，施工完成到某一阶段后要进行中间验收。 （2）主要的工程部位施工已完成了隐蔽前的准备工作，该工程部位将置于无法查看的状态	由监理单位组织，业主和承包商派人参加，该部位的验收资料将作为最终验收的依据
单项工程验收（交工验收）	（1）建设项目中的某个合同工程已全部完成。 （2）合同内约定有单项移交的工程已达到竣工标准，可移交给业主投入试运行	由业主组织，会同施工单位、监理单位、设计单位及使用单位等有关部门共同进行
工程整体验收（动用验收）	（1）建设项目按设计规定全部建成，达到竣工验收条件。 （2）初验结果全部合格。 （3）竣工验收所需资料已准备齐全	大、中型和限额以上项目由国家发改委或由其委托项目主管部门或地方政府部门组织验收；小型和限额以下项目由项目主管部门组织验收；业主、监理单位、施工单位、设计单位和使用单位参加验收工作

（三）建设项目竣工验收的程序

建设项目全部建成后，经过各单项工程的验收符合设计的要求，并具备竣工图表、竣工决算、工程总结报告等必要的文件资料，由建设项目主管部门或建设单位向负责验收的单位提出竣工验收申请报告，按程序验收。

1.承包商申请交工验收

承包商在完成了合同工程或按合同约定可分布移交工程的，可申请交工验收。在工程达到竣工条件后，应先进行预检验，对不符合合同要求的部位和项目，确定修补措施和标准，修补有缺陷的工程部位。承包商在完成了上述工作和准备好竣工资料后，可提交竣工验收申请报告。

2.监理工程师现场初验

施工单位通过竣工预验收，对发现的问题进行处理，决定正式提请验收，应向监理工程师提交验收申请报告，监理工程师审查验收申请报告，并组成验收组，对竣工的工程项目进行初验。如果发现质量问题，要及时书面通知施工单位，令其修理甚至返工。

3.正式验收阶段

由业主或监理工程师组织，有业主、监理单位、设计单位、施工单位、工程质量监督站等参加的正式验收。

（1）首次参加工程项目竣工验收的各方对已竣工的工程进行目测检查和逐一核对工

程资料所列的内容是否齐备和完整。

（2）举行各方参加的现场验收会议，由项目经理负责对工程施工情况、自验情况和竣工情况进行介绍，并出示竣工资料；由项目总监理工程师通报工程监理中的主要内容，发表竣工验收的监理意见；业主根据在竣工项目目测中发现的问题，按照合同规定对施工单位提出限期处理的意见；最后由业主或总监理工程师宣布验收结果。

（3）办理竣工验收签证书及三方签字盖章。

（四）建设项目竣工验收的管理与备案

1.工程竣工验收报告

建设项目竣工验收合格后，建设单位应当及时提出工程竣工验收报告。工程竣工验收报告主要包括工程概况，建设单位执行基本建设程序情况，对工程勘察、设计、施工、监理等方面的评价，工程竣工验收时间、程序、内容和组织形式，工程竣工验收意见等内容。

工程竣工验收报告还应附有下列文件：

（1）施工许可证。

（2）施工图设计文件审查意见。

（3）验收组人员签署的工程竣工验收意见。

（4）市政基础设施工程应附有质量检测和功能性试验资料。

（5）施工单位签署的工程质量保修书。

（6）法规、规章规定的其他有关文件。

2.竣工验收的备案

（1）国务院建设行政主管部门负责全国房屋建筑工程和市政基础设施工程的竣工验收备案管理工作。县级以上地方人民政府建设主管部门负责本行政区域内工程的竣工验收备案管理工作。

（2）依照《房屋建筑工程和市政基础设施工程竣工验收备案管理暂行办法》的规定，建设单位应当自工程竣工验收合格之日起15日内，向工程所在地的县级以上地方人民政府住房和城乡建设主管部门备案。

第二节　建设项目竣工决算

一、建设项目竣工决算的概念及作用

（一）建设项目竣工决算的概念

项目竣工决算是指所有的建设项目竣工后，建设单位按照国家有关规定在新建、改建和扩建工程建设项目竣工验收阶段编制的竣工决算报告。竣工决算报告是以实物数量和货币指标为计量单位，综合反映竣工项目从筹建开始到项目竣工交付使用为止的全部建设费用、建设成果和财务情况的总结性文件，是竣工验收报告的重要组成部分。竣工决算是正确核定新增固定资产价值，考核分析投资效果，建立健全经济责任制的依据，是反映建设项目实际造价和投资效果的文件。

竣工决算包括从筹划到竣工投产全过程的全部实际费用，即包括建筑工程费用，安装工程费用，设备及工、器具购置费用和工程建设其他费用以及预备费等费用。

（二）建设项目竣工决算的作用

（1）建设项目竣工决算是综合全面地反映竣工项目建设成果及财务情况的总结性文件。它采用货币指标、实物数量、建设工期和各种技术经济指标，综合、全面地反映建设项目自开始建设到竣工为止全部建设成果和财务状况。

（2）建设项目竣工决算是办理交付使用资产的依据，也是竣工验收报告的重要组成部分。建设单位与使用单位在办理交付资产的验收交接手续时，通过竣工决算反映了交付使用资产的全部价值，包括固定资产、流动资产、无形资产和其他资产的价值。及时编制竣工决算可以正确核定固定资产价值并及时办理交付使用，可缩短工程建设周期，节约建设项目投资，准确考核和分析投资效果。它可作为建设主管部门向企业使用单位移交财产的依据。

（3）建设项目竣工决算是分析和检查涉及概算的执行情况，是考核建设项目管理水平和投资效果的依据。竣工结算反映了竣工项目计划、实际的建设规模、建设工期以及设计和实际的生产能力，反映了概算总投资和实际的建设成本，同时反映了所达到的主要技术经济指标。通过对这些指标计划数、概算数与实际数进行对比分析，不仅可以全面掌握建设项目计划和概算执行情况，而且可以考核建设项目投资效果，为今后制订建设项目计划、降低建设成本、提高投资效果提供必要的参考资料。

二、建设项目竣工决算的内容

建设项目竣工决算应包括从筹集到竣工投产全过程的全部实际费用，即包括建筑安装工程费，设备及工、器具购置费用，预备费等费用。竣工决算由竣工财务决算说明书、竣工财务决算报表、工程竣工图和工程造价比较分析四个部分组成。其中，竣工财务决算说明书和竣工财务决算报表两个部分又称为建设项目竣工财务决算，是竣工决算的核心内容。竣工财务决算是正确核定项目资产价值、反映竣工项目建设成果的文件，是办理资产移交和产权登记的依据。

（一）竣工财务决算说明书

竣工财务决算说明书主要反映竣工工程建设成果和经验，是对竣工决算报表进行分析和补充说明的文件，是全面考核分析工程投资与造价的书面总结，是竣工决算报告的重要组成部分，其内容主要包括以下几项：

（1）建设项目概况，对工程的总体评价。

（2）会计账务的处理、财产物资清理及债权债务的清偿情况。

（3）项目建设资金计划及到位情况，财政资金支出预算、投资计划及到位情况。

（4）项目建设资金使用、项目结余资金等分配情况。

（5）项目概（预）算执行情况及分析，竣工实际完成投资与概算差异及原因分析。

（6）尾工工程情况。项目一般不得预留尾工工程，确需预留尾工工程的，尾工工程投资不得超过批准的项目概（预）算总投资的5%。

（7）历次审计、检查、审核、检查意见及整改落实情况。

（8）主要技术经济指标的分析、计算情况。概算执行情况分析，根据实际投资完成额与概算进行对比分析；新增生产能力的效益分析，说明交付使用财产占总投资额的比例，不增加固定资产的造价占投资总额的比例，分析有机构成和成果。

（9）项目管理经验、主要问题和建议。

（10）预备费动用情况。

（11）项目建设管理制度执行情况、政府采购情况、合同履行情况。

（12）征地拆迁补偿情况、移民安置情况。

（13）需说明的其他事项。

（二）竣工财务决算报表

建设项目竣工财务决算报表要根据大、中型建设项目和小型建设项目分别制定。大、中型建设项目竣工财务决算报表包括建设项目竣工财务决算审批表，大、中型建设项目概况表，大、中型建设项目竣工财务决算表，大、中型建设项目交付使用资产总表，建设项目交付使用资产明细表。小型建设项目竣工财务决算报表包括建设项目竣工财务决算审批表、小型建设项目竣工财务决算总表、建设项目交付使用资产明细表等。

（三）建设工程竣工图

建设工程竣工图是真实地记录各种地上、地下建筑物、构筑物等情况的技术文件，也是工程进行交工验收、维护、改建和扩建的依据，还是国家的重要技术档案。国家规定：各项新建、扩建、改建的基本建设工程，特别是基础、地下建筑、管线、结构、井巷、桥梁、隧道、港口、水坝以及设备安装等隐蔽部位，都要编制竣工图。为确保竣工图质量，要求必须在施工过程中（不能在竣工后）及时做好隐蔽工程检查记录，整理好设计变更文件。编制竣工图的形式和深度，应根据不同情况区别对待，其具体要求如下：

（1）凡按图竣工没有变动的，由承包人（包括总包和分包承包人，下同）在原施工图上加盖"竣工图"标志后，即作为竣工图。

（2）凡在施工过程中，虽有一般性设计变更，但能将原施工图加以修改补充作为竣工图的，可不重新绘制，由施工单位负责在原施工图（必须是新蓝图）上注明修改的部分，并附以设计变更通知单和施工说明，加盖"竣工图"标志后，作为竣工图。

（3）凡结构形式改变、施工工艺改变、平面布置改变、项目改变以及有其他重大改变，不宜再在原施工图上修改、补充时，应重新绘制改变后的竣工图。由于设计原因造成的，由设计单位负责重新绘图；由于施工原因造成的，由施工单位负责重新绘图；由于其他原因造成的，由建设单位自行绘图或委托设计单位绘图。施工单位负责在新图上加盖"竣工图"标志，并附以有关记录和说明。

（4）为了满足竣工验收和竣工决算需要，还应绘制反映竣工工程全部内容的工程设计平面示意图。

（5）重大的改建、扩建工程项目涉及原有的工程项目变更时，应将相关项目的竣工图资料统一整理归档，并在原图案卷内增补必要的说明一起归档。

（四）工程造价比较分析

经批准的概（预）算是考核实际建设工程造价的依据。在分析时，可将决算报表中所提供的实际数据和相关资料与批准的概（预）算指标进行对比，以反映出竣工项目总造价和单方造价是节约还是超支，并在比较的基础上，总结经验教训，找出原因，以利于改进。

在考核概（预）算执行情况，正确核实建设工程造价时，首先，财务部门应积累概（预）算动态变化资料，如设备材料价差、人工价差、费率价差及设计变更资料等；其次，核查竣工工程实际造价节约或超支的数额。为了便于进行比较分析，可先对比整个项目的总概算，再对比单项工程的综合概算和其他工程费用概算，最后对比分析单位工程概算，并分别将建筑安装工程费、设备及工、器具费和其他工程费用逐一与竣工决算的实际工程造价对比分析，找出节约或超支的具体内容和原因。在实际工作中，主要分析以下内容：

（1）考核主要实物工程量。对实物工程量出入较大的项目，还必须查明原因。

（2）考核主要材料消耗量。要按照竣工决算表中所列明的三大材料实际超概算的消耗量，查明是在工程的哪一个环节超出量最大，再进一步查明超耗的原因。

（3）考核建设单位管理费、措施费和间接费的取费标准。建设单位管理费、措施费和间接费的取费标准要按照国家和各地的有关规定，根据竣工决算报表中所列的建设单位管理费与概（预）算所列的建设单位管理费数额进行比较，依据规定查明是否多列或少列的费用项目，确定其节约超支的数额，并查明原因。

三、建设项目竣工决算的编制

（一）建设项目竣工决算的编制条件

编制建设项目竣工决算应具备下列条件：
（1）经批准的初步设计所确定的工程内容已完成。
（2）单项工程或建设项目竣工阶段已完成。
（3）收尾工程投资和预留费用不超过规定的比例。
（4）涉及法律诉讼、工程质量纠纷的事项已处理完毕。
（5）其他影响工程竣工决算编制的重大问题已解决。

（二）建设项目竣工决算的编制依据

建设项目竣工决算应依据下列资料编制：
（1）《基本建设财务规则》（2017年修正）等法律、法规和规范性文件。
（2）项目计划任务书及立项批复文件。
（3）项目总概算书和单项工程概算书文件。
（4）经批准的设计文件及设计交底、图纸会审资料。

（5）招标文件和最高投标限价。

（6）工程合同文件。

（7）项目竣工结算文件。

（8）工程签证、工程索赔等合同价款调整文件。

（9）设备、材料调价文件记录。

（10）会计核算及财务管理资料。

（11）其他有关项目管理的文件。

（三）建设项目竣工决算的编制步骤

（1）收集、整理和分析有关依据资料。在编制竣工决算文件之前，应系统地整理所有的技术资料、工料结算的经济文件、施工图纸和各种变更与签证资料，并分析它们的准确性。完整、齐全的资料，是准确而迅速编制竣工决算的必要条件。

（2）清理各项财务、债务和结余物资。在收集、整理和分析有关资料中，要特别注意建设工程从筹建到竣工投产或使用的全部费用的各项账务、债权和债务的清理，做到工程完毕账目清晰，既要核对账目，又要查点库存实物的数量，做到账与物相等、账与账相符。对结余的各种材料，工、器具和设备，要逐项清点核实，妥善管理，并按规定及时处理，收回资金。对各种往来款项要及时进行全面清理，为编制竣工决算提供准确的数据和结果。

（3）核实工程变动情况。重新核实各单位工程、单项工程造价，将竣工资料与原设计图纸进行查对、核实，必要时可实地测量，确认实际变更情况；根据经审定的承包人竣工结算等原始资料，按照有关规定对原概（预）算进行增减调整，重新核定工程造价。

（4）编制建设工程竣工决算说明。按照建设工程竣工决算说明的内容要求，根据编制依据材料填写在报表中的结果，编写文字说明。

（5）填写竣工决算报表。按照建设工程决算表格中的内容，根据编制依据中的有关资料进行统计或计算各个项目和数量，并将其结果填到相应表格的栏目内，完成所有报表的填写。

（6）做好工程造价对比分析。

（7）清理、装订好竣工图。

（8）上报主管部门审查存档。

将上述编写的文字说明和填写的表格经核对无误，装订成册，即为建设工程竣工决算文件。将其上报主管部门审查，并把其中财务成本部分送交开户银行签证。竣工决算在上报主管部门的同时，抄送有关设计单位。大、中型建设项目的竣工决算还应抄送财政部、建设银行总行和省、自治区、直辖市的财政局和建设银行分行各1份。建设工程竣工决算的文件，由建设单位负责组织人员编写，在竣工建设项目办理验收使用1个月之内完成。

四、建设项目竣工决算的审核

（一）审核程序

根据《基本建设项目竣工财务决算管理暂行办法》（财建〔2016〕503号）的规定，基本建设项目完工可投入使用或者试运行合格后，应当在3个月内编报竣工财务决算，特殊情况确需延长的，中、小型项目不得超过2个月，大型项目不得超过6个月。

中央项目竣工财务决算，由财政部制定统一的审核批复管理制度和操作规程。中央项目主管部门本级以及不向财政部报送年度部门决算的中央单位的项目竣工财务决算，由财政部批复；其他中央项目竣工财务决算，由中央项目主管部门负责批复，报财政部备案。国家另有规定的，从其规定。地方项目竣工财务决算审核批复管理职责和程序要求由同级财政部门确定。

财政部门和项目主管部门对项目竣工财务决算实行先审核、后批复的办法，可以委托预算评审机构或有专业能力的社会中介机构进行审核。

（二）竣工决算的审核内容

财政部门和项目主管部门审核批复项目竣工财务决算时，应当重点审查以下内容：

（1）工程价款结算是否准确，是否按照合同约定和国家有关规定进行，有无多算和重复计算工程量、高估冒算建筑材料价格现象。

（2）待摊费用支出及其分摊是否合理、正确。

（3）项目是否按照批准的概（预）算内容实施，有无超标准、超规模、超概（预）算建设现象。

（4）项目资金是否全部到位，核算是否规范，资金使用是否合理，有无挤占、挪用现象。

（5）项目形成资产是否全面反映，计价是否准确，资产接收单位是否落实。

（6）项目在建设过程中历次检查和审计所提的重大问题是否已经整改落实。

（7）待核销基建支出和转出投资有无依据，是否合理。

（8）竣工财务决算报表所填列的数据是否完整，表间勾稽关系是否清晰、明确。

（9）尾工工程及预留费用是否控制在概算确定的范围内，预留的金额和比例是否合理。

（10）项目建设是否履行基本建设程序，是否符合国家有关建设管理制度要求等。

（11）决算的内容和格式是否符合国家有关规定。

（12）决算资料报送是否完整、决算数据间是否存在错误。

（13）相关主管部门或第三方专业机构是否出具审核意见。

五、新增资产价值的确定

（一）新增资产价值的分类

建设项目竣工投入运营后，所花费的总投资形成相应的资产。按照新的财务制度和企业会计准则，新增资产按资产性质可分为固定资产、流动资产、无形资产、递延资产和其他资产五大类。

1.固定资产

固定资产是指使用期限超过一年，单位价值在1000元、1500元或2000元以上，并且在使用过程中保持原有实物形态的资产。

2.流动资产

流动资产是指可以在一年或者超过一年的营业周期内变现或者耗用的资产。流动资产按资产的占用形态可分为现金、存货、银行存款、短期投资、应收账款及预付账款。

3.无形资产

无形资产是指特定主体所控制的，不具有实物形态，对生产经营长期发挥作用且能带来经济利益的资源。无形资产主要有专利权、非专利技术、商标权和商誉。

4.递延资产

递延资产是指不能全部计入当年损益，应当在以后年度分期摊销的各种费用，包括开办费、租入固定资产改良支出等。

5.其他资产

其他资产是指具有专门用途，但不参加生产经营的经国家批准的特种物资，如银行冻结存款和冻结物资、涉及诉讼的财产等。

（二）新增固定资产价值的确定

1.新增固定资产价值的概念和范畴

新增固定资产价值是建设项目竣工投产后所增加的固定资产的价值，是以价值形态表示的固定资产投资最终成果的综合性指标。新增固定资产价值是投资项目竣工投产后所增加的固定资产价值，即交付使用的固定资产价值，是以价值形态表示建设项目的固定资产最终成果的指标。新增固定资产价值的计算是以独立发挥生产能力的单项工程为对象的。单项工程建成经有关部门验收鉴定合格，正式移交生产或使用的，即应计算新增固定资产价值。一次交付生产或使用的工程，应一次计算新增固定资产价值；分期分批交付生产或使用的工程，应分期分批计算新增固定资产价值。新增固定资产价值的内容包括：已投入生产或交付使用的建筑、安装工程造价；达到固定资产标准的设备、工器具的购置费用；增加固定资产价值的其他费用。

2.新增固定资产价值计算时应注意的问题

在计算时应注意以下几种情况：

（1）对于为了提高产品质量、改善劳动条件、节约材料消耗、保护环境而建设的附属辅助工程，只要全部建成，正式验收交付使用后就要计入新增固定资产价值。

（2）对于单项工程中不构成生产系统，但能独立发挥效益的非生产性项目，如住宅、食堂、医务所、托儿所、生活服务网点等，在建成并交付使用后，也要计算新增固定资产价值。

（3）凡购置达到固定资产标准不需安装的设备、工具、器具，应在交付使用后计入新增固定资产价值。

（4）属于新增固定资产价值的其他投资，应随同受益工程交付使用的同时一并计入。

（5）共同费用的分摊方法。新增固定资产的其他费用，如果是属于整个建设项目或两个以上单项工程的，在计算新增固定资产价值时，应在各单项工程中按比例分摊。一般情况下，建设单位管理费按建筑工程、安装工程、需安装设备价值总额等按比例分摊，而土地征用费、地质勘察和建筑工程设计费等费用则按建筑工程造价比例分摊，生产工艺流程系统设计费按安装工程造价比例分摊。

（三）新增流动资产价值的确定

1.货币性资金

货币性资金是指现金、各种银行存款及其他货币资金，其中现金是指企业的库存现金，包括企业内部各部门用于周转使用的备用金；各种存款是指企业的各种不同类型的银行存款；其他货币资金是指除现金和银行存款以外的其他货币资金，根据实际入账价值核定。

2.应收及预付款项

应收账款是指企业因销售商品、提供劳务等应向购货单位或受益单位收取的款项；预付款项是指企业按照购货合同预付给供货单位的购货定金或部分货款。应收及预付款项包括应收票据、应收款项、其他应收款、预付货款和待摊费用。一般情况下，应收及预付款项按企业销售商品、产品或提供劳务时的实际成交金额入账核算。

3.短期投资，包括股票、债券、基金

股票和债券根据是否可以上市流通分别采用市场法和收益法确定其价值。

4.存货

存货是指企业的库存材料、在产品、产成品等。各种存货应当按照取得时的实际成本计价。存货的形成，主要有外购和自制两个途径。外购的存货，按照买价加运输费、装卸费、保险费、途中合理损耗、入库前加工、整理及挑选费用以及缴纳的税金等计价；自制的存货，按照制造过程中的各项实际支出计价。

（四）新增无形资产价值的确定

我国2008年颁布的《资产评估准则—无形资产》规定，我国作为评估对象的无形资产通常包括专利权、非专利技术、生产许可证、特许经营权、租赁权、土地使用权、矿产资源勘探权和采矿权、商标权、版权、计算机软件及商誉等。

1.无形资产的计价原则

（1）投资者按无形资产作为资本金或合作条件投入时，按评估确认或合同协议约定的金额计价。

（2）购入的无形资产，按照实际支付的价款计价。

（3）企业自创并依法申请取得的，按开发过程中的实际支出计价。

（4）企业接受捐赠的无形资产，按照发票账单所记载金额或同类无形资产市场价作价。

（5）无形资产计价入账后，应在其有效使用期内分期摊销，即企业为无形资产支出的费用应在无形资产的有效期内得到及时补偿。

2.无形资产的计价方法

（1）专利权的计价

专利权可分为自创和外购两类。自创专利权的价值为开发过程中的实际支出，主要包括专利的研制成本和交易成本。研制成本包括直接成本和间接成本。直接成本是指研制过程中直接投入发生的费用（主要包括材料费用、工资费用、专用设备费、资料费、咨询鉴定费、协作费、培训费和差旅费等）；间接成本是指与研制开发有关的费用（主要包括管理费、非专用设备折旧费、应分摊的公共费用及能源费用）。交易成本是指在交易过程中的费用支出（主要包括技术服务费、交易过程中的差旅费及管理费、手续费、税金）。由于专利权是具有独占性并能带来超额利润的生产要素，因此，专利权转让价格不按成本估价，而是按照其所能带来的超额收益计价。

（2）专有技术（又称"非专利技术"）的计价

非专利技术具有使用价值和价值，使用价值是非专利技术本身应具有的，非专利技术的价值在于非专利技术的使用所能产生的超额获利能力，应在研究分析其直接和间接的获利能力的基础上，准确计算出其价值。如果非专利技术是自创的，一般不作为无形资产入账，自创过程中产生的费用，按当期费用处理。对于外购非专利技术，应由法定评估机构确认后再进行估价，其方法往往通过能产生的收益来采用收益法进行估价。

（3）商标权的计价

如果商标权是自创的，一般不作为无形资产入账，而将商标设计、制作、注册、广告宣传等发生的费用直接作为销售费用计入当期损益。只有当企业购入或转让商标时，才需要对商标权计价。商标权的计价一般根据被许可方新增的收益确定。

（4）土地使用权的计价

根据取得土地使用权的方式不同，土地使用权可有以下几种计价方式：当建设单位向土地管理部门申请土地使用权并为之支付一笔出让金时，土地使用权作为无形资产核算；当建设单位获得土地使用权是通过行政划拨的，这时土地使用权就不能作为无形资产核算；在将土地使用权有偿转让、出租、抵押、作价入股和投资，按规定补交土地出让价款时，才能作为无形资产核算。

（五）递延资产和其他资产价值的确定

1.开办费的计价

开办费是指在筹集期间发生的费用，不能计入固定资产或无形资产价值的费用，主要包括筹建期间人员工资、办公费、员工培训费、差旅费、印刷费、注册登记费以及不计入固定资产和无形资产购建成本的汇兑损益、利息支出等。根据现行财务制度规定，企业筹建期间发生的费用，应于开始生产经营起一次计入开始生产经营当期的损益。企业筹建期间开办费的价值可按其账面价值确定。

2.租入固定资产改良支出的计价

以经营租赁方式租入的固定资产改良工程支出的计价，应在租赁有限期限内摊入制造费用或管理费用。

3.其他资产

其他资产包括特准储备物资等，按实际入账价值核算。

第三节　建设项目质量保证金的处理

一、缺陷责任期的概念和期限

（一）缺陷责任期与保修期的概念

1.缺陷责任期

缺陷是指建设工程质量不符合工程建设强制标准、设计文件，以及承包合同的约定。缺陷责任期是指承包人对已交付使用的合同工程承担合同约定的缺陷修复责任的期限。

2.保修期

保修期是指在正常使用条件下，建设工程的最低保修期限。其期限长短由《建设工程质量管理条例》（2019年修正）规定。

（二）缺陷责任期与保修期的期限

1.缺陷责任期的期限

由于承包人原因导致工程无法按规定期限进行竣工验收的，缺陷责任期从实际通过竣工验收之日起计。由于发包人原因导致工程无法按规定期限进行竣工验收的，在承包人提交竣工验收报告90天后，工程自动进入缺陷责任期。缺陷责任期一般为1年，最长不超过2年，由发承包双方在合同中约定。

2.保修期的期限

（1）基础设施工程、房屋建筑的地基基础工程和主体结构工程，为设计文件规定的该工程的合理使用年限。

（2）屋面防水工程、有防水要求的卫生间、房间和外墙面的防渗漏为5年期限。

（3）供热与供冷系统为2个采暖期和供热期。

（4）电气管线、给水排水管道、设备安装和装修工程为2年期限。

（5）其他项目的保修期限由承发包双方在合同中规定。

二、质量保证金的使用及返还

（一）质量保证金的含义

根据《住房和城乡建设部、财政部关于印发建设工程质量保证金管理办法的通知》（建质〔2016〕138号）的规定，建设工程质量保证金（以下简称质量保证金）是指发包人与承包人在建设工程承包合同中约定，从应付的工程款中预留，用以保证承包人在缺陷责任期内对建设工程出现的缺陷进行维修的资金。

（二）质量保证金的预留及管理

（1）质量保证金的预留。发包人应按照合同约定方式预留质量保证金，质量保证金总预留比例不得高于工程价款结算总额的5%，合同约定由承包人以银行保函替代预留质量保证金的，保函金额不得高于工程价款结算总额的5%。在工程项目竣工前，已经缴纳履约保证金的，发包人不得同时预留工程质量保证金。采用工程质量保证担保、工程质量保险等其他方式的，发包人不得再预留质量保证金。

（2）缺陷责任期内，实行国库集中支付的政府投资项目，质量保证金的管理应按国库集中支付的有关规定执行。其他政府投资项目，质量保证金可以预留在财政部门或发包方，缺陷责任期内，如发包方被撤销，质量保证金随交付使用资产一并移交使用单位，由使用单位代行发包人职责。社会投资项目采用预留质量保证金方式的，发承包双方可以约定将质量保证金交由金融机构托管。

（3）质量保证金的使用。缺陷责任期内，由承包人原因造成的缺陷，承包人应负责维修，并承担鉴定及维修费用，如承包人不维修也不承担费用，发包人可按合同约定从质量保证金或银行保函中扣除，费用超出质量保证金金额的，发包人可按合同约定向承包人进行索赔。承包人维修并承担相应费用后，不免除对工程的损失赔偿责任。由他人及不可抗力原因造成的缺陷，发包人负责组织维修，承包人不承担费用，且发包人不得从质量保证金中扣除费用。发承包双方就缺陷责任有争议时，可以请有资质的单位进行鉴定，责任方承担鉴定费用并承担维修费用。

（三）质量保证金的返还

缺陷责任期内，承包人认真履行合同约定的责任，到期后，承包人向发包人申请返还质量保证金。

发包人在接到承包人返还质量保证金申请后，应于14天内会同承包人按照合同约定的内容进行核实。如无异议，发包人应当按照约定将质量保证金返还给承包人。对返还期限没有约定或者约定不明确的，发包人应当在核实后14天内将质量保证金返还承包人；逾期未返还的，依法承担违约责任。发包人在接到承包人返还质量保证金申请后14天内不予答复，经催告后14天内仍不予答复的，视同认可承包人的返还质量保证金申请。

第四节　保修费用的处理

本节主要介绍保修费用的处理，其中包括保修的范围及期限、保修费用的处理办法等内容。

一、保修的范围及期限

工程项目在竣工验收交付使用后，建立工程质量保修制度，是施工企业对工程负责的具体体现。通过工程保修，可以听取和了解使用单位对工程施工质量的评价和改进意见，便于施工单位提高管理水平。

（一）建设项目保修的意义

1.工程保修的含义

《中华人民共和国建筑法》第六十二条规定："建筑工程实行质量保修制度。"建设工程质量保修制度是国家所确定的重要法律制度，它是指建设工程在办理交工验收手续后，在规定的保修期限内（按合同有关保修期的规定），因勘察设计、施工、材料等原因造成的质量缺陷，应由责任单位负责维修。项目保修是项目竣工验收交付使用后，在一定期限内由施工单位到建设单位或用户处进行回访，对于工程发生的确实是由于施工单位施工责任造成的建筑物使用功能不良或无法使用的问题，由施工单位负责修理，直到达到正常使用的标准。保修回访制度属于建筑工程竣工后的管理范畴。

2.工程保修的意义

建设工程质量保修制度是国家所确定的重要法律制度，它对于完善建设工程保修制度、促进承包方加强质量管理、保护用户及消费者的合法权益起到了重要的作用。

（二）保修的范围和最低保修期限

1.保修的范围

建筑工程的保修范围应包括地基基础工程、主体结构工程、屋面防水工程和其他土建工程，以及电气管线、上下水管线的安装工程，供热、供冷系统工程等项目。

2.保修的期限

保修的期限应当按照保证建筑物合理寿命内正常使用，维护使用者合法权益的原则确定。具体的保修范围和最低保修期限，按照国务院《建设工程质量管理条例》第四十条的规定执行。

（1）基础设施工程、房屋建筑的地基基础工程和主体结构工程，为设计文件规定的该工程的合理使用年限。

（2）屋面防水工程、有防水要求的卫生间、房间和外墙面的防渗漏为5年期限。

（3）供热与供冷系统为两个采暖期和供冷期。

（4）电气管线、给排水管道、设备安装和装修工程为两年期限。

（5）其他项目的保修期限由承发包双方在合同中规定。

建设工程的保修期，自竣工验收合格之日起计算。

建设工程在保修范围和保修期限内发生质量问题的，承包人应当履行保修义务，并对造成的损失承担赔偿责任。凡是由于用户使用不当而造成建筑功能不良或损坏，不属于保修范围；凡属工业产品项目发生问题，也不属保修范围。以上两种情况应由建设单位自行组织修理。

（三）保修的工作程序

1.发送保修证书（房屋保修卡）

在工程竣工验收的同时（最迟不应超过3天至一周），由施工单位向建设单位发送《建筑安装工程保修证书》。保修证书目前在国内没有统一的格式或规定，应由施工单位拟定并统一印刷。保修证书一般的主要内容如下：

（1）工程简况、房屋使用管理要求。

（2）保修范围和内容。

（3）保修时间。

（4）保修说明。

（5）保修情况记录。

（6）保修单位（即施工单位）的名称、详细地址等。

2.要求检查和保修

在保修期间内，建设单位或用户发现房屋的使用功能出现问题，是由于施工质量造成的，则可以口头或书面形式通知施工单位的有关保修部门，说明情况，要求派人前往检查修理。施工单位必须尽快地派人检查，并会同建设单位共同作出鉴定，提出修理方案，尽快地组织人力、物力进行修理。房屋建筑工程在保修期间出现质量缺陷，建设单位或房屋建筑所有人应当向施工单位发出保修通知，施工单位接到保修通知后，应到现场检查情况，在保修书约定的时间内予以保修。发生涉及结构安全或者严重影响使用功能的紧急抢修事故，施工单位接到保修通知后，应当立即到达现场抢修。发生涉及结构安全的质量缺陷，建设单位或者房屋建筑产权人应当立即向当地建设主管部门报告，采取安全防范措施；由原设计单位或具有相应资质等级的设计单位提出保修方案，施工单位实施保修，原工程质量监督机构负责监督。

3.验收

在发生问题的部位或项目修理完毕后，要在保修证书的"保修记录"栏内做好记录，建设单位验收签认，此时修理工作完毕。

二、保修费用的处理办法

保修费用是指在保修期间和保修范围内所发生的维修、返工等各项费用支出。保修费用应按合同和有关规定合理确定和控制。保修费用一般可参照建筑安装工程造价的确定程序和方法计算，也可以按照建筑安装工程造价或承包工程合同价的一定比例计算（目前取5%）。

根据《中华人民共和国建筑法》的规定，在保修费用的处理问题上，必须根据修理项目的性质、内容以及检查修理等多种因素的实际情况，区别保修责任的承担问题，对于保修的经济责任的确定，应当由有关责任方承担。由建设单位和施工单位共同商定经济处理办法。具体处理办法如下：

第一，因承包单位未按国家有关规范、标准和设计要求施工而造成的质量缺陷，由承包单位负责返修并承担经济责任。

第二，因设计方面的原因造成的质量缺陷，由设计单位承担经济责任，设计单位提出修改方案，可由施工单位负责维修，其费用按有关规定通过建设单位向设计单位索赔，不足部分由建设单位负责协同有关方解决。

第三，因建筑材料、建筑构配件和设备质量不合格而造成的质量缺陷，属于工程质量检测单位提供虚假或错误检测报告的，由工程质量检测单位承担质量责任并负责维修费用；属于承包单位采购的或经其验收同意的，由承包单位承担质量责任和经济责任；属于建设单位采购的，由建设单位承担经济责任。

第四，因使用单位使用不当造成的损坏问题，由使用单位自行负责。

第五，因地震、洪水、台风等自然灾害造成的质量问题，施工单位、设计单位不承担经济责任，由建设单位负责处理。

第六，根据《中华人民共和国建筑法》第七十五条的规定，建筑施工企业违反该法规定，不履行保修义务的，责令改正，可以处以罚款。在保修期间若有屋顶、墙面渗漏、开裂等质量缺陷，有关责任企业应当依据实际损失给予实物或价值补偿。质量缺陷因勘察设计原因、监理原因或建筑材料、建筑构配件和设备等原因造成的，根据民法规定，施工企业可以在保修和赔偿损失之后，向有关责任者追偿。因建设工程质量不合格而造成损害的，受损害人有权向责任者要求赔偿。因建设单位或勘察设计的原因、施工的原因、监理的原因产生的建设质量问题，造成他人损失的，以上单位应当承担相应的赔偿责任。受损害人可以向任何一方要求赔偿，也可以向以上各方提出共同赔偿要求。有关各方之间在赔偿后，可以在查明原因后向真正的责任人追偿。

涉外工程的保修问题，除参照上述办法进行处理外，还应依照原合同条款的有关规定执行。

参考文献

[1]张迪，申永康.建筑工程施工组织[M].北京：科学出版社，2018.

[2]袁志广，袁国清.建筑工程项目管理[M].2版.成都：电子科学技术大学出版社，2020.

[3]赵军生.建筑工程施工与管理实践[M].天津：天津科学技术出版社，2022.

[4]肖义涛，林超，张彦平.建筑施工技术与工程管理[M].北京：中华工商联合出版社，2022.

[5]尹飞飞，唐健，蒋瑶.建筑设计与工程管理[M].汕头：汕头大学出版社，2022.

[6]王胜.建筑工程质量管理[M].北京：机械工业出版社，2021.

[7]殷勇，钟焘，曾虹.建筑工程质量与安全管理[M].西安：西安交通大学出版社，2021.

[8]卢保玲，党吉明，徐传光.建筑工程质量与安全管理研究[M].长春：吉林科学技术出版社，2022.

[9]高云.建筑工程项目招投标与合同管理[M].石家庄：河北科学技术出版社，2021.

[10]林环周.建筑工程施工成本与质量管理[M].长春：吉林科学技术出版社，2022.

[11]赵媛静.建筑工程造价管理[M].重庆：重庆大学出版社，2020.

[12]吕珊淑，吴迪，孙县胜.建筑工程建设与项目造价管理[M].长春：吉林科学技术出版社，2022.

[13]郭彤，景军梅，张微.建筑工程管理与造价[M].长春：吉林科学技术出版社，2019.

[14]陈波，战丽丽，李凌.建筑项目工程与造价管理[M].长春：吉林科学技术出版社，2022.

[15]吴广惠.建筑结构设计阶段的工程造价控制措施[J].房地产世界，2021（18）：38-40.

[16]何继坤，肖航.建筑结构设计阶段工程造价控制的研究[J].中国建筑金属结构，2021（8）：32-33.

[17]张旖.建筑结构设计阶段的工程造价控制探究[J].门窗，2019（20）：149.

[18]孟建军.建筑结构设计阶段工程造价控制的研究[J].建材与装饰，2019（29）：79-80.

[19]杨亚茹，魏鼎峰.建筑结构设计中工程造价控制探讨[J].住宅与房地产，2019（16）：46.

[20]曹兆强.建筑工程结构设计对工程造价的影响研究[J].门窗，2019（10）：111.

[21]李树芬.建筑工程施工组织设计[M].北京：机械工业出版社，2021.

[22]张清波，陈涌，傅鹏斌.建筑施工组织设计[M].3版.北京：北京理工大学出版社，2020.

[23]张蓓，高琨，郭玉霞.建筑施工技术[M].北京：北京理工大学出版社，2022.

[24]龙炳煌.建筑工程[M].武汉：武汉理工大学出版社，2023.

[25]周太平.建筑工程施工技术[M].重庆：重庆大学出版社，2019.

[26]陆总兵.建筑工程项目管理的创新与优化研究[M].天津：天津科学技术出版社，2019.

[27]钟汉华，董伟.建筑工程施工工艺[M].重庆：重庆大学出版社，2015.

[28]杜赟.建筑装饰工程施工[M].上海：上海科学技术出版社，2020.

[29]赵海成.建筑设备安装工程概预算[M].3版.北京：北京理工大学出版社，2020.

[30]郝增韬，熊小东.建筑施工技术[M].武汉：武汉理工大学出版社，2020.

[31]陈思杰，易书林.建筑施工技术与建筑设计研究[M].青岛：中国海洋大学出版社，2020.